刘上洋 主编

中外
应对危机100例

ZHONGWAI YINGDUI WEIJI 100 LI

百花洲文艺出版社

contents

目录

中外
应对危机
100例

■ 社会篇

■ 军事篇

■ 自然篇

■ 企业篇

政治篇

ZHENGZHI PIAN

政治危机是政治上生死成败的关头，关系到社会安危、国家存亡、民族兴衰。古往今来，伴随不同阶级和利益集团的斗争，政治危机不时浮现。发展政治学认为，政治危机是指政治体系或政权由于内外原因出现重大挫折，从而危及其生存的状态，表现为政治环境发生剧烈变化，政治体制、社会秩序受到威胁，推行政策遇到很大困难，严重时还可能演化为政治暴乱，引发政治革命，从而造成颠覆性后果。判断危机是应对危机的前提。美国知名危机治理专家史蒂文·芬克认为："应当像认识到死亡和纳税是不可避免的并必须为之做计划一样，认识到危机也是不可避免的，也必须为之作准备。"虽然政治危机具有突发性和偶然性，但除了一些特殊情况不可预测之外，许多危机发生之前都有迹可寻，如经济发展长期受阻、民众生活十分困苦、掌权者颟顸无能、遭受极端困境等。"冰冻三尺，非一日之寒。"危机爆发之前一般经历了足够长时间的酝酿，反映了由量变到质变的过程。如果能够"管中窥豹""一叶知秋"，从一些小变化中发现端倪，完全可以预知危机。应对政治危机，不仅需要坚定的信心，更需要高超的艺术。只有具备了深邃的洞察力、敏锐的预测力和通观全局的战略思维能力，才能在纷繁复杂、扑朔迷离的时局中看清方向，找到转危为安、反败为胜的对策。如果迟疑不决、犹豫徘徊，错失良机，最终会被危机所吞噬。培根说过："奇迹多是在厄运中出现的。"政治危机是不幸的事，但其中也蕴藏着巨大的机遇。纵观古今中外，民族的兴旺、国家的富强，无不"受益于"各种危机。没有持续四年的"南北战争"，就没有美国资本主义的顺利发展和美利坚民族的崛起；没有一次次波澜壮阔的大革命，就没有法兰西政治和思想领域的巨大进步。古人云：祸兮福之所倚。如果应对处理政治危机得当，完全可以化危为机，转危为安，犹如凤凰涅槃实现华丽转身，迈向社会进步的崭新通途。

"'三藩'久握重兵，蓄谋已久，今撤也反，不撤也反，与其晚撤，不如早撤。"说这话的人是清康熙皇帝，其时，他刚刚二十岁。四年前，他设计铲除了大臣鳌拜。如果说鳌拜是睡在他身边的一只猛虎，那么，以吴三桂为首的"三藩"即是埋在帝国后院的几颗"定时炸弹"，不解决"三藩"问题，不但国家的统一无从谈起，而且有可能养虎遗患，使"三藩"坐大，甚至让历史"翻盘"。康熙决意要拔掉这些炸弹的引信，他的目光透过紫禁城的城墙，投向了遥远的南方，而那里，吴三桂的手也早已摸向了腰中的剑……

削平"三藩"

康熙从容拔掉帝国后院的引信

康熙初年，清廷为稳定东南和西南地区的形势，命吴三桂、尚可喜、耿精忠分别镇守云南、广东、福建，并称三藩。此后，三藩各拥重兵，割据一方。他们对朝廷阳奉阴违，尤其是吴三桂更是积极招兵买马，暗中备战。这样，清廷与三藩的矛盾日益严重。康熙帝亲政后，立即将处理三藩当作朝廷的三件大事之一，写成条幅悬于宫柱上，决意待机撤藩。

康熙十二年（1673年），尚可喜年老多病，将藩事交于其子尚之信，而尚之信残忍好杀，尚可喜受不了其子的要挟，便上书康熙请求撤藩，自已告老回乡，由子尚之信袭爵驻镇。康熙认为这是撤藩的好时机，当即应允。吴三桂、耿精忠得知此讯，非常不安。为试探朝廷的撤藩决心，他们分别提出撤藩请求。清廷多数大臣担心撤藩会引起时局动乱，主张勿撤。康熙认为，吴三桂等蓄谋已久，撤亦反，不撤亦反，不如先发制人。毅然下令撤藩。并命大臣分赴云南、广东、福建，办理撤藩事宜。吴三桂接到撤藩诏书，不禁大怒，决心举兵谋反。十一月二十一日，吴三桂杀死拒绝从叛的云南巡抚吴国治，悍然反叛。

福建耿精忠、台湾郑经、广东尚之信、广西将军孙延龄与提督马雄、四川巡抚罗森与提督郑蛟麟、陕西提督王辅臣、襄阳总兵杨来嘉等数十名地方大员也相继从叛。

三藩叛乱，朝野震动。面对这场重大政治危机，清廷内部明显分为两派：一派主张坚决镇压；一派主张妥协。大学士索额图甚至提出杀掉主张撤藩者，取消撤藩令，以达到平息这场政治危机的目的。此时的大清王朝面临着重大的决策。

康熙不愧为一代明君。他力排众议，作出了毫不妥协、坚决镇压的决策。同时，针对不同的对象，采取不同的策略：一是紧急下令尚、耿两藩停撤；二是下诏削吴三桂王爵，杀其子吴梦熊于北京，并发布通告声讨。康熙这样做，目的是稳住和安抚尚、耿两藩，孤立吴三桂，分化三藩的势力。同时也使得大清上下都看到了皇帝的坚决果断，官吏们很快就统一了思想，避免了过多的内耗。

军事上，康熙迅速制定了一套讨伐计划，如，急命顺承郡王勒尔锦为宁南靖寇大将军，统率八旗劲旅前往荆州，与吴军隔江对峙；命西安将军瓦尔喀率骑兵赴蜀，大学士莫洛经略陕西；命副都统马哈达领兵驻兖州、扩尔坤领兵驻太原，以备调遣；同时，命康王杰书等率师讨伐耿精忠；以湖南为主战场，坚决打击湖南的叛军，辅以陕、甘、川线和江西、浙东东线，三个战场相互配合，把叛军分割开。这样，当耿精忠叛乱时，清军就有效地割断了耿、吴叛军的会合。对西北则采取稳定策略。康熙以极大的耐心争取陕西提督王辅臣，对其反叛表示"往事一概不究"，终于把王辅臣争取过来，保住了陕西，使吴三桂打通西北的阴谋未能得逞，清军得以腾出兵力增援南方。

康熙运筹帷幄，指挥灵活，处置得当，政治攻心与军事进攻同步，不久耿、尚归附清廷，清收复了福建，稳住了广东。吴三桂失去了外援，军事上完全陷于孤立。从康熙十五年起，战争的优势逐渐转到了清军方面。然而，势穷力竭的吴三桂为了鼓舞士气，于康熙十七年三月在衡州称帝，国号"大周"。但这一招并未起到什么作用，反而让人看清了他的野心，致使叛军内部人心更加涣散。吴三桂坐困衡州，一筹莫展，八月病死。其部将迎其孙吴世璠即帝位，退居贵阳。清军乘势发动攻击。1679年，清军收复了湖南全省后，又收复广西、四川和贵州。1681年，清军围攻昆明，南门守将开门投降，吴世璠服毒自杀，云贵悉平。平定"三藩"叛乱的战争至此结束。

这次平叛战争的胜利，彻底消除了藩镇制度，为清王朝的发展强盛奠定了坚实的基础。

◎智慧解码

对康熙而言，"三藩"是一个历史问题，康熙平定"三藩之乱"，体现了他的雄才大略，其成功之处，首先在于他将"三藩"问题提升到战略的层面来对待。"以三藩及河务、漕运为三大事，夙夜廑念，曾书而悬于宫中柱上。"（《清圣祖实录》卷一五四）凡事预则立，不预则废，正因为康熙早早将三藩问题作为战略任务来抓，使他掌握了解决这一问题的主动权。其次，康熙善于抓住战略机遇期。康熙在选择撤藩的时机时，选择了吴三桂他们进入老年，并且是尚可喜主动申请撤藩的时候，而这时康熙这边鳌拜已除，他自己实权在握。卫星在发射时，有一个"窗口时间"，也就是在这一时间，能较为容易地将卫星送入所需的轨道。康熙在时机的选择上也是抓住了"窗口时间"。在具体战术上，康熙正确地制定了先剪两翼、再捣中间、各个击破的军事战略，并且剿抚兼施，攻心为上，分化了敌人，缩短了战争时间。

遵义会议会址馆标上面的"遵义会议会址"几个大字是毛泽东的手迹。据说，这是毛泽东唯一一次为革命旧址题字。可见，遵义会议在毛泽东心目中的地位。确实，正是由于有遵义会议才确立了毛泽东同志在红军和党中央的领导地位，使红军和党中央得以在极其危急的情况下保存下来。遵义会议在危险中挽救了党，挽救了红军，挽救了中国革命，这是党的历史上一个生死攸关的转折点。

遵义会议

危急关头校正"罗盘"

　　中共六届四中全会后，以王明为代表的"左"倾冒险主义在中央占据了统治地位。1933年1月，中共临时中央从上海迁入中央苏区后，开始在党、红军和根据地内全面贯彻执行"左"倾错误方针。特别是1933年下半年，在第五次反"围剿"中，中共临时中央负责人博古依靠共产国际派来的军事顾问李德负责指挥军事，否定了毛泽东等人行之有效的积极防御方针，实行进攻中的冒险主义、防御中的保守主义，导致第五次反围剿的失败，红军主力不得不在1934年10月中旬撤离中央苏区。长征开始时，由于实行退却中的逃跑主义，红军损失惨重，在强渡湘江之后，红军和中央机关人员折损过半，从长征开始时的8.6万人锐减到3万多人。而这时，蒋介石在通往湘西的道路上布下了十几万大军的口袋阵，以逸待劳，准备将红军一举歼灭，情况万分危急。

中国革命的航船，驶入了最为艰险的航道。在这紧急关头，1934年12月中旬，中共中央在湖南通道县召开了临时会议，被排挤多时的毛泽东应邀到会，他建议放弃同红二、六军团会合的计划，改向敌军力量薄弱的贵州挺进。他的主张得到许多人的赞同。尤其是同为中央政治局主要成员的王稼祥和张闻天更是衷心拥护毛泽东的"复出"。他们两个本是"左"倾集团重要成员之一，长征开始后，毛泽东与张闻天、王稼祥编在同一个军团行军，他们经常一起宿营，一起交谈，毛泽东常常结合实际科学地分析"左"倾军事路线的错误和危害，说明自己的主张。在毛泽东的教育和启发下，张闻天、王稼祥发生了转变，开始了反对李德、博古的斗争。红军占领湖南通道城后，转入贵州。同年12月18日，中共中央政治局在贵州黎平召开会议，经过激烈争论，会议最终肯定了毛泽东的正确主张，改变了中央红军的行军方向，转为向川、黔边界前进，黎平会议为遵义会议作了准备。12月31日，中共中央又在猴场召开了政治局会议，基本结束了李德的军事指挥权。为了挽救党和红军，1935年1月，中共中央在贵州遵义召开政治局扩大会议，史称"遵义会议"。

遵义会议的两个议题是：一是对中央红军下一步的行动作出决策；二是总结第五次反"围剿"以来的经验和教训。大会先由博古和周恩来分别作了"主报告"和"副报告"。博古在报告中强调第五次反"围剿"失败的主要原因是"敌人过于强大"，认为"战略上是正确的，错误是执行中的错误"，周恩来在报告中强调的是军事领导的"战略战术错误"，并且作了自我批评。

之后，毛泽东提议让张闻天念一个"材料"，张闻天在发言中直指博古的"主报告"基本不正确，后来人们把张闻天的发言称为"反报告"。轮到毛泽东发言时，他谈了两个多小时，精辟地用了进攻中的冒险主义、防御中的保守主义、退却中的逃跑主义这三个"主义"概括了博古他们在军事上所犯的错误，但毛泽东在发言中避开了政治路线问题。

毛泽东的发言得到了绝大多数人的赞扬，当时的红军总政委周恩来说"毛泽东是军事领导方面领导我们最合格的领导人，现在他就应当担此重任"，总司令朱德说"如果继续这种错误的领导，我们就不能再跟着走下去"。这显然是冲着博古、李德他们说的。陈云说"毛泽东讲得很有道理"。会议补选毛泽东为中央政治局常委，解除了博古的中央总负责和李德的军事顾问职务。会议肯定了毛泽东等人的正确的军事路线。遵义会议在事实上确立了以毛泽东为核心的党中央的正确领导，在危难中挽救了党，挽救了红军，挽救了中国革命，这是党的历史上一个伟大的转折。

遵义会议集中解决了党内所面临的最迫切的组织问题和军事问题，结束了王明"左"倾冒险主义在中央的统治，中国革命的航船终于有了一位能驾驭其进程的舵手！标志着中国共产党在政治上开始走向成熟。

遵义会议后，中央红军经过整编，轻装前进，采取机动灵活的战略战术，巧妙地与敌人周旋，掌握了战争的主动权。

◎智慧解码

从危机管理的角度来看，湘江战役是危机的确认阶段，黎平会议是危机的控制阶段，猴场会议和遵义会议是危机的解决和获益阶段。中国有一句古话：穷则变，变则通。遵义会议的召开有其历史的必然性。除了毛泽东关于红军的前进方向等重大观念代表了正确方向外，遵义会议的成功还有赖于变革者毛泽东的智慧。首先，毛泽东争取了联盟。王稼祥和张闻天受毛泽东影响，思想发生转变，关键时刻，他们站到了毛泽东这一边，并在会上提出要毛泽东参与军事指挥。其次，毛泽东很好地控制了变革范围，即在遵义会议上只谈军事问题的正确与否，而不讨论此前的政治路线。因为他知道，从时机上来说，讨论政治路线的正确与否还不成熟。一旦涉及政治路线，就难免要涉及共产国际，还要把曾忠实执行共产国际指示的张闻天等人扯进去。而且，当时最迫切的任务是解决军事问题。这里还需要强调的一点是，中国共产党人的勇气、智慧、胸襟、责任意识以及民主精神，也是遵义会议得以成功的一个重要因素。每个人都是从党和红军的命运出发，即便是备受批评的博古也坦然表示："按照党的组织原则，只要是多数人的决定，我个人当然服从。总负责的职务，可以交给更适合的同志。"

"九年来，汉人动也不敢动我们最美妙最神圣的制度；我们打他们，他们只有招架之功，并无还手之力；只要我们从外地调一大批武装到拉萨，一打汉人准跑……" 1959年，随着西藏上层反动集团的狂妄叫嚣，雪域高原的念经声被反叛的枪声所淹没，一场蓄谋已久的叛乱发生了。

西藏平叛与民主改革
拨开雪域高原的乌云

　　达赖喇嘛和班禅额尔德尼是西藏的藏传佛教格鲁派两大活佛的封号，是中国清王朝的中央政府分别册封的。清王朝中央政府正式确定了达赖喇嘛和班禅额尔德尼在西藏的政治和宗教地位，并掌握确定达赖喇嘛、班禅额尔德尼去世后转世灵童的大权。1949年，在中华人民共和国宣告成立前后，中央政府决定对西藏地方采取和平解放的方针，并邀请西藏地方当局派代表到北京谈判。十四世达赖接受和平谈判的建议，派出代表谈判，并于1951年5月23日签订了《中央人民政府和西藏地方政府关于和平解放西藏办法的协议》，即"十七条协议"。

　　西藏和平解放后，许多西藏上中层的开明人士认识到，如不改革封建农奴制，西藏断无繁荣昌盛的可能。考虑到西藏历史和现实的特殊情况，中央人民政府对西藏社会制度的改革采取了十分慎重的态度。中央人民政府与西藏地方政府签订的"十七条协议"规定西藏的改革中央不加强迫，由西藏地方政府自主进行。但是，西藏上层统治集团中的一些人根本反对改革，试图永远保持农奴制，以维护他们的既得利益。他们蓄意违背和破坏"十七条协议"，在帝国主义势力支持下变本加厉地进行分裂祖国的活动。

1952年三四月间，西藏地方政府的司曹鲁康娃和洛桑扎西暗中支持非法组织"人民会议"在拉萨骚乱闹事，反对"十七条协议"，提出人民解放军"撤出西藏"。1955年，西藏地方政府噶伦索康·旺清格勒等开始秘密策划、煽动武装叛乱。1956年，该区发生叛乱。1957年5月，在西藏地方政府噶伦柳霞·土登塔巴、先喀·居美多吉的支持下，"四水六岗"叛乱组织成立了，稍后又成立号称"卫教军"的叛乱武装。武装叛乱分子窜扰昌都、丁青、黑河、山南等地区，杀戮干部，破坏交通，袭击中央派驻当地的机关、部队，并到处抢掠财物，残害人民，奸淫妇女。

中央人民政府本着民族团结的精神，一再责成西藏地方政府负责惩办叛乱分子，维护社会治安，并表示"中央不改变西藏地区推迟改革的决定，并且在将来实行改革时仍要采取和平改革的方针"。但是西藏上层反动集团把中央这种仁至义尽的态度看作软弱可欺。他们宣称："九年来，汉人动也不敢动我们最美妙最神圣的制度；我们打他们，他们只有招架之功，并无还手之力；只要我们从外地调一大批武装到拉萨，一打汉人准跑；如果不跑，我们就把达赖佛爷逼往山南，聚集力量，举行反攻，夺回拉萨；最后不行，就跑印度。"

顽固坚持农奴制度的农奴主和国外反华势力相互勾结，致使叛乱活动迅速蔓延。1959年3月8日，达赖确定3月10日下午3时到西藏军区礼堂看演出。3月9日晚，拉萨墨本（市长）却煽动市民说达赖喇嘛明天要去军区赴宴、看戏，汉人准备了飞机，要把达赖喇嘛劫往北京。他号召每家都要派人到达赖喇嘛驻地罗布林卡请愿，请求他不要去军区看戏。次日晨，叛乱分子胁迫2000多人去罗布林卡。随后，叛乱头目连续召开所谓"人民代表会议"和"西藏独立国人民会议"，公开撕毁"十七条协议"，宣布"西藏独立"，全面发动了背叛祖国的武装叛乱。

17日夜晚，叛乱头目以所谓"汉人两发炮弹打到罗布林卡北围墙外，威胁达赖喇嘛安全"为借口，将达赖喇嘛及其家属"劫出"拉萨，然后又逃往印度。

19日深夜，叛乱头目指令叛乱武装向驻拉萨的人民解放军和地方机关、单位发动大规模进攻。解放军一再广播喊话警告仍然无效，直到猛烈枪炮射击持续了6小时之后，忍无可忍的解放军被迫于20日上午10时开始反击。虽然解放军驻拉萨部队只有1000余人，但具有丰富作战经验、英勇善战的解放军指战员，在炮兵火力的支援下，一举歼灭了叛乱武装5360多人。仅仅两天时间，解放军就取得了拉萨平叛的全面胜利。

3月28日，国务院责成西藏军区彻底平息叛乱，解散西藏地方政府，由西藏自治区筹备委员会行使地方职权。在达赖喇嘛"被劫持"期间，由班禅额尔德尼代理主任委员职务。

达赖逃亡国外后，中央政府从维护祖国统一和民族团结的大局出发，曾耐心等待他的转变，一直到1964年，还保留着达赖的全国人大副委员长的职务。但达赖完全背弃自己曾经表示过的爱国立场，从事了大量分裂祖国的活动。他公开鼓吹"西藏独立"，成立"流亡政府"，制定所谓《西藏国宪法》；组建叛乱武装，多次在西藏制造爆炸、暗杀等恐怖活动，走上了一条与中央政府和广大藏族同胞对抗的道路。

1959年4月初，西藏军区调集兵力，迅速平息了山南地区的武装叛乱，切断了叛乱集团与国外的联系，粉碎了他们建立所谓第二国都的美梦。随后，解放军开始围剿西藏各地残余叛匪。至1961年底，西藏地区所有武装叛乱被彻底平息，西藏全境彻底解放。

人民解放军在广大西藏人民的协助和配合下，一边平叛，一边进行民主改革。民主改革得到了各阶层人民，特别是贫困农奴和奴隶的欢迎，也争取到了更多上层人士的理解和合作。到1960年底，西藏基本完成了土地改革，全区各地普遍建立了共产党领导下的农牧民协会、平叛保畜委员会等群众组织，并在此基础上建立了各级人民政权。

11

◎智慧解码

西藏平叛与民主改革的成功生动地印证了孙中山的那句话——"世界潮流浩浩荡荡，顺之者昌，逆之则亡"。换成谋略学的术语来说，就是"势"的问题。民主改革前的旧西藏是什么样的呢？被称为"西藏通"的英国人查尔斯·贝尔在他的《十三世达赖喇嘛传》一书中这样描述："当你从欧洲和美洲来到西藏，就会被带回到几百年前，看到一个仍处在封建时代的社会。"很显然，这是一个不合时代潮流的社会，西藏上层统治集团中的一些人也正是看到他们"大势已去"才悍然发动了叛乱，但是，逆历史潮流而动者，终将被历史潮流所淘汰。西藏民主改革改变了占西藏人口绝大多数的人民的命运，他们翻身做了主人。当年毛泽东说："要相信95％以上的人民是站在我们一边的。""少数反动分子的武装叛乱，其结果带来了大多数劳动人民的比较彻底的解放。"西藏平叛与民主改革代表了最广大人民的愿望和利益，人民的拥护，是一切胜利的保证。在策略上，"军事打击、政治争取和发动群众相结合"的方针对指导西藏平叛和民主改革起到了巨大的作用。

1976年粉碎"四人帮"的行动，结束了十年的"文革"内乱；1978年十一届三中全会的召开，揭开了党和国家历史的新篇章，使中国开始了改革开放的伟大历程。短短两年间发生的两次历史事件，一个像句号，一个像破折号，深刻地影响并改变着中国和中国人的命运。而围绕着这两次历史事件的发生，又曾上演了多少惊心动魄的斗争，从中我们又能参悟怎样的政治智慧、政治艺术呢？

粉碎"四人帮"与批判"两个凡是"

拨乱反正斗妖孽

1976年9月9日，中共中央主席毛泽东逝世，全党、全军、全国各族人民沉浸在极度悲痛之中。但江青一伙反革命集团却迫不及待地加紧篡党夺权的阴谋活动。他们以中共中央办公厅的名义，通知要求各省、市、自治区，在此期间发生重大问题要及时向他们报告，企图切断中央政治局与各省、市、自治区党委的联系，由他们指挥全国。他们私自设计上台用的标准像，炮制就职演说，唆使一些人写"效忠信""劝进书"，并在上海突击下发武器弹药，准备武装叛乱。10月4日，他们发表伪造的"按既定方针办"的所谓毛泽东的临终嘱咐，准备着手夺权。

在这危急时刻，以华国锋、叶剑英、李先念等为核心的中共中央政治局，执行党和人民的意志，采取断然措施，于10月6日果断地逮捕了江青、张春桥、姚文元、王洪文。江青反革命集团被粉碎，全国亿万军民随即举行盛大的集会游行，热烈庆祝粉碎"四人帮"的历史性胜利。"文化大革命"的十年内乱至此结束。

冬去春来，最寒冷的季节已经过去了。但此时，全国局面仍然千疮百孔。处于最高领导地位的华国锋仍然坚持毛泽东晚年的"左"倾错误，仍然坚持并公开提出"两个凡是"的方针，即"凡是毛主席作出的决策，我们都坚决维护；凡是毛主席的指示，我们要始终不渝地遵循"。"两个凡是"的方针压制了思想解放，为全党彻底纠正文化大革命"左"倾错误和拨乱反正工作设置了重重障碍。

在叶剑英的力挺下，"文革"中两次被打倒的邓小平第三次复出。邓小平很快就表现出作为战略家应有的远见卓识，他在千头万绪中抓住了具有决定意义的环节。他首先推动思想路线的拨乱反正，领导和支持开展真理标准问题的讨论。针对"两个凡是"的观点，邓小平提出必须完整地、准确地理解毛泽东思想，"实事求是，是毛泽东思想的出发点、根本点"。之后，《光明日报》刊发《实践是检验真理的唯一标准》引发的真理标准大讨论，彻底清除了"两个凡是"的思想桎梏，使得长期以来禁锢人们思想的僵化局面被冲破，为拨乱反正做好了舆论准备。

与此同时，邓小平、陈云等人也开始着手从组织上为拨乱反正作准备。他们选择的战术突破口是在"文革"中已经臭名昭著的"专案组"。中央政治局宣布：撤销中央专案组，全部案件移交中央组织部，由中央组织部复查后，作出实事求是的结论。

至此，拨乱反正所面临的组织和舆论障碍基本清除。在这个过程中及其后，包括刘少奇、彭德怀、彭真、谭震林、黄克诚、陆定一、罗瑞卿在内的冤假错案迅疾而干净利索地得到了大张旗鼓的彻底平反。之后，全国各地人民法院对当地发生的如"天安门事件"、武汉"七二〇事件"、宁夏青铜峡"反革命暴乱事件"、云南"沙甸事件"、"三家村"等大小事件、案件复查平反的工作全面展开，神州大地拨乱反正的滚滚春雷响彻四面八方，曾被"四人帮"爪牙批斗、打击、报复甚至杀害的成千上万名人士的冤屈得到了昭雪。

1978年12月，十一届三中全会召开，作出了彻底否定"以阶级斗争为纲"的错误理论和实践、科学评价毛泽东同志和毛泽东思想、把党和国家工作中心转移到经济建设上来、实行改革开放的历史性决策。它标志着中国共产党从根本上冲破了长期"左"倾错误的严重束缚，端正了党的指导思想，使广大党员、干部和群众从过去盛行的个人崇拜和教条主义束缚中解放出来，在思想上、政治上、组织上全面恢复和确立了马克思主义的正确路线，结束了1976年10月以来党的工作在徘徊中前进的局面，将党领导的社会主义事业引向健康发展的道路。党的十一届三中全会揭开了党和国家历史的新篇章，是建国以来我党历史上具有深远意义的伟大转折。

◎智慧解码

粉碎"四人帮"与拨乱反正，调整了社会政治关系，为国民经济的发展清除了最大的政治障碍；使执政的中国共产党通过认真、彻底纠正所犯的错误，再次赢得了全国人民的信任，也促进了安定团结局面的形成；调动了社会各方面的积极性，为实现工作重点转移到经济建设上来创造了良好的政治环境。粉碎"四人帮"与批判"两个凡是"，也体现了党中央和邓小平等一代伟人高超的政治智慧、政治艺术。当"四人帮"加紧篡党夺权的阴谋活动的时候，以华国锋、叶剑英、李先念等为核心的中共中央政治局，采取断然措施，果断地逮捕了"四人帮"。但粉碎"四人帮"只是解决组织上、政治上的问题，而中国向何处去，人们仍然处在求索和彷徨之中。而"两个凡是"，虽然是回答中国向何处去的一剂药方，但它不是良药，而是一服禁锢剂，把人们的思路禁锢在个人迷信、盲从，以及愚昧和落后之中。邓小平作为战略家在千头万绪中抓住了具有决定意义的环节，即首先推动思想路线的拨乱反正，领导和支持开展真理标准问题的讨论，巧解连环，使其他问题迎刃而解。

从1640年开始，英国为了争取自由与民主，为了改变专制王权统治，屡次使用暴力，造成大量财产的损失、社会的混乱和大量的死伤，在1649年还把英王查理一世送上了断头台。但是这些暴烈的活动，没有使英国走上自由民主的道路；反而引来克伦威尔的军事专制统治及查理二世的王朝复辟。1688年，又一场战争发生了，这是一场"亲爱的敌人"间的战争——英国国王詹姆斯二世和他的女儿女婿兵戎相见，战争最后以一种"娱乐化"的形式结束，但却催生了一部足以载入史册的法案——《权利法案》。

英国"光荣革命"

不流血的政权更替

1688年6月20日，英国国王詹姆斯二世喜得贵子，沉浸在喜气洋洋当中。不料，正因为这个新生男儿，一场政治危机开始逼近王宫，而詹姆斯二世却浑然不觉。

11月，他的女婿——已远嫁荷兰的亲生长女玛丽的丈夫、奥伦治的威廉，突然率领1万多人的军队在德文郡的托尔湾登陆，直趋伦敦。威廉宣称詹姆斯二世的儿子是冒充的，要求恢复他的妻子玛丽的国王继承权。詹姆斯二世又惊又气，立即召集了大批军队以应敌。

女儿女婿竟敢打老子！这其中缘由颇为复杂。詹姆斯二世是一个傲慢而狂热的罗马天主教徒，他1685年刚一即位，就立刻决定要给天主教徒以信仰自由和平等的公民权利。他释放了大批被监禁的天主教徒。但是，英国自16世纪宗教改革以来，反天主教的传统一直很强烈，而且曾制订了反天主教的法律，如在16世纪和17世纪初制订的刑法条例，规定如天主教徒不到英国国教的礼拜堂去做礼拜，就要受处罚。詹姆斯的前任国王——查理二世制订的"宣誓条例"，规定严格禁止罗马天主教徒担任公职。但是詹姆斯二世不顾国内的普遍反对，委任天主教徒到军队里任职。此后进而任命更多的天主教徒到政府部门、教会、大学去担任重要职务。1687年4月和1688年4月先后发布两个"宽容宣言"，给予包括天主教徒在内的所有非国教徒以信教自由，并命令英国国教会的主教在各主教区的教坛上宣读，引起英国国教会主教们的普遍反对。

专制统治变本加厉，愈来愈威胁着辉格党人和托利党人的利益。这时詹姆斯已经年老，尚无子嗣，辉格党人和托利党人怕推翻詹姆斯会引起新的人民革命运动，因此决定暂时忍耐，准备等詹姆斯老死后再说。但是，詹姆斯竟然老来得子，其信仰英国国教的女儿玛丽没有希望继承王位。为防止天主教徒承袭王位，资产阶级和新贵族决定推翻詹姆斯二世的统治。他们断然通过议会，派遣代表去荷兰迎接詹姆斯女儿玛丽和女婿威廉来英国，保护英国的宗教、自由和财产。

9月，威廉将要进攻英国已经非常明显，但詹姆斯拒绝了法王路易十四为他提供军队的建议，因为他怕这样更加引起英国人的反对。他相信他的军队足以抵抗威廉。当时威廉的军队共1.4万人，而英国的军队则有4万人，是英国有史以来人数最庞大的军队，众寡悬殊。但他错了。

11月，威廉率领军队在德文郡的托尔湾登陆，直赴伦敦。所有的新教军官都叛变了，詹姆斯自己的女儿安妮也参加了入侵军，并带走了许多王室的支持者。更出人意料的是，伦敦突然发生骚乱，确切地说，是有人在故意制造混乱，正要奔赴前线的詹姆斯二世不得不留在伦敦平息内乱，同时他下令前线部分军队向伦敦撤退，以缓和伦敦局势。而军队、议会中内奸众多，前方应敌自然地变成了欢迎敌人。詹姆斯内外交困、众叛亲离，他连忙逃亡至法国。

威廉兵不血刃进入伦敦。1689年1月在伦敦召开的议会全体会议上，宣布詹姆斯二世逊位，由威廉和玛丽共同统治英国，称威廉三世和玛丽二世。同时议会向威廉提出一个《权利宣言》，即《权利法案》。宣言谴责詹姆斯二世破坏法律的行为；指出以后国王未经议会同意不能停止任何法律效力；不经议会同意不能征收赋税；天主教徒不能担任国王，国王不能与天主教徒结婚等。威廉接受了宣言中提出的要求。

这次事件实质上是资产阶级发动的一场政变，它将英国由一个君权神授的君主独裁制国家变成了一个君权受限的君主立宪制国家。此后资产阶级掌握了政权，巩固了自己的统治，扫除了资本主义发展的障碍，为英国资本主义的发展创造了条件。因为这场革命没有人命伤亡，故史称光荣革命。实质上"光荣"是因为，这次革命胜利地结束了"君权神授"的统治观念，建立起来的议会权力超过君主立宪制度以及两党制度，不仅对英国以后的历史发展，而且对欧美许多国家的政治都产生了重要影响。

这场革命开创了人类历史的新纪元，成为人类宪政史上重要的里程碑。

◎智慧解码

从"光荣革命"开始，英国用和平、渐进、改革的方式，而不是用暴力的形式推翻反动制度来推进国家现代化过程，这为整个世界提供了一个先例。这里面有两点因素起着十分重要的作用，其一是人民的斗争，人民群众在每一个关键时刻都站出来，引导国家前进的方向；二是各派政治力量的妥协。政治是一种妥协的艺术，只有相互的妥协，才能使各方利益都达到一个平衡点。而光荣革命被历史学家和政治学家们奉为人类史上政治妥协的经典案例。政变之后，英国逐渐建立起君主立宪制。对新即位的国王威廉三世和玛丽来说，他们取得王位是靠了议会里的辉格派和托利派的力量，所以对两派的要求不得不表示同意。而且"光荣革命"是在反对国王詹姆斯二世暴政的口号下进行的，在社会上和政治界，限制专制王权成为符合人民的普遍要求和光明正大的事。所以当议会提出限制王权的议案时，很容易就通过了。这次政变实质上是资产阶级新贵族和部分大土地所有者之间所达成的政治妥协。

林肯在当选美国总统时说了一句意味深长的话："我得到了白宫，白宫也得到了我。"其实这句话用在拿破仑身上也是蛮吻合的。1799年的法国政局动荡不安，大资产阶级希望建立一个新的政权，这个政权既能防止王朝复辟，又能有力地镇压人民革命运动，他们把希望寄托在拿破仑身上。而这个信奉"不想当将军的士兵不是好士兵"的军事强人也早有心问鼎天下。于是，一场"两情相悦"的政变便开始了，这就是"雾月政变"。

拿破仑雾月政变

逆取顺守问鼎天下

18世纪末，法国爆发了资产阶级大革命，1792年推翻了君主统治，建立起资产阶级的政权。但是资产阶级并没有从此坐稳江山，相反是革命阵营内部矛盾加剧。法国大资产阶级、大银行家既反对君主专制，也反对资产阶级革命派，特别害怕革命群众。他们在1791年发动"热月政变"，打击了资产阶级革命派和广大群众，推翻了革命的雅各宾派专政，建立起大资产阶级的反动统治。但是，1795年夏天，反动的保皇党又发动叛乱，于是大资产阶级不得不回过头来求助于革命的雅各宾派，以对付保皇党。而保皇党叛乱镇压下去，雅各宾派又活跃起来，大资产阶级的督政府这种左右摇摆的"秋千政策"，无力维持稳定的统治，国内政局动荡不定。大资产阶级希望建立一个新的政权，这个政权既能防止王朝复辟，又能有力地镇压人民革命运动。于是，大资产阶级开始选择对象了。拿破仑当时正在埃及作战，他从弟弟由国内寄来的信中知道了这些情况，便把近东方面军的指挥权交给克莱贝尔将军，自己乘快船迅速回国。果然，他到巴黎之后，很快就被资产阶级看中了。巴黎大银行家巴洛拿出50万法郎，支持他发动政变。

当时法国面临的形势是严峻的。1798年底，俄、英、奥、西班牙、土耳其、那不勒斯等国组成了第二次反法联盟。策划者和组织者是英国，军事行动的支柱是俄国和奥国。反法联军从意大利、瑞士、荷兰、莱茵地区四个方面进攻法国。1799年初，苏沃洛夫率领的俄奥联军击败意大利的法军，4月底占领了米兰，7月底攻下曼图亚和亚历山大里亚，8月底又在诺维获得了一次决定性胜利，法国著名将领儒贝尔战死，法军损失12000人。意大利北部又成为奥地利的殖民地。

在大资产阶级的支持下，11月9日，拿破仑以解除雅各宾过激主义威胁共和国为借口，开始行动，他派军队控制了督政府，接管了革命政府的一切事务。这一天是法国共和历雾月18日，所以，历史上称拿破仑在这天发动的政变为"雾月政变"。第二天，拿破仑把法国议会——元老院和500人院全部解散，夺取了议会大权，并宣布成立执政府。不久，公布了法兰西共和国8年宪法，重申废除封建等级制，法国为共和国，规定第一执政（拿破仑）的权限："公布法律；并可随意任免参政院成员、各部部长、大使和其他高级外交官员、陆海军军官。"不久，他又取消了革命时期的地方自治机构，使法国成为一个高度中央集权制的国家。在执政府中，他自任第一执政，开始了为期15年的独裁统治。

雾月政变使拿破仑掌握了法国军政大权，此后，他连续采取军事行动，决定性地打击了欧洲封建势力对法国的几次反扑。1800年，拿破仑击溃奥地利军队，并进逼奥地利南部地区，迫使奥皇签订和约。1802年，以沙俄为首的第二次反法联盟又被拿破仑击溃，使俄国对法国的威胁解除了。1805年，击败了由俄国、普鲁士、奥地利组成的第三次反法联盟。1806年，击败了以俄国、普鲁士为主的第四次反法联盟，迫使普鲁士投降法国。1807年，拿破仑又逼迫沙皇俄国签订了梯尔西特和平条约，条约承认了法国在欧洲的统治。从此，大部分欧洲处于拿破仑一世的统治和控制之下，法国确立了欧洲大陆的霸主地位，使欧洲盟国很长一段时间内都不敢再与法国抗衡。国际社会对法国的威胁很快就被解除了。在国内，拿破仑也采取了一系列维护国家稳定的措施：他对激进要求、城市平民和工人风潮以及保王党分子的叛乱一律加以武力镇压和分化瓦解；保持了农民的土地所有权；对法兰西共和国的行政和法律体制也进行了一系列重大的改革，颁布《拿破仑法典》《民法典》《商法典》《刑法典》，使法国大革命的成果从法律上得以稳固。这些统治措施，很快就稳定了国内局势。

◎ **智慧解码**

三国时期，刘备的谋士庞统建议他夺取益州，刘备拘泥于"仁义"不愿动手，庞统最后用"逆取顺守"的韬略原则说动了他。所谓逆取，指违背社会传统规范，以武力夺取；而"顺守"则按照社会规范，予以善后处置。"逆取"均为暂时之行，权宜之计，靠"顺守"加以弥补其本身的缺陷。拿破仑"雾月政变"取得成功也是"逆取顺守"韬略原则的成功运用。一般来说，政变者是很少受到赞扬的，但是，包括马克思在内很多人给予拿破仑很高的评价，马克思称拿破仑为"旧的法国革命时的英雄"，认为他的主要功绩是"在法国内部创造了一些条件，从而才保证有可能发展自由竞争，经营分成小块的地产，利用解除了桎梏的国内的工业生产力，而他在法国境外则到处根据需要清除各种封建的形式，为的是要给法国资产阶级社会在欧洲大陆上创造一个符合时代要求的适当环境"。

明治维新是日本历史上一个非常重要的节点。在此之前，日本已退化成为一个积弱不振的国家，内部四分五裂，外部强敌环伺。伊藤博文曾承认，西洋人一直"把日本国旗中央的红球比喻为一块封住信封的红蜡印，以嘲笑日本的锁国落伍"。正是通过明治维新后50年的努力，日本走过了西方资本主义国家用了200年才走完的工业化道路；正是从明治维新开始，中国和日本一千多年的师生地位发生了易位。

推翻幕府统治与明治维新
向战胜自己的敌人学习

1853年，一支美国舰队两次闯进日本江户湾，并以武力相要挟，准备大举入侵日本。掌握日本统治实权的德川幕府屈服于西方列强的炮火，连续与西方列强签订了很多不平等条约和关税协定，出卖国家主权和民族利益。因此，大批农民和手工业者因为外货的倾入而纷纷破产，引发全国动荡。

当时幕府将军把持着全国最高土地所有权，直辖土地约占全国耕地总面积的四分之一，是最大的封建领主。他们还掌握着全国的商业城市和矿山，垄断着对外贸易，控制了国家的经济命脉。德川幕府名义上是"大将军"，实际上自称"大君"，对外代表国家，对内主持政府，大权独揽。为了加强自己的统治，德川幕府任意掠夺土地，并把这些土地分封给270

家叫作"大名"的封建领主。各地大名必须宣誓效忠将军，遵守幕府法规，听从调遣。大名的领地和统治机构叫作"藩"，大名又把自己的领地分割成更小的单位分赐给自己的家臣，他们属于将军和大名之下，被称作武士。这些武士一般是职业军人，拥有佩刀的特权，杀死平民可以不受惩罚，是幕府将军统治人民的主要工具。除此之外，幕府将军又按照"士、农、工、商"四民的次序，把他们划在武士之下，受到等级身份制度的严格限制。另外，还有30多万被称作"非人"和"秽多"的贱民，他们被排斥在士、农、工、商之外，过着更加悲惨的生活。

18世纪后期，随着商品经济的发展，出现了新兴的地主阶级和商业资本家，他们为了争得政治上的地位，摆脱封建统治，对幕府制度产生强烈的不满，反抗情绪日趋高涨，接连爆发农民起义和市民暴动。这些反抗斗争，严重地动摇了幕府的统治。正当幕府惶惶不可终日之时，美国等西方列强大举入侵日本，更令人民群众的怒火达到了顶点。

一边是幕府的黑暗统治，一边是外国侵略者的盘剥，日本人民受到双重的压迫和剥削，处境更加痛苦。民族矛盾和阶级矛盾迅速激化，一场推翻封建幕府，争取民族独立的斗争迫在眉睫。

1865年12月，长州藩讨幕派高杉晋作率领以农民为主体的"奇兵队"击败保守派，夺取了藩政权。随后，萨摩藩讨幕派西乡隆盛、大久保利通等人也控制了藩权。不久，这两股力量结成讨幕联盟，与天皇共同举兵，成为全国讨幕运动的核心，他们一方面实行政治、经济改革，以调动农民、商人和中下级武士的积极性；另一方面，在军事上武装自己，购置大量的西方先进武器，与幕府军队抗衡。

1867年孝明天皇死，太子睦仁亲王（即明治天皇）即位，明治与倒幕势力积极结盟举兵，经过几个回合的较量，德川被迫还政天皇，幕府领地大部分被没收，幕府被推翻。

明治天皇为巩固统治地位，以"富国强兵"为口号，企图建立一个能同西方并驾齐驱的国家。1871年废藩置县，摧毁了所有的封建政权。同年成立新的常备军。1873年实行全国义务兵制和改革农业税。另外还统一了货币。在19世纪70年代中期，这些改革遭到两方面的反对：一方面是失意的武士，他们纠集对农业政策不满的农民多次叛乱；另一方面是受西方自由主义思想影响的民权论者，他们要求实行立宪，召开议会，万事决于公论。明治政府在各方面的压力下，1885年实行内阁制，翌年开始制宪，1889年正式颁布宪法，1890年召开第一届国会。在政治改革的同时，也进行经济和社会改革。明治政府的主要目标是实现工业化。军事工业以及交通运输都得到很大发展。1872年建成第一条铁路，1882年成立新式银行。为了满足现代化的需要，大量介绍西方的科学技术。到20世纪初，明治维新的目标基本上已经完成，日本在现代工业化的道路上大步前进。

经过明治维新而渐趋富强的日本，利用强盛的国力，逐步废除与西方列强签订的不平等条约，收回国家主权，摆脱了沦为殖民地的危机。随着经济实力的快速提升，军事力量也快速强化，成为称雄一时的亚洲强国。

◎**智慧解码**

日本曾经两次拜人为师——第一次是在一千多年前拜中华帝国为师，在日本朝野推行"中国化运动"（大化改新），把处于草昧状态的日本民族向前推进了几个世纪。第二次就是明治维新，向战胜自己的敌人学习，拜英美等强敌为师。明治维新，在日本近代史发展中是一个重要的里程碑，是一次具有划时代意义的历史事件。日本在明治维新之前也是危机四伏，内忧外患。但是，日本化危为机，进行了一次资本主义改革，来了一次由死而生式的蜕变。其最根本的一点在于日本向西方进行各方面学习的彻底性，改变政治制度为君主立宪制，并在经济和社会等方面实行大改革，促进了日本的现代化和西方化。

苏台德事件在中国古代就能找到类似的例子。

战国时代，魏国老是受到秦国的侵略，魏国只有割土求和。当时有个叫苏代的人对魏王说："你这样用领土、主权换取和平，是办不到的，只要你国土还在，就无法满足侵略者的欲望。这好比抱着柴草去救火，柴草一天不烧完，火是一天也不会熄灭的。"

但是，魏王不肯听从苏代的话，不久魏国被秦国灭亡。

这就是"抱薪救火"的来历。

可惜的是，两千多年后的1938年，这一故事又在欧洲重演……

苏台德事件与慕尼黑协议

欧洲版的"抱薪救火"故事

1938年，欧洲上空乌云翻滚。3月，德国一枪不发，便吞并了奥地利，接着又紧盯下一个目标——捷克斯洛伐克。

捷克斯洛伐克苏台德区与德国接壤，居住着300多万日耳曼人。希特勒利用同一种族关系，多年前就暗中在苏台德组织了一个纳粹党。1938年4月，觊觎已久的希特勒一方面指示苏台德的纳粹党煽动民众，不断制造事端，要求"民族自治""脱离捷克"。另一方面，希特勒叫嚷着不能容忍德国境外的日耳曼人受到"欺侮"，要替他们"伸张正义"。他扬言要对捷发动战争，大规模地向捷克斯洛伐克边境调集军队。

眼看大兵压境，捷克政府为捍卫国家独立，也开始局部动员，40万后备军应征入伍，准备抗击德国入侵，战争一触即发。

在这危急时刻，最伤脑筋的是英、法等国领导人，因为第一次世界大战之后，捷克在英、法保护下恢复了主权，同英法签订了互助同盟条约，所以，如果德国和捷克交战，英、法按照条约必然卷入对德战争，战火就要延及他们自身。

9月13日晚上，英国首相张伯伦给希特勒发出一封十万火急的电报，表示要和希特勒见面，希望"和平解决"这一问题。希特勒喜出望外，他正在为侵略捷克的事大伤脑筋。因为当时的德军实力有限，准备攻打捷克的只有12个师，而捷克却有35个装备精良的师；德国的国防军参谋部也反对侵略捷克的军事冒险，以至于当时希特勒发给准备侵捷德军的一道密令是"如遇抵抗，立即撤回"；如果英法坚决站在捷克一边，希特勒的如意算盘就落空了。如今张伯伦主动求和，正是现成的敲诈机会。

希特勒和张伯伦的谈判在一间密室秘密进行。深谙对方心理的希特勒杀气腾腾地表达了"德国对苏台德志在必得"之心！生怕战火烧身的张伯伦急忙求和。经第一次世界大战的打击后，英、法两国的经济和政治地位已受到巨大削弱，人人谈战色变，不敢再与德国针锋相对了。

会面结束后，张伯伦与达拉第密谋。捷克地处欧洲中心，德国人如占领捷克后，就可以把它作为向东进攻苏联的跳板，向西进击英、法的重要阵地了。英、法两国也深知捷克地理之重要，却寄幻想于希特勒，听信希特勒与英法永不战争的许诺。同时，英、法一直视社会主义苏联为洪水猛兽，因此希望祸水东引，让德国去攻打苏联，德、苏互斗，他们坐收渔翁之利。在这种背景下，一个暗地宰割捷克斯洛伐克的阴谋出笼了。

当夜，英、法炮制了一项出卖捷克的计划："凡是苏台德区日耳曼居民占50%以上的全部领土，都直接转让给德意志帝国。"第二天，英、法两国向捷政府提出割让苏台德区给德国的"建议"，并以解除盟约要挟，警告如果因此发动战争，威胁到欧洲的利益，捷克要负全部责任。

苏台德地区一片混乱，德国大军已压境，英、法却要坐山观虎斗，弱势的捷克势必孤掌难鸣！在万般无奈之下，捷克政府只好屈从英、法的利益，同意割让领土。

9月20日，在慕尼黑的褐色"元首宫"里，英、法、德、意四国首脑在《慕尼黑协定》上签了字。

《慕尼黑协定》主要内容是：捷政府必须在10月1日起的10天内，把苏台德区和德意志人占多数的其他边境地区割让给德国；割让区内的军事设施、工矿企业、铁路及一切建筑，无偿交付给德国；成立由英、法、德、意、捷五国组成的"国际委员会"来确定其他地区的归属并最后划定国界，等等。

英法等国的绥靖政策并没有给自身带来和平，反而让希特勒看到了英、法等国的软弱。在占领了苏台德区后，便得寸进尺，于1939年3月吞并了整个捷克斯洛伐克。德国在较短的时间内增强了自己的经济和军事力量，在战略上处于更有利的地位，随即把侵略的矛头指向了波兰，接着便是英、法，最终导致了第二次世界大战的全面爆发。

英、法两国企望以《慕尼黑协定》来损人利己的阴谋落空。他们的纵容政策，不仅损害了弱小国家，也是搬起石头砸自己的脚，给欧洲人民带来了无穷的灾难。

◎ **智慧解码**

英、法抛弃了合纵，抛弃了所有拯救欧洲及自身的机会而因循等待，他们听任德国蹂躏捷克，而没能够觉察到希特勒的连横战术。就谋略、政策、预见和才能来判断，张伯伦和达拉第是第二次世界大战中受骗上当的领导人。他们在被希特勒无情地嘲弄之后，历史也在深远的日后，更辛辣、更深刻地嘲弄了他们。

几声琴声，吓退了司马懿的几万大军，那是诸葛亮的"空城妙计"。一篇广播稿，使傅作义放弃了偷袭中共中央驻地的计划，那是毛泽东的杰作。法国总统戴高乐也曾不费一枪一弹，用收音机粉碎了一场兵变。这，堪称世界政治斗争中的奇迹。

法国阿尔及利亚大撤军
用收音机挫败兵变

19世纪30年代，法国开始武装入侵阿尔及利亚，并将之沦为法国殖民地，推行种族歧视和民族压迫政策，不断地掠夺阿尔及利亚人民的巨额财富。阿尔及利亚人民一直没有停止过艰苦卓绝地反对法国殖民统治的斗争。特别是第二次世界大战后，阿尔及利亚人民在民族解放阵线的领导下，为争取民族的自由和祖国的独立，高呼"把法国佬赶回老家去"的口号，可歌可泣、英勇顽强的反抗达到了高潮。

1958年，再次当选法国总统的戴高乐将军经过冷静思索，权衡利弊，作出了令法国人不可思议、令国际社会普遍欢迎的决定：尽快结束这场由法国人挑起的旷日持久、不得人心的战争，还自由和独立于阿尔及利亚人民。他指派了特使与阿尔及利亚解放阵线进行秘密谈判。当公开谈判的时间临近时，来自法军内部的强大阻力与戴高乐激烈交锋了。驻阿法国殖民军的高级将领们公开反对戴高乐的政策，大骂总统是卖国贼、软骨头、国内最大的奸贼。他们密谋发动一场兵变，由他们独立统治阿尔及利亚。

在巴黎，戴高乐正紧张拟定放弃对阿殖民统治的公开谈判方案；在阿尔及尔，一帮高级军官们也在抓紧秘密制定兵变计划，一场严重的政治危机即将爆发。戴高乐总统得到了关于驻阿法军上层分子阴谋兵变的密报后，很快就制定了一个计谋。

第二天，戴高乐突然召见国防部长。他和蔼可亲地对部长说："驻阿尔及利亚的官兵们十分辛苦，我决定给他们送些慰问品，以改善他们的生活条件。"部长说："我立即照办，准备一批食品和衣物。"戴高乐摆摆手说："不不，就送一批晶体管收音机吧。他们远离祖国，让他们多听听祖国的声音，这是最好的礼物。"

国防部遵命而行。在公开宣布同民族解放阵线进行谈判的前几周，几千部袖珍晶体管收音机被迅速地送到了驻阿官兵的手里。

20世纪60年代初期，袖珍晶体管收音机可是个稀罕的物品。这代表着祖国和总统关心的珍贵慰问品使法军官兵们爱不释手，一有空闲，就打开收音机，收听祖国的广播节目，打发他们远离故土的寂寞时光。这件事丝毫没有引起军官们的注意。这个小小礼物竟然蕴藏着特殊的战略意义。他们把收音机看成是给予部队的无害安抚，许多军官和高级军士们甚至还赞成这种做法。

一天夜里，官兵们收听到来自祖国的一条重要新闻：法国正式宣布同阿尔及利亚解放阵线公开谈判，停止战争，撤回驻阿的军队！这个消息关系到驻阿官兵的前途和命运，军营里瞬间一传十，十传百，官兵们都聚集收音机旁仔细收听。

这则重要新闻发布后，紧接着便是戴高乐将军对驻阿法军的动员讲话："亲爱的士兵们，我是总统戴高乐。你们面临着忠于谁的选择，你们必须立即作出决定！我就是法兰西，我就是她命运的工具，跟我走，服从我的命令……你们的祖国、你们的亲人、你们的总统想念你们。跟我走吧，回到祖国的怀抱，回到亲人的身旁。"

戴高乐的讲话极具煽动性、凝聚力和号召力。在第二次世界大战时，法国被德国法西斯占领，正是戴高乐将军"跟我走"的著名广播讲话，组织起一支流亡国外的救国部队，凝聚了法国的军魂，为祖国的和平与主权冲锋陷阵。如今，官兵们又听到了自己信赖的统帅"跟我走"那熟悉、亲切的声音，一下子勾起了他们思念祖国、故土和亲人的别离之情，早已厌战的基层官兵们纷纷响应总统的召唤，扔掉武器，走出军营，成群结队地奔向祖国。

决心与总统顽固对抗的驻阿将领们慌了手脚，军心散了，官兵溜了，庞大的铁军，竟然被那个不起眼的收音机瓦解了，兵变阴谋不战而败。那些直接统帅驻阿法军的首领们成了"光杆司令"，再也无计可施。

1962年7月3日，阿尔及利亚正式宣告独立。戴高乐用"收音机战术"奇迹般地粉碎兵变，成了重大历史事件中的一则美谈。

◎**智慧解码**

《孙子兵法》说："上下同欲者胜。"在结束对阿尔及利亚的殖民统治，还自由和独立于阿尔及利亚人民这件事上，戴高乐和普通士兵的理念是一致的。但问题是戴高乐和他的士兵在信息传递上有障碍，戴高乐略施小计，借助几千部收音机，就把自己的声音传到了最前线，这种特殊的最高指示转化成上万吨"重磅炸弹"，彻底摧毁了高级将领们罪恶的兵变阴谋，哗变成南柯一梦，胎死腹中。

1973年9月11日，由陆军统帅皮诺切特领导的智利右翼军人发动政变，智利民选总统阿连德在总统府中弹身亡，阿连德总统牺牲的消息传出后世界为之震惊，在纽约、华盛顿、柏林、伦敦等大城市，爱好正义与和平的人民举行游行示威，阿根廷、墨西哥等国均有几万人参加示威游行。中国总理周恩来致电阿连德夫人表示哀悼。后来，智利本国也为阿连德在广场树立铜像。一个小国的总统之死，为什么会在世界上引起那么大反响？一个被政变推翻的总统又为何会在本国得到民众的尊敬？

智利阿连德饮恨未竟的事业

飞来的子弹有优先通过权

阿连德作为人民团结联盟的领导人，在1970年参与智利总统大选。在投票中他获得了36.2%的微弱多数，其他几位候选人的得票分别34.9%和27.8%。按照智利宪法规定，如果没有总统候选人获得超过半数的选票，则将由国会从得票最高的两名候选人中选出总统。智利国会最终还是选择了阿连德，条件是他要签署一个"宪法承诺条款"，保证尊重并遵守智利宪法，所进行的社会主义改革不能破坏宪法的任何条文。11月，阿连德正式走马上任为智利总统。

阿连德政府上台后立即提出《基本施政纲领》，宣布"通向社会主义的大门已经打开了"。他着手进行一系列的改革：经济脱离外国资本的控制，独立自主；扩大人民民主权利；全面实施土地改革；减轻劳动人民负担；重建智利经济等，使政府过渡到社会主义。

但是这些措施触动了美国垄断集团、国内大庄园主和反动势力的利益。而且在实施的过程中，各种改革的步子过快，做法过激，在很多方面失去了平衡，危机很快降临了。原来得到群众热烈欢迎的措施，实施一年后的结果是经济恶化、通货膨胀、劳动人民的实际收入下降。人们从欢欣鼓舞的顶峰跌到了失望的谷底。

在这种危机形势下，阿连德政策的反对派，不甘心自己遭受的损失，费尽心机给人民团结政府制造重重压力。大选中的反对派和中间派勾结起来，怂恿反动势力闹事，利用议会和舆论阻止阿连德推行其政策。此外，在当时苏美对峙的局势下，苏联对阿连德的大力支持也给美国干预提供了借口。于是美国对人民团结政府大施经济压力，停止对智利的援助和贷款，压低国际市场的铜价，最后直接援助智利军队，鼓动军人推翻人民团结政府。

智利军队中虽然士兵多来自农村和城市劳动者，但其领导层是由社会的中上层人士组成。传统上军队是保护资产阶级利益的，所以他们并不支持阿连德的改革措施，而是倾向右派势力。从1973年8月中旬以来，军队就已控制了智利的南部各省，9月中旬，军队占领了首都附近的几个大城市。但是阿连德仍然相信智利军队是具有"民主传统"的，在"政治上是中立的"。当军队向他步步进逼、迫他辞职时，他仍然认为"军队是阻止或挫败任何政变的最有效的力量"，他向全国广播说："我决不辞职，我将不惜一切进行抵抗，甚至牺牲我的生命。"阿连德在总统府卫队和民警的支持下坚持抵抗了两个多小时，终于抵挡不住军队坦克飞机的袭击，不幸以身殉职。

◎智慧解码

阿连德是个理想主义者。他热切地希望在智利快速建立一个理想的社会主义社会，他的举措与当时的国内外环境并不完全吻合。但是，最主要的原因还是他的措施触动了美国垄断集团、国内大庄园主和反动势力的利益。现在有越来越多的研究表明，美国中情局和阿连德之死有关。美国陆战队作战手册中有一条训诫：飞来的子弹有优先通过权。其言下之意就是，你挡住它，你就倒霉了。阿连德死在自己的总统府里，实际上他是被一颗从美国飞来的"子弹"击中的。

狄更斯在《双城记》的开头说："这是最好的时代，这是最坏的时代；这是智慧的时代，这是愚蠢的时代；这是信仰的时期，这是怀疑的时期；这是光明的季节，这是黑暗的季节；这是希望之春，这是失望之冬；人们面前有着各样事物，人们面前一无所有；人们正在直登天堂，人们正在直下地狱。"其实这一段话用来形容20世纪六七十年代巴列维正在进行的"白色革命"时期的伊朗，真是再恰当不过了。当时的伊朗就是这样一种矛盾的复合体。而巴列维，这个开满"恶之花"的玫瑰园的"园丁"，最终也被自己的改革弄得流亡海外。

巴列维王朝的覆灭

他用自己的左手打败自己的右手

20世纪50年代末期，伊朗经济形势不断恶化。虽然享有石油开采权的石油公司付的钱比过去多了，但贪污和无能严重消耗着国家收入。新贵阶级同封建地主的权力发生冲突。由于没有银行，缺少流动资金的商人只得借债，但借债利息高得令人吃惊。失业在增加，社会和政治动乱在加剧。

在这种形势下，巴列维国王为巩固其王朝的统治，在经济上，利用石油收入和美国的援助，推行社会经济发展计划。1963年1月，他提出"六点社会改革方案"（称为"白色革命"）。其主要内容包括土地改革（规定地主占有的限额，多余的土地由国家赎买，分给少地、无地的农民，寺院土地收归国有）、工人在企业中入股分红、给妇女以选举权和被选举权、城乡实行现代教育替代传统宗教教育，发展工业、交通和文教事业等。

不能否认，这些措施使伊朗经济、社会得到迅速发展。许多巨型现代化工厂魔术般地出现在原本荒凉的田野，德黑兰由一座肮脏破败的小城一变而成为举世闻名的繁华大都市，贫穷的伊朗一跃成为世界第二大石油输出国，几乎成为财富的代名词，仅1974年就给国外贷款上百亿美元，并在两年内购置了价值60亿美元的军事装备，人民的总体生活水平也有了明显的提高，国力迅速增强……

然而，在这举世公认的成就之下却潜伏着深刻、巨大的社会危机。

当伊朗从债务国突变为债权国时，许多人都认为国内容纳不了如此巨大的资金，政府开始放肆花钱，不计成本、不顾发展平衡地大上项目，仅军费就从1970年的9亿美元猛增至1975年以后的每年100亿美元。而许多巨大项目又因不配套而闲置待废，反而造成经济发展的严重失衡、经济环境的高度"紧张"，引发高通胀。

经济的发展虽使人民生活水平有了总体提高，但由于种种原因却造成了惊人的两极分化。"对于一小撮富于冒险精神的买卖人来说，'白色革命'就好比一个聚宝盆，简直堆满黄金似的。"结果"富者越来越富，穷者越来越穷，而且人数还在成倍增加"。

由于注重工业而忽视了农业，造成了农村的发展停滞，使大量农村劳动力进城寻找谋生之路。于是，农业产量并没有如国王预期的那样取得长足进展。

另外，经济的发展明显与社会发展脱节。尽管有现代化机器，却严重缺乏合格的工人和技术人员，更缺乏现代化的管理人员。由于发展的不协调，形成了种种"瓶颈"。这些瓶颈问题往往是在同官僚机构打交道时碰到的。结果，贪污盛行，涉及政府最高层，而且事实上也涉及了王室成员。

面对愈演愈烈的贪污受贿之风，巴列维于1976年成立了"皇家调查委员会"，想以此监督贪官污吏。但这种"自我监督"的机制自然收效甚微。

为扩充王权，他在美国的帮助下，扩充军备，设立秘密警察机构国家安全局（即萨瓦克），实行独裁专制统治。特务肆意横行，逮捕政治上的反对派和宗教上层人士，镇压一切异见人士，监狱人满为患。一切言论、集会和组织政党的自由都被取消。

重要的是，巴列维与教会的关系一直非常紧张。教会在霍梅尼领导下一直坚决反对世俗化、西方化和现代化，与巴列维势不两立。

从1977年起，各地爆发大规模的反对国王的群众运动，动乱不断升级。

国王任命艾资哈里为首相，组成以军人为主的临时政府，以挽回残局。临时政府并没有琢磨如何安慰人民、缓和局势，反而直接进行武力镇压，并伤及很多无辜，使巴列维的很多积极支持者被迫走上了反对国王的道路。

伊斯兰宗教领袖霍梅尼把握住了机会，教士集团和占人口绝大多数的中下层群众结成了联盟，多次抨击国王政府。为了推翻巴列维国王，霍梅尼宣称："伊朗的贫富悬殊，贪污腐败，社会不公与道德失序，都是受西化毒害的结果；唯有回归真正的伊斯兰教教义，才能建成一个更美好、更高尚、更和谐的伟大社会。"可以想见，在充满着失望和危机四伏的伊朗，这种诉诸自身光荣传统并唤起憧憬理想美好社会的呼吁会产生多么大的感召力。

1979年1月16日，在全国上下一致的反对声中，巴列维国王被迫出国避难，伊朗伊斯兰革命取得胜利，宣布成立伊斯兰共和国。伊朗进入了伊斯兰宗教统治阶段。

◎智慧解码

巴列维国王的"白色革命"，促进了资本主义生产关系在伊朗的发展，经济现代化的长足进步客观上要求政治领域进行相应变革，巴列维无视这些变化，他只想要现代经济制度，却不想要现代政治制度。伊朗人民生活水平确因"白色革命"大大提高，巴列维便据此认为不进行政治体制

37

改革也能一直得到人民的支持和拥护。他没有意识到，当温饱得到保障后，人们对贪污腐败、社会不公便格外不能容忍。继续强化君主专制，推行独裁统治，致使新兴的社会阶层无权分享政治权利，传统的社会力量被摧毁，巴列维国王的独裁统治引起伊朗社会各阶层的普遍不满，推翻巴列维王朝于是便成为伊朗社会各阶层共同的战斗目标。

"白色革命"的失败也凸现出了改革不彻底的困境。不彻底的改革必然弊病丛生，在经过了改革初期的繁荣阶段因而普遍支持改革后，人们对种种弊端的感受必将越来越强烈。

"苏军和克格勃的调动部署情况，令人吃惊的是与事前没有什么变化，这次政变是一次不协调的、仓促准备的临时性行动，胜利的可能性是10%。"

1991年，在苏联行将消亡的时候，几位试图维护苏联本来联盟体制、避免苏联解体的政治家于8月19日发动政变，这是在悬崖边上挽救苏联的最后一次尝试，但仅仅两天就宣告失败。为什么这么快就失败了呢？上述由美国国家情报局提供的报告似乎是一份未卜先知的"总结"。

苏联"8·19"政变

胜负在于最后五分钟

1985年，戈尔巴乔夫担任苏共中央总书记后，对苏联进行了震惊世界的大改革，全面推行所谓"民主化、公开性、多元化""人道的、民主的社会主义"，将改革引上了歧途。使苏联共产党和国家的政策方向发生了根本性的变化，经济全面危机，社会极度混乱，各加盟共和国的民族主义势力急剧膨胀，纷纷要求独立，国家走向了解体的边缘。

一些政治家不甘就此失去苏联，他们要阻止戈尔巴乔夫的改革，挽救处于崩溃的苏联。

1991年8月19日清晨，克里姆林宫钟楼上的大钟刚敲完六响，苏联中央电视台和广播电台同时报告塔斯社头条新闻：戈尔巴乔夫因健康原因不可能履行苏联总统职责。根据苏联宪法，副总统亚纳耶夫代行总统职务，苏联国家的全部权力交给苏联国家紧急状态委员会。

亚纳耶夫同时宣布成立国家紧急状态委员会，行使国家全部权力，在苏联部分地区实施为期6个月的紧急状态。该委员会发布《告苏联人民书》，称戈尔巴乔夫倡导的改革政策已经走入死胡同，国家处于极其危险的严重时刻。委员会连续发布两道命令，要求各级政权和管理机关无条件地实施紧急状态，并暂时只允许《真理报》等9家报纸发行。

"8·19"政变发生后，苏联代理总统亚纳耶夫发布了在莫斯科市实施紧急状态的命令，坦克和军队出现在莫斯科街头。莫斯科市民表现得比较平静，照常上班，人们似乎倾向于接受了事实。除俄罗斯联邦外，其他大部分加盟共和国保持相对平静。乌克兰、哈萨克、亚美尼亚、立陶宛、格鲁吉亚等共和国领导人都对事件表了态，虽口径不一，但一般都要求共和国居民保持平静，不与军队对抗。

美英起初对政变持观望状态，因为"由如此强有力的人物支持的政变很可能成功，所以我们也不要截断和他们联系的桥梁"。

此时正在黑海海滨克里米亚半岛休养的戈尔巴乔夫被软禁在别墅里，他同莫斯科的联系完全中断。

可以说，这次政变的开始，一切按计划进行，一切都是有利的，政变者有的是时间和机会。但委员会接下来的行动却令人大跌眼镜。

时任俄罗斯联邦总统的叶利钦拒不服从紧急状态委员会的命令，在俄罗斯议会大厦前号召群众举行政治罢工，抗议亚纳耶夫等人发起的行动。但此时的叶利钦还没有组织起有效的抵抗。

尽管国家紧急状态委员会的主要矛头是针对叶利钦的，但亚纳耶夫等人试图借助宪法的权威，使紧急状态委员会行动合法，迟迟不对叶利钦和俄罗斯联邦其他领导人采取措施。当叶利钦在俄罗斯议会大厦前发表演说时，大厦四周市民极少。如在当时采取措施，叶利钦等人难逃厄运。这不能不说是一个重大失误。

国家紧急状态委员会甚至没有切断俄罗斯议会大厦的对外联系，叶利钦还可用国际电话与布什等外国领导人通话。叶利钦等人对自身的安全本来是十分担心的，叶利钦曾作了最坏的打算。当天下午，叶利钦签署成立业务管理小组的命令，由20多人组成，实际上就是"影子内阁"。这些人被派到俄罗斯中部位于离斯维尔德洛夫斯克市70千米处的森林中的备用转播站领导俄罗斯。准备万一俄罗斯议会大厦失守，可组织另一个根据地，进行长期斗争。而国家紧急状态委员会却听之任之。

紧急状态委员会的优柔寡断，给了反对者大量的时间和机会，致使情况发生逆转。当晚，议会大厦前已聚集了数万示威群众。有些人构筑了堡垒，要誓死保卫议会。20日莫斯科实行宵禁。21日下午，苏联国防部命令撤回部署在实施紧急状态地区的军队。

当美国国家情报局提供了"苏军和克格勃的调动部署情况，令人吃惊的是与事前没有什么变化，这次政变是一次不协调的、仓促准备的临时性行动，胜利的可能性是10%"的报告时，布什的措词开始强硬。美、英、法、德、意、日、澳等西方国家统一口径，对苏联国家紧急状态委员会大加谴责，形成围剿之势。美国还利用"美国之音"，转播叶利钦号召推翻亚纳耶夫等人以及布什表示同情的讲话，使叶利钦又有了一个向俄罗斯人民发表讲话的重要机会。21日晚8点，戈尔巴乔夫发表声明，强调他已完全控制了局势，并恢复了曾一度中断的与全国的联系，并称将于近日内重新完全行使他的总统职权。22日凌晨，戈尔巴乔夫返回苏联首都莫斯科。国家紧急状态委员会中的6人或自杀或被拘留。以维护苏联原有联盟体制为目标的"8·19"事件宣告彻底失败。

◎智慧解码

"8·19"事件的失败，更加速了苏共的崩溃和苏联的解体，出现了"亡党亡国"的历史悲剧。

"8·19"事件失败的原因很多，当时的局面也十分复杂，苏联党政机关实际上已经涣散，军队内部也不统一，社会思想极度混乱，整个力量对比已十分不利于以亚纳耶夫为首的"传统派"。他们的行动既缺乏苏共各级组织和人民群众的积极支持，又遭遇"激进派"势力的强大反抗。结果，"传统派"的行动很快就告失败。

不过，在整个行动过程中有一点失误是毋庸置疑的，那就是亚纳耶夫等人的优柔寡断，他们缺乏快刀斩乱麻的勇气、决断和决心，没有及时采取相应措施等等。拿破仑有一句名言："胜负在于最后五分钟。"在事态最关键的时候，亚纳耶夫等没能坚持到"最后五分钟"。一句话，急惊风偏碰上了一个慢郎中。

2001年9月11日发生的恐怖袭击对美国及全球产生了巨大的影响。这次事件是美国历史上最严重的恐怖袭击事件，是继第二次世界大战期间珍珠港事件后，美国历史上第二次本土遭到的袭击。之后美国采取的一系列措施不但对其国内，而且对世界反恐斗争都产生了深远的影响。

美国"9·11"事件

恐怖袭击和全球反恐斗争

2001年9月11日早晨8：40，当美国人刚刚准备开始一天的工作之时，在美国上空飞行的四架民航客机几乎同时被恐怖分子劫持。

上午8时46分40秒，被恐怖分子劫持的载有92人、重达150余吨的美国航空公司11次航班（一架满载燃料的波音757飞机）以大约每小时490英里的速度撞向美国象征性建筑——高达110层417米的世界贸易中心北楼，撞击位置为大楼93至98层。大楼上部被撞得摇晃起来，摆幅达1米左右。飞机上30余吨航空燃油四处喷溅，发生了巨大的爆炸并猛烈燃烧。顷刻间，大楼上部形成立体燃烧的态势。被撞击楼层以下的人员开始疏散。但所有的3道楼梯都被撞坏，因此被撞击楼层以上的人员无法逃离。

灾难接踵而至。9时2分，另一架被劫持的载有65人、重达160余吨的波音767客机以每小时590英里的速度撞向世贸中心南楼第78至84层，穿透了整座进深达63.5米的大厦，53吨航空燃油和巨大的爆炸让南楼挂上了一个巨大的火球。

但灾难并没有结束。9点40分，一声巨响，美国国防部五角大楼被一架恐怖分子劫持的波音757飞机撞出一个直径约100英尺的大窟窿，烈火浓烟直冲波托马克河的上空。五角大楼部分坍塌。

接着，世界贸易中心南楼以雷霆万钧之势垂直坍塌。北楼也相随倒下。世贸中心两幢大楼内数万余人及数字不详的其他人员被尘灰掩埋。整个美国都为之震惊，人们陷入了极度恐慌之中。阴霾笼罩美利坚合众国。很明显，这是一起专门针对美国政治、经济枢纽进行打击的恐怖活动！全美立即处于高度戒备状态。

美国联邦紧急救援总署立即启动救援机制。跨地区调动了全美配属在消防部门的28个搜救队中的20个参加救援。搜救队夜以继日开展搜救工作。纽约消防局911调度指挥中心两次拉响最高的五级警报，在5分钟内调动了1000多名消防队员赶到现场，会同警察、保安等部门组织疏散出的被困人员达26000余人。

纽约紧急医疗服务组织的指挥官也在楼外划定区域，组织大量救护车和上千名医务人员对伤员鉴别归类、现场救护并转送医院。

美国关闭其领空，禁止任何民航班机起飞，所有在飞行的班机必须立即在距离最近的机场降落，所有飞往美国的航班即刻改飞加拿大。

美国总统布什发布命令，在紧急情况下，空军可以击落任何有可能进行袭击的飞机。

之后，禁飞令被宣布至少会持续到9月12日午后。禁飞令最终持续到9月14日，其间只有军事及救援飞机被允许起飞。这次是美国历史上第四次停止所有在美商业航班的运作，并且是唯一一次未经计划的紧急措施。在此之前都因国防需要而停飞所有飞机。

为避免意外再次发生，白宫与美国国会山庄关闭。白宫、财政部、国务院及其他主要政府机构内的人员开始撤离。纽约联合国总部开始进行疏散。纽约市长下令疏散曼哈顿地区，同时暂时取消市长选举活动。

上午10时3分，第四架被劫持飞机在宾夕法尼亚州坠毁，据猜测是乘客与劫机者搏斗阻止了这架飞机撞向目标。机上无人生还。

下午1时44分，两艘航空母舰开进纽约港，5艘军舰驶入东海岸，随时准备打击恐怖分子。

总统布什为了稳定人心，以恢复政府、社会的正常活动，同时为了显示他不受恐怖威胁，9月11日晚上，仍返回白宫，并向全国发表电视演说："恐怖主义攻击可以动摇我们最大建筑物的地基，但无法触及美国的基础。这些恐怖行动摧毁了钢铁，但丝毫不能削弱美国钢铁般的坚强决心。"

在相关部门合力之下，美国的政治局势很快就稳定下来。美国朝野团结一致、共同将反恐作为国家安全的首要目标，相继采取了一系列措施在国内和国际上反恐，前者主要有：首先，为保护本土安全，美国加快了各项反恐立法。其次的"大动作"是结构调整。新成立了国土安全部，统筹联邦机构里的20多个部门，进行协调管理。新成立了专门的国家情报局，因为以前在情报共享和沟通、分析上存在不协调等问题。另外还成立了国家反恐中心等专业反恐部门。再有，通过三个具体措施赋予情报安全执法机构更多的权力。同时，通过一系列措施，注重加强技术方面的反恐。国际性反恐措施包括针对阿富汗、伊拉克的战争，以及其他一些国际性措施，包括PSI（防止大规模杀伤性武器扩散的计划）、集装箱协议、反恐贸易伙伴计划、生物反恐立法等。在这些措施中，还有最重要的一个方面是美国重视提高所有民众的反恐作用。

◎智慧解码

"9·11"事件发生之时，从救援的角度来看，这次救援是非常成功的，为各国处置同类事件提供了宝贵的经验。

行之有效的应急救援机制、完善的应急救援预案是灾难成功处置的前提。灾难发生后，美国各相关部门立即启动救援机制，按照预案，组织施救，同时海陆空各军紧急预防再次遭遇袭击。高效运转的抢险救援组织机构也是此次灾难处置的可圈可点之处。灾难发生后，纽约市政府立即成立指挥部，全面指挥救灾工作。各相关部门职责明确，分工详细，各司其职，相互配合。美国联邦紧急救援总署举全国之力，统一组织调度紧急救援工作。在这次救援中，我们也看到，大量运用先进科学技术提高了救援效率，美国现代化的消防队伍也是救援成功的关键。

而美国在随后推出的一系列反恐措施，不但为美国的反恐斗争打下了坚实的基础，而且还深深影响了世界反恐斗争。

47

舞弊、苦肉计、静坐、大罢工……一切能用得上的手段都在2004年的乌克兰总统大选中出现了，政治人物在舞台上疯狂表演，打击对手，操弄民意。选举最后虽然以"橙色革命"胜利而告终，但正像法国《费加罗报》所指出的那样："苏联加盟共和国的'橙色革命'像退潮的海滩一样，潮退后到处是流沙，民众陷入了流沙，民主派也陷入了流沙……"

2004年乌克兰总统选举

"橙色革命"下的"黑色游戏"

2004年10月31日，乌克兰政府总理维克托·亚努科维奇加入了乌克兰独立后第四届总统选举的角逐中。24名候选人参选。大选中由于没有任何候选人达到法律规定的50%的多数，因此在同年11月21日在得票最多的两名候选人尤先科和亚努科维奇之间举行重选。在这轮选举中，亚努科维奇以微弱优势胜出。

正当亚努科维奇及其支持者兴高采烈的时候，安全局长斯米什科将窃听到的亚努科维奇密谋在选举结果上做手脚的电话抄录稿秘密地交给了尤先科阵营。很快，这份文稿就在一家著名网站公开出来，全国震惊。

反对派尤先科对亚努科维奇的当选公开宣称不承认，并指控当局在大选中舞弊，宣布在全国进行政治罢工，号召支持者围堵政府。同时，尤先科在议会里手按《圣经》，举行了总统宣誓仪式。如此一来，乌克兰就出现了前任和现任总理都称自己是"新总统"的现象。

11月22日，上百万尤先科的支持者聚集在乌克兰首都基辅的市中心举行游行示威，抗议大选舞弊。他们建立了一个24小时不断被占据的帐篷城，同时在全国爆发了一系列由反对派组织的抗议、静坐、大罢工等事件。反对派甚至开始封锁总统府、政府和议会等国家政权机构。尤先科在选举活动中使用橙色作为其代表色，因此这场运动使用橙色作为抗议的颜色，被称为"橙色革命"。基辅全市陷入瘫痪，总统库奇马甚至无法到办公室上班，只能在市外举行会议。

几名官员也强硬地表示，如果抗议者继续妨碍政府工作，应该动用军队驱散他们。

11月28日晚，位于基辅市郊的乌克兰内政部军事基地拉响了警报。1万多名士兵从营房纷纷涌出，准备镇压抗议者。一场流血冲突即将爆发，甚至可能导致乌克兰内战。就在此时，安全局长斯米什科立即警告内务部停止行动，内务部被迫取消了镇压计划。

迫于各方的压力，乌克兰最高法院裁定11月21日的投票结果无效，并确定12月26日重新举行第二轮总统选举投票。这让一直比较紧张的大选危机在一定程度上得到缓解。

但近千米长的"帐篷城"依然安置在广场至赫列夏季克大街方向，尤先科指使近万名支持者住在帐篷内，命令他们将在此一直住到下一轮重新投票结束。

乌克兰两位总统候选人亚努科维奇和尤先科分别以不同的方式再次展开竞选活动，备战将于12月27日重新举行的第二轮总统选举投票。亚努科维奇举行群众集会，指责尤先科政党联盟正在进行一场"缓慢的政变"。他表示"要尽一切努力挫败这起违反宪法的政变，我不需要以流血的代价来获得总统职位"。

亚努科维奇到处为自己造势。他也发动了数百万支持者走上街头，相互示威。一场沸沸扬扬的总统选举争议使得乌克兰一时陷入了无政府状态，成为全世界关注的焦点。

反对党总统候选人尤先科一边向民众强调亚努科维奇在上轮大选中的舞弊行为不可饶恕，一边宣称身体不适，赶到维也纳的诊所看病，回国后，他告诉议会各位议员有人要谋害他。当时，原先外表英俊潇洒的尤先科面部皮肤已经受损，脸也变得非常难看。他公开宣称他是在与斯米什科见面吃饭时被下了毒，指控是乌克兰执政当局要毒害他。

但亚努科维奇反指尤先科是吃了变坏的寿司及喝太多烈酒所致。但这些理由似乎证据不足。人们开始同情尤先科，检察机关立即介入调查。这些因素都或多或少地影响了大选结果。

而一些外部因素也一直掺和在这次选举中。美国媒体就曾开动宣传机器制造舆论，对尤先科为代表的反对派领袖大加赞赏，鼓动国际社会支持反对派，直至帮助其夺取国家政权。在这次"橙色革命"中，一些西方非政府组织的支持和直接介入都发挥了关键作用。

12月27日，第二次总统选举如期举行，尤先科以16%的优势赢得了胜利。随即亚努科维奇宣布不接受选举结果，向最高法院提起诉讼。尤先科号召支持者围堵政府，阻止亚努科维奇召开内阁会议，并坚持要求他辞职。12月29日亚努科维奇举行记者招待会表示不辞职。12月30日乌克兰最高法院驳回亚努科维奇的诉讼。1月，亚努科维奇辞去了总理的职务。

随后，尤先科正式任职，乱哄哄的乌克兰大选终于以反对派尤先科的胜出落下帷幕，标志着"橙色革命"的最终胜利。

◎ **智慧解码**

尤先科"橙色革命"成功有许多因素，比如，西方的支持、抗议者的决心、乌克兰富翁的钞票、曾帮助推翻格鲁吉亚和塞尔维亚政府总统统治的外国积极分子的指导、乌克兰最高法院令人意想不到的独立姿态以及电视台"第五频道"的宣传。正是在这一系列因素再加上像那味精般的阴谋的搅拌下，"橙色革命"才取得了成功，同时也成就了典型的资产阶级总统尤先科。

乌克兰"橙色革命"，是西方政治家获得成功的典型事例，是"橙色革命"与"黑色游戏"，不论是尤先科的苦肉计，还是亚努科维奇的舞弊，其实都不值得称道。但他们在自身利益受到威胁时，所采取的种种或明或暗的措施，倒可以为我们今天的民主提供警醒。

有这么一个故事：一次洪水之后，教堂被淹了，神父一直守在教堂里不走，这时有人划着一小艇来到教堂，说："神父，我救你出去。"神父说："不用了，我相信上帝不会让他虔诚的教徒受罪的。"过了一段时间，一艘快艇过来了，神父拒绝上船，后来，水越涨越高，神父爬到了房顶，这时来了一架直升机，神父还是对救援人员说："不。"最终神父被洪水淹死了，他的鬼魂找到了上帝，责问上帝为什么不救救他。上帝说："我派了一个小艇、一艘快艇，甚至一架直升机，你都不肯获救，怪谁啊！"

他信政权的兴衰

错过也是一种过错

在成为泰国总理之前，他信开创了自己的"西纳瓦电脑服务和投资公司"，是《财富》杂志评出的世界500位"大亨"中唯一的泰国人。"商而优则仕"，他信于1998年7月创立了泰爱泰党，之后在大选中获得了泰国总理的职位。之后，泰国经济保持稳步增长；在禁毒、消除贫困、泰南问题、穷人看病等方面，他信政绩斐然。

但是，他信却为了家族利益，做了一件错事。根据泰国原有的相关法规，电信公司的外国控股比例不能超过25%，而2005年底，他信依靠泰爱泰党在众议院的席位优势所通过的法规，却将外国控股比例的上限提高到了50%，从而为他信家族出售西纳瓦公司股权铺平了道路。2006年1月，他信家族将旗下电信公司西纳瓦集团49.6%的股份以18.8亿美元的价格出售给新加坡政府控股的淡马锡公司，并且利用股票交易收入免纳所得税的政策优惠，进行了巨额的避税。

危机立马呈现。泰国社会各界的反应相当强烈。有关的抨击与责难主要集中在三方面：其一是指责他信的"政策舞弊"。其二是指责他信"损国逐利"。由于他信家族旗下的电信公司垄断着泰国的卫星通讯资源，甚至包括军队的通信联络，事关国计民生，将其出售给外国的政府控股公司，显然是有损害国家利益之嫌。其三是指责他信逃避纳税义务。此外，通讯卫星和大型电视台这些泰国最敏感的资产落入外国人手中也很让人不安。由此，反对派在首都曼谷的王家田广场举行了3轮人数超过10万人的示威集会，要求他信下台。

执政5年的泰国总理他信·西纳瓦遭遇了政治生涯中前所未有的重大危机。当年2月24日，在胜券在握的情况下，他信为提高重新执政的正当性，宣布解散众议院，提前举行新一轮选举。尽管依靠泰爱泰党在众议院的压倒性席位优势，他信原本有可能通过党内的妥协而安渡难关，但基于对农村选民基础的自信和对政治领导权的执着，他信却选择了颇具风险的"重新洗牌"。这一方面是为了再次彰显民意，重新确立他信的执政正当性；另一方面则是为了排除党内异己，巩固他信的党主席地位。

针对他信的选举锋芒，以民主党为首的在野党采取了联合抵制的策略。在野党的意图相当明确，主张"先修宪，后选举"，旨在通过修宪首先从选举机制角度弱化泰爱泰党的选票优势，其次从强化监管角度牵制他信的总理权力，从而为中小政党争取生存空间，避免被进一步边缘化。他信毫不让步，主张"先选举，后修宪"，旨在通过选举巩固泰爱泰党的政治主导地位，从而确保泰爱泰党在修宪的过程中占据主动。

他信的强硬招致了反对派更加有力的反抗。2006年4月2日的泰国众议院选举，基本上是泰爱泰党的"独角戏"，由于在野党的联合抵制，最终出现了40个选区的议席空缺，被宪法法院裁定该次选举因为"程序违宪"而无效，宣布将重新选举。

5月初，宪法法院仍然决定通过"先选举，后修宪"的方式平息政局动荡。此时，人人都已看出，下一轮选举中，他信即使成不了一党执政，但他执政的可能性很大。此时军事政变成为推翻他信政府的最后手段。反对派不满他信政府，一致请军队控制政局。而军队首领也顾虑到他信一旦重新当选，会对军方高层的政治权力产生一种根本性的削弱。由此，一场悲剧开始发生。

2006年9月19日，趁他信前往美国出席联合国大会的机会，泰国军方发动军事政变，推翻了他信的看守政府，他信被迫流亡英国。军警高层组成的"民主改革委员会"接管了国家政权。

至此，2006年初开始的大规模反他信运动，最终以他信政府的土崩瓦解而宣告结束。他信夫妇不得不长期流亡在外，泰爱泰党也就此分崩离析。他信所有的努力都付诸东流。

◎**智慧解码**

从发展进程来看，他信政府的垮台前后经历了"街头示威""选举抵制"以及"军事政变"三个阶段。其实，历史在每一个阶段都给了他信机会，但个性强硬的他信却没有很好地珍惜。

在第一个阶段，他信原本有可能通过党内的妥协而安渡难关，但独断专行的他信没有妥协；第二个阶段，他信锋芒毕露，毫不退让，将政敌们一棍子打入死胡同，以致对方集体抵制；第三个阶段，军人掌政在泰国素有历史渊源，而在2006年军事政变前，已有多种迹象显示了军队的不安，但他信的过分自信导致了他的不敏感和不沟通。

屡屡错失良机，最终断送了他信及泰爱泰党的政治生命！

经济篇

JINGJI PIAN

巴菲特有一句名言：只有当潮水退去，才知道谁在裸泳。

每一次经济危机，都使我们对经济规律有了更深刻的认识。

经济危机是资本主义经济的特有产物。19世纪以来，经济危机几乎是欧美国家的家常便饭，第二次工业革命后更为频繁，直到走向世界大战。自由市场经济体系总是在最繁荣的时候，急剧下降，落到谷底，随后经济又开始上行，周而复始，形成周期。一百多年来，人们作过各种尝试，试图解决经济危机问题，但是，就像人会感冒发烧一样，经济危机总会悄然出现。

经济危机造成大量企业倒闭、工人失业，致使生产力倒退、社会动荡不安。历史上，每当经济危机发生，执政集团都要采取各种办法走出困境。比如，启动内需，增加就业，适当调整生产关系，缓和社会矛盾等。从中我们可以看到政府干预的影子。这些措施在以后的危机处理中日趋成熟，最典型的就是20世纪30年代的罗斯福新政。所以西方国家渡过经济危机的最基本的办法，就是国家越来越大规模地干预社会经济生活。历史上也有一些统治者，面对经济危机惊慌失措，犹豫不决，引发大规模社会动乱，最终导致政权的丧失。这样的事例比比皆是，值得后来者引以为戒。

危机是市场经济的伴生物，不管预防和应付危机的手段多么完善，危机的发生都不以人的意志为转移。但是，一个富有远见的政府，完全可以运用智慧来化解危机，特别是通过提高科技水平，促使产业升级，使经济结构得到有效调整，为下一轮发展做好准备。1929年世界经济危机孕育了第三次技术革命；20世纪90年代美国经济从危机走向繁荣得益于互联网信息技术革命。历史上，每一次经济危机对应着一次技术革命的爆发和大规模扩散，进而引发整个经济社会的结构性转变。无数事实证明，经济危机的时代，是大动荡和大发展并存的时代。

"树木受过伤的部位，往往变得最硬。"当前，百年不遇的金融危机孕育着转瞬即逝的宝贵机遇。只要我们真正认清机遇、积极用好机遇，就能够催生一系列新兴产业，创造新的市场需求，培养新的经济增长点，引领经济社会向新的方向发展。

1948年11月13日，蒋介石的"文胆"和谋士陈布雷自杀身亡。关于陈布雷自杀的原因有多种说法，江苏美术出版社出版的《民国子午线》中提供的一种说法是，国统区金圆券改革失败后，陈布雷提出要蒋介石等四大家族拿出四五亿美元来充作军费。不料，蒋介石大发雷霆，打了陈布雷一个耳光，陈平时备受尊敬，现遭此凌辱，加上对时局的悲观，遂产生弃世的念头。陈是否遭此凌辱，现在难以考评。但是，当时开展的金圆券改革确是在国统区引起了一场轩然大波。

国统区金圆券改革

印钞机"印刷"出来的币改闹剧

　　抗战胜利后，百废待兴，人民渴望和平建国，迅速恢复和发展生产。然而，以蒋介石为首的国民政府，把本应投到国家建设中的资金用来打内战，给中国经济造成极为严重的破坏，使国民政府经济形势不断恶化。

　　在抗日战争和解放战争期间，国民党政府采取通货膨胀政策，法币急剧贬值。1937年抗战前夕，法币发行总额不过14亿余元，到日本投降前夕，法币发行额已达5千亿元。到1947年4月，发行额又增至16万亿元以上。1948年，法币发行额竟达到660万亿元以上，等于抗日战争前的47万倍，物价上涨3492万倍。如，上海每市担白米，1月值法币150万元，5月值580万元，8月就值6500万元了。造成恶性通货膨胀，市场彻底乱套，法币彻底崩溃。

当时曾经有造纸厂以低面额的法币作为造纸的原料而获利。国民党当局试图以金融政策稳定法币，抛售库存黄金购回法币。但因为法币发行量仍在增加而没有效果。

法币急剧贬值，再加上美货倾销和官僚资本的吞并以及繁重的捐税，使民族工商业纷纷停产或倒闭，农村土地大量抛荒。

国民党为挽救其财政经济危机，维持日益扩大的内战军费开支，决定废弃法币，改发金圆券。

蒋介石派出经济督导员到各大城市监督金圆券的发行。当时上海作为全国金融中枢，由蒋经国为副督导，实际掌握上海的经济情况。

金圆券发行初期，在没收法令的威胁下，大部分的城市小资产阶级民众皆服从政令，将积蓄之金银外币兑换成金圆券。与此同时，国民党政府试图冻结物价，以法令强迫商人以8月19日以前的物价供应货物，禁止抬价或囤积。而资本家在政府的压力下，虽然不愿，亦被迫将部分资产兑成金圆券。

在上海，蒋经国将部分不服从政令的资本家收押入狱以至枪毙，以杀一儆百。杜月笙之子杜维屏亦因囤积罪入狱。蒋经国在上海严厉"打老虎"，曾稍微提高人们对金圆券的信心。

以行政手段强迫冻结物价，造成的结果是市场上有价无市。商人面对亏本的买卖，想尽方法保有货物，等待机会再图出售，市场上交易大幅减少，仅有的交易大都转往黑市进行。

蒋经国在上海打老虎后来也遇上阻力。蒋经国查封的其中一家公司为孔祥熙之子孔令侃所有。蒋经国因宋美龄的压力而被迫放人，其本人亦因此事而辞职求去。物价管制最终失败，在11月1日全面撤销。

金圆券政策失败的最致命处是发行限额没有得到严守。国民党政府在1948年战时的赤字，每月达数亿元至数十亿元，主要以发行钞票填补，而国民党曾希望得到的美国贷款援助却从来没有落实。金圆券发行一个月后，至9月底已发行到12亿元，至11月9日则增至19亿元，接近初订上限之数。

11月11日，行政院修订金圆券发行法，取消金圆券发行限额，准许人民持有外币，但兑换额由原来1美元兑4金圆券立即大幅贬值，降至1美元兑20金圆券。

自此金圆券价值江河日下，一泻千里。当1948年底开始准许以金圆券兑换金银外币时，全国各地立即出现数以十万计的抢兑人潮。市民见物即买，尽量将金圆券花出去，深恐一夜之间市值大跌而受损失。

至1948年12月底，金圆券发行量增至81亿元。至1949年4月时增至5万亿；至6月更增至130万亿；比十个月前初发行时增加二十四万倍。金圆券钞票面额不断升高，后来出面值一百万元的大钞，但仍不足以应付交易之需。至1949年5月，一石大米的价格要4亿多金圆券。各式买卖经常要以大捆钞票进行。由于贬值太快，早上的物价到了晚上就已大幅改变。市民及商人为避免损失，或干脆拒收金圆券。

国民党政府用发行金圆券挽救经济危机的办法完全破产。国统区经济的总崩溃促进了国民党反动统治的最后灭亡。

◎**智慧解码**

金圆券的快速贬值及造成的恶性通胀，源自政府的财政及货币政策。

国民党政府无视财力的限制，继续维持战事。政府赤字以印钞票支付，造成急剧的通胀。政府既不能自控通货的发行，只试图以违反市场规律的行政命令去维持物价和币值，最终引致金融混乱，市场崩溃。

金圆券风暴令国民党在半壁江山内仅余的一点民心、士气亦丧失殆尽。这是造成整个国民党政权迅速在大陆崩溃的原因之一。

新中国成立之初，在上海发生了两场"经济战争"，一场是"银元之战"，"银元之战"的胜利，粉碎了上海投机商人"解放军进得了上海，人民币进不了上海"的妄语。而"米棉之战"对平抑物价的作用，毛泽东认为它的意义不下于淮海战役。

建国之初经济战场上的正邪较量

银元之战与米棉之战定胜负

新中国成立之初，各地军管部门和人民政府都颁布了金银、外币管理办法，禁止以金银计价，统一由中国人民银行限期收兑。同时宣布：中国人民银行发行的人民币为唯一合法的货币，禁止黄金、银元、美钞流通买卖。但上海的投机商人对此置若罔闻，公然蔑视政府法令，狂称："解放军进得了上海，人民币进不了上海。"帝国主义开始预言中国人民不向他们乞讨将无法活下去。资产阶级讥笑"共产党是军事100分，政治80分，财经打0分"。一些不法资本家还试图在经济上和我们较量。我们的朋友中也有人对我们的治国能力表示怀疑，说"共产党打天下容易，治天下难"。

上海的投机商人拒用人民币，不顾人民政府的警告，利用国家物资短缺和人民币立足未稳的机会，继续搞金银投机倒把活动，疯狂地追求暴利，使金银黑市价一日三涨。短短的13天中，黄金上涨2.11倍，银元上涨1.98倍，物价随之上涨2.7倍以上。以致从1949年4月到1950年2月，短短的不到一年中，全国发生四次大规模涨价风潮，上海物价上涨20倍。极为猖獗的金银投机活动严重冲击和动摇着人民币的地位，造成了市场物价急剧上涨。

显然，在这种形势下，能否迅速消灭财政赤字，稳定物价，关系到新中国成立后全国大局的稳定、人民民主专政的巩固以及恢复国民经济任务的完成。在严峻的形势下，党和政府必须果断地采取坚定而有效的措施来克服财政经济的困难，以向世人表明：我们有能力领导人民夺取政权，也有能力领导人民治国安邦。

为了打击金融投机活动，稳定市场，新生的人民政府一方面发动广大工人、学生开展宣传活动，揭露金融投机的危害性和投机破坏分子的阴谋。另一方面以经济调节的办法解决问题。政府集中了大量银元拿到黑市上抛售，先把价格压低，再宣布禁止流通。6月5日，华东财委在上海集中抛售10万银元，力图以银元制服银元，使价格回跌。但由于投机势力很大，10万银元投入市场后被一吸而空，没有起到什么作用。6月6日，在上海一个城区抛出1万银元，价格也毫无回落。6月7日，银元每元价格又涨到1800元人民币。对政府的法令，投机商置若罔闻，照旧我行我素。

在劝告无效的情况下，根据中央的统一部署，各地人民政府采取了果断措施。1949年6月10日，上海市人民政府出动军警，查封了从事投机活动的证券交易大楼，逮捕法办了操纵市场、破坏金融的首要投机奸商238人，其他各地也先后逮捕处理了一批投机分子，刹住了破坏金融的非法活动。这就是"银元之战"。在政治打击的基础上，金银投机活动基本被制止了，军管会迅速实施金银管理办法，人民币从此占领了上海市场。

"银元之战"失败，但资产阶级在经济上并没有受到重大打击，逐利的本性使他们开始寻找新的方向。那时，物价不稳定，粮食和纱布往往代替货币充当筹码，成为囤积的对象。于是投机资本家又把眼光转到粮食和纱布上，他们囤积居奇、哄抬物价、捣乱市场，气焰极为嚣张，再次造成全国物价成倍上涨。1949年上海米价6月至7月上涨4倍，10月至11月又上涨3倍。国民党特务说："只要控制了'两白一黑'（大米、棉纱、煤），就能置上海于死地。"

为打击投机倒把活动，稳定物价，中央人民政府统一部署，从全国各地调运大量粮食、棉花、棉纱、布匹。经过周密布置和准备之后，选择市场价格达到高峰之机，于11月25日，在全国各大城市统一行动，集中抛售。投机资本家错误判断形势，认定物价还会上涨，不惜高利拆借巨款，继续吃进，但最终不敌实力雄厚的国营公司。国营公司敞开抛售后逐步降价，这时，政府收紧银根、征收税款。这"一抛一收"，使得投机资本家资金周转失灵。26日，市场物价立即下降。连续抛售10天后，粮棉等商品价格猛跌30％至40％。投机商人哄抬物价的阴谋破产。他们竞相抛售存货，但市场已经饱和，越抛，物价越跌。结果，不仅所囤积的货物亏本，而且还要付出很高的利息，许多投机商因亏损过多，不得不宣告破产，许多私人钱庄因借给投机商人的款项无法收回，亦宣告倒闭。这就是解放初期著名的"米棉之战"。从此，投机商人一蹶不振。

上海工商界人士说："六月银元风潮，是共产党用行政手段压下去的，此次（米棉之战）则仅用经济手段就能稳住，是上海工商界所料不到的。""米棉之战"对平抑物价的斗争作用很大，毛泽东认为它的意义不下于淮海战役。

经过"银元之战"和"米棉之战"，到1950年初，全国物价稳定，结束了我国连续十多年物价暴涨的局面。新政权赢得了全国人民的信任，为新中国经济迅速恢复和发展打下了扎实的基础。

◎ **智慧解码**

银元之战与米棉之战，是一场新生政权与资产阶级投机商争夺市场领导权的斗争。在这场斗争中，新生的人民政府没有采取简单没收的做法，而是采取实事求是的科学态度，坚持原则的坚定性和策略的灵活性相结合的方法，抓住了当时的主要矛盾。按照经济工作的特点，先稳定物价，安定民心，再统一财经，平衡收支。采取行政手段和经济措施相结合，并以经济措施为主的方针，把政治手段和经济措施巧妙地结合起来，始终掌握着主动权，最终确立了国营经济在市场上的领导地位。

远在1630年，荷兰的一朵郁金香花售价竟然相当于今天的76000美元，比一部汽车还贵，真是不可思议。

马克思曾说："早在那时候，人们就在整个骗人的交易所游戏中使用各种各样的手段和花招，只不过股票在那时候被称为'郁金香'，这就是区别。"

郁金香狂热
用经济杠杆摧平赌徒心态

郁金香是一种特别雅致的花，16世纪的时候曾经由商人在欧洲各地广为流传。人们对它的美丽一直着迷，特别是那些上层人士，拥有一个栽种着精美讲究的郁金香的花园成了他们互相攀比的一种时尚。但郁金香是一种难于短时间内大量繁殖的植物，从种子培育到开花要历经3至7年的时间。郁金香的培育速度无法赶上富人们的需求量，因而变得高价，最便宜一株也要1000荷兰盾以上。一棵价值3000荷兰盾的郁金香，可以交换八只肥猪、四只肥公牛、两吨奶油、一千磅奶酪、一个银制杯子、一包衣服、一张附有床垫的床外加一条船。由此可见其价值。

郁金香的大受欢迎引起了投机分子的目光，他们对于栽培郁金香或是欣赏花的美丽并没有兴趣，只是为了利润。他们开始大量囤积郁金香以待价格上涨，而囤积又进一步提高了郁金香的价格。价格的不断攀升又进一步助长了荷兰人的投资热情，甚至很多人变卖家产把更多的钱投入郁金香的买卖当中。

郁金香热催生了郁金香分析家和顾问们，他们生意兴隆，从事着对郁金香鳞茎质量和颜色进行分析说明的买卖。郁金香交易在短时间内让人发财的故事也在工匠、农民、侍从、马车夫之间广为流传，平民也开始进入了这个交易市场。此时的荷兰几乎已经百业荒废，全国上下都在为郁金香疯狂，整个国家都在疯狂地追求郁金香。

市场的交易模式至此也开始改变，开始出现全年交易和引进了期货交易制度。期货交易也不需要使用现金或是现货的球根，而是提出一份"明年四月支付""那时候会交付郁金花"的票据，或是加上少许的预付款即可完成交易。这个预付款也并非限定只能使用现金，像是家畜或是家具只要可以换钱的东西都可以抵用。1637年新年前后，郁金香的期货合同在荷兰被炒得热火朝天，达到了高潮。

1637年2月初，荷兰政府开始采取煞车的行动，从土耳其运来大量的郁金香。忽然之间，郁金香不再那么稀罕，于是一瞬间郁金香的价格往下滑，而下滑一经启动，六个星期内竟然下跌了90%，在最高点值76000美元的郁金香，六个星期之后竟只值一元。

于是哀鸿遍野，财富梦破灭，郁金香再也没有买家了。此时不管怎么护盘都挽救不了，郁金香的价格持续探底，于是许多股市交割无法完成。荷兰各都市陷入混乱。由于许多郁金香合同在短时间内已经多次转手买卖且尚未交割完毕，最后一个持有郁金香合同的人开始向前面一个卖主追讨货款。这个人又向前面的人索债。荷兰的郁金香市场从昔日的景气场面顿时变成了凄风苦雨和逼债逃债的地狱。

1637年2月24日，花商们在荷兰首都阿姆斯特丹开会决定，在1636年12月以前签订的郁金香合同必须交货，而在此之后签订的合同，买主有权少付10%的货款。这个决定不仅没有解决问题，反而加剧了郁金香市场的混乱。买主和卖主的关系纠缠不清。

为了避免导致更严重的社会动荡，荷兰政府出面干预，拒绝批准这个提议。1637年4月27日，荷兰政府宣布，这一事件为赌博事件，禁止投机式的郁金香交易，终止所有的合同。

一年之后，荷兰政府通过一项规定，允许郁金香的最终买主在支付合同价格的3.5%之后中止合同。按照这一规定，如果郁金香的最终持有者已经付清了货款，那么他的损失可能要超过当初投资数量的96.5%。如果还没有支付货款的话，他很侥幸，只需支付合同货款的3.5%，那么卖给他这个合同的人就要遭受非常严重的损失了。

这个决定使得票据失效，却很快地把问题解决，留下少数的破产者和暴发户，郁金香狂热时代就此结束。无数荷兰人持有的郁金香再也不会回到先前的价格。一直怒放的郁金香就此凋零了。

政府的最后出手，让荷兰避免卷入更加深重的经济灾难。

◎ 智慧解码

荷兰政府对郁金香泡沫事件的制止，使郁金香价格也稳定在一个合理的范围之内。美丽的郁金香终于从充满铜臭味的投机市场又回到百花园内，并且成为荷兰的国花。

在一个以市场为导向的社会里，人们能够抬高任何日用品的价格——从郁金香到印象派的绘画作品，再到IPO——抬高到不能从理性上加以评判的程度。归根结底，价值毕竟要受到时间和空间的制约。

政府对郁金香事件采取的手段是先从交易空间上制约，运用经济杠杆来调节价格；之后再用法律来堵漏，整个过程自然流畅，合乎经济规律。美中不足的是，政府采取措施的时间太晚了，以致有太多人牵涉进去，遭受了巨大损失。

一个苹果砸在牛顿的头上，引发了牛顿的思考，并使他发现了万有引力定律。在牛顿的生活中，还曾有另一只"苹果"砸过他的头，那就是英国南海公司发行的股票，这只"烂苹果"使他赔了两万英镑。不只是牛顿，成千上万的英国人都在"南海泡沫"中损失惨重，这就是发生在300年前的英国南海股票事件。这一事件也使英国股份公司和股票市场整整沉寂了一个世纪之久。

南海股票事件

砸在牛顿头上的一只"烂苹果"

17世纪末，英国经济兴盛。人们的资金闲置、储蓄膨胀，但投资机会明显不足，股票的发行量也极少，拥有股票还是一种特权。此时，英国政府因为打仗欠了一屁股债。南海公司为觅得赚取暴利的商机，即与政府进行交易：南海公司承担约1000万英镑的政府债务，而政府则对该公司经营的酒、醋、烟草等商品实行永久性退税政策，并赋予其经营中南美洲一带的贸易特权以及与这些地区进行远洋贸易的垄断权。

但是，在将近10年的时间里，南海公司在南美洲的进展并不顺利，公司业绩平平。然而，南海公司的主持人哈里·耶尔和他的伙伴是制造"新闻"的好手，他们不断地制造机会。

1720年1月，南海公司向英国政府提出，它打算利用发行股票的方法来减缓国债的压力，愿意向英国政府支付750万英镑来换取管理英国国债的特权。英国银行也试图获得这个特权。3月，英国国会刚刚开始辩论是否给予南海公司经营国债的法案，关于"上议院和下议院很快就要通过南海公司的国债偿付计划"流言就在伦敦街头巷尾广为流传。南海公司的股价立刻由129英镑蹿升至160英镑。

同时，南海公司向英国国会的主要议员们和英国皇室支付了120万英镑的贿赂，终于，英国国会在3月21日通过了这项法案，南海公司的股票趁势一跃，翻了一番，超过了400英镑。当下议院也通过议案时，股价也涨至390英镑。于是投资更为踊跃，半数以上的参议员纷纷介入，连国王也不例外。甚至大名鼎鼎的科学家牛顿都被卷入了这股旋涡。股票供不应求导致了价格狂飙到1000英镑以上。公司的真实业绩与人们的预期严重背离。

每当人们对南海公司略有一点疑惑，南海公司就会有新的好消息传播出来，譬如"南海公司在墨西哥和秘鲁发现了巨大的金银矿藏""西班牙政府已经同意南海公司在秘鲁开辟基地"等等，于是人们再次争先恐后地抢购南海公司发行的股票认购证。

此时的英国正处在第一次工业革命的前夜，大量的民间企业同样需要筹集资本，既然南海公司的股价上涨得如此之快，为什么别的公司不可以如法炮制呢？于是马上就冒出来许多泡沫公司，纷纷发行股票，希望能与南海公司分一杯羹。股票市场的狂热使得英国朝野上下都丧失了理智，甚至一些骗子也开始出现。全国经济秩序大乱。

英国政府开始意识到事态的严重性。此前，英国政府从来没有遭遇过如此大规模的经济危机事件，在处理经济危机上经验十分不足，政府从来没有预料到南海公司的经营风险及其恶劣影响的严重性，加上麻痹大意疏于防范，一直采取听之任之的态度，没有负起任何应有的国家监管责任。

眼见得全国上下都因股票市场紊乱而动荡不安，政府才开始采取措施以制止各类"泡沫公司"的膨胀。1720年6月，英国国会讨论、通过了《反金融诈骗和投机法》，又称"反泡沫法"。

自此，许多公司被解散，公众开始清醒过来。于是人们纷纷开始抛售囤积在手中的非法公司股票，且迅速形成一个抛售股票的浪潮。此时，南海股票价位尚在高点，但早已知道南海内幕和虚假幻象的一些内幕人士与政府官员大举抛售，南海公司股价开始一落千丈。从8月31日的775英镑一路下跌至12月的124英镑。英政府虽然出手应对了泡沫经济，但为时过晚，很多人在南海事件中倾家荡产，连大名鼎鼎的科学家牛顿都赔了两万英镑。被骗取钱财的普通投资者异常愤怒，他们举行公共集会，要求立法机关追究南海公司的欺骗责任。

1720年底，政府对南海公司的资产进行清理，发现其实际资本已所剩无几。为了平息民怨，英国政府强逼南海公司把部分债权出让给英格兰银行，并下令没收了南海公司高管的家产。还对某些腐败政府官员进行法办，同时没收腐败官员的家产。当时的英国财长在南海公司的内幕交易中就赚取了90万英镑的巨额利润，败露后，他被关进了英国皇家监狱伦敦塔。

南海公司股市泡沫终于在英国人民的一片叫骂声中彻底破灭了。

南海公司泡沫的破灭使神圣的政府信用也随之破灭了。在很长的一段时间，英国民众对于新兴股份公司闻之色变，对股票交易也心存疑虑。英国股份公司和股票市场整整沉寂了一个世纪之久。此间，英国没有发行过一张股票。这也许是那段疯狂投机的岁月留给英国人民的心灵创伤吧。

◎智慧解码

鼎鼎大名的科学家牛顿在南海泡沫中赔了两万英镑后，他伤感地写道："我能计算天体运行，却无法计算人类的疯狂。"

"南海泡沫"告诉人们：金融市场是非均衡性的市场，只要有足够多的资金，可以把任何资产炒出天价，导致泡沫急剧膨胀。正如凯恩斯所说，股票市场是一场选美比赛，在那里，人们根据其他人的评判来评判参赛的姑娘。毫无疑问，这个时候政府的监管是不可或缺的！

拉封丹曾经讲过这样一个寓言故事：一只熊和一个老人是一对好朋友，有一天老人睡觉的时候，一只苍蝇叮在他的鼻尖上。熊看到了，想帮老朋友赶走那只苍蝇，于是它捡起一块石头朝苍蝇砸去，苍蝇是砸死了，但是，那可怜的老人也被他那好心的朋友砸死了。

1837年，美国出现了经济恐慌，而这次经济恐慌的引爆点，竟然是因为杰克逊总统要关闭第二合众国银行。其实，当时的杰克逊也是出于发展美国经济的好心，但没想到引出了一连串的多米诺骨牌倒下……

1837年经济恐慌
政府与金融大鳄博弈引发的乱局

19世纪早期的美国联邦政府没有自己的中央银行，因此也没有发行纸币。联邦政府的货币供应仅限于各种铸币，而纸币则是由数以千计的各州批准的银行发行的银行券，这些银行良莠不齐，从完全可靠的信誉卓越的银行到彻头彻尾的骗子公司，无所不包。

第二合众国银行由国会在1816年授权建立，许可证规定期限是20年。它创立了统一的国家货币，一度成为美国最大最好的钞票的发行者，创立了单一的汇率等。它实力强大，它的资本比美国政府的财政支出多出一倍，拥有全国20%的货币流通量，在各州设立了29个分行，控制着各州的金融。考虑到许多州银行立法很仓促，经营不善，普遍资本金不足，监管不严，对未来过度乐观，第二合众国银行通过拒绝接受它认为经营不善的银行的票据来维护它自身的稳定。这削弱了公众对第二合众国银行的信心。出于业务竞争的需要，人们更喜欢信贷宽松、要求不严格的州立银行。到19世纪20年代中期，许多美国人都不再接受第二银行。

1829年，杰克逊当选为美国总统，他认为第二合众国银行的信贷问题影响了美国经济的发展。来自民间和政界的一些反对者认为，这家代表着少数富有者的利益，而且由于外国人的存款太多，给年轻的共和国的稳定带来了隐患。为使美国经济摆脱其严格的控制，杰克逊决定关闭第二合众国银行。作为毁掉合众国银行的策略的一部分，杰克逊从该银行撤出了政府存款，转而存放在州立银行，这些银行因此迅速被杰克逊的政治对手们冠以"被宠幸的银行"的称号。

没想到，危机竟然就此产生。因为增加了存款基础，不重视授信政策的州立银行可以发行更多的银行券，并以房地产作担保发放了更多的贷款，而房地产是所有投资中最缺乏流动性的一种。这样一来，最痛恨投机和纸币的杰克逊总统所实施的政策，意想不到地引发了美国首次由于纸币而引起的巨大投机泡沫。更具讽刺意味的是，在这次泡沫中，许多的土地都是联邦政府卖给居民或投机者的。政府的土地办公室在1832年的土地销售总额为250万美元，到1836年这一数字达到了2500万美元。

与此同时，美国又颁布实施了自由银行法。自由银行法允许最低资本金为10万美元的任何人都可以建立银行，没有任何其他的要求；并且各州的申请手续也已大大简化。银行如雨后春笋般而起，而草率地创办银行导致诈骗猖獗，银行业务品质低劣。

杰克逊应对的做法是将投机活动拦腰截断。他将《铸币流通令》作为一个行政命令签署。它要求，除极个别情况外，以后购买土地都必须用金币或银币支付。杰克逊希望他的措施将会阻止全国的投机活动，但这些措施的效果远不止于此，它还对美国经济起了紧急刹车的作用。

1836年，国会决定将大部分的贵重金属从第二合众国银行中取出，转移到各个州政府使用。杰克逊还下令财政部从1837年2月份开始，每个季度都从财政部在第二合众国银行的存款中取出900万美元，并根据各州的人口按比例分配给各州。

杰克逊所有的措施都只是为了健全他所认为的金融业，但是，最后的结果却令他大出意外。

由于对铸币的需求激增，银行券的持有者开始要求用银行券换取金银铸币。银行的贵重金属存贮都不足，为了筹集急需的钱，不得不尽快收回贷款。由于缺乏足够的贵金属，银行无力兑付发行的货币，不得不一再推迟。美国的经济恐慌开始产生。第二合众国银行由于之前过多地发行了纸币，巨量的兑付请求几乎耗尽了它的资源，同时，该银行延期申请遭到杰克逊总统拒绝，被迫缩身成了一家州立银行，同时停止了一些贷款发行。这次恐慌同样严重地削弱了州银行，很多实力较弱的银行因为黄金储备较少纷纷破产，没有倒下的银行也纷纷盛行"耍无赖"：拒绝偿还贷款。在1937年底，全美的所有银行，至少是那些还没有破产的银行，都终止了金币兑付。英格兰银行为避免黄金流出国门，开始提高利率，这导致英国的棉花进口量下降，进一步影响了美国的经济。而且，因为英国国内的利率升高，所以英国的投资者不再愿意将钱投入到美国的证券上，这对华尔街证券市场无疑是雪上加霜。美国陷入了严重的"人为"货币流通量剧减的境地，最终引发了1837年经济大恐慌。

股票价格复仇似的开始下跌，破产很快蔓延至所有的行业，全美90%的工厂关了门，失业率奇高，还有成千上万的人失去了自己的土地——这个年轻的国家遭逢了有史以来最严重的经济衰退。当几个州的州政府试图为它们的债务进行再融资时，发现市场上根本没有人愿意购买它们的债券。政府的收入虽然在1836年达到了5080万美元，在1837年却只有2490万美元了，杰克逊的联邦政府不欠债的美好愿景一去不复返了。美国历史上首次进入了萧条时期。美国经济出现整体萧条，这是杰克逊总统没有料到的事情，而继任的马丁·范布伦总统在治理国家上表现平平，他虽然付出了一些努力，但最终没有成功稳定市场，于是在1840年的总统竞选中失败。

这场金融恐慌带来的经济萧条一直持续到1848年加州发现了巨大的旧金山金矿，美国经济情况才开始好转。

◎**智慧解码**

1837年经济恐慌的原因是多方面的，不过，杰克逊总统执意要关闭第二合众国银行无疑起了催化剂的作用。杰克逊有三大信条：一、只有人民的支持才是最可靠的。二、不能让金融等势力膨胀的机构"挟持"政府。三、金融业对外国势力过度放开是十分危险的。应该说，他的出发点是好的，而且，他的这一决策也得到了极高的民意支持。正是由于这一错觉，加上当时的第二合众国银行行长尼古拉斯·比德尔也十分狂妄，对政府的措施采取了一系列疯狂的反制。于是，"一个人的地板就是另一个人的天花板"这条著名的公寓居民定律就比较恰当地解释了这出两败俱伤的悲情剧发生的原因。

当然，其中最重要的一个环节是：杰克逊在热情的驱使下，缺乏科学的调度和足够的危机管理，年轻的政府根本没有预测到，关闭第二合众国银行，将贵金属大量转移之后的恶果，也没有足够的经验与能力来应对这场恐慌。

美国南北战争是发生在美国本土上的规模最大的一次战争，双方战死60万人。在探讨战争的起源时，很多人都认为是因为废除奴隶制而引发，没有奴隶制就不会有战争。然而，如果寻找战争的深层原因，1857年的经济危机无疑也是它的推手。同样的，印度之所以沦为英国的殖民地，中国之所以被迫同英国签订了《天津条约》，这些都可以在布景色上找到1857年的经济危机的影子。

1857年经济危机

美国南北战争的推手

从17世纪上半叶到19世纪中叶，资产阶级通过革命或改革，先后开始或完成了第一次工业革命，生产力获得迅猛发展，社会面貌发生翻天覆地的变化。世界贸易急剧地扩大，机器工业的发展，运输业的革命，新兴国家和新兴部门都卷入了国际商品流通，新的市场得以开拓，旧的市场得以深化。

在繁华的背后，危机已经开始冒头了。1848年至1858年，英国产品充斥美国市场，阻碍了美国冶金业和棉纺织业等当时的重要工业部门的发展，这使得美国很多企业经营艰难，工业生产出现下降。1857年，撑不下去的美国工业企业开始陆续倒闭，仅1857年一年，就有近5000家企业破产。冶金工业和纺织工业减产20%~30%，铁路建设工程量缩减一半，造船量减少四分之三。每周运煤量减少15000万吨，许多煤矿关闭，煤价大幅度下跌。美国农业这回也损失惨重，由于俄国小麦的竞争，欧洲粮食本已过剩，又加上美国小麦丰收，播种面积扩大，结果粮食价格急剧下跌。

紧接着，美国又同时爆发了货币危机，整个银行系统瘫痪了，纽约63家银行中有62家停止了支付，贴现率竟然超过了60%，股票市场行市则下跌了20%～50%，许多铁路公司的股票跌幅达到80%以上。破产银行和有价证券共损失达8000万英镑，危机造成的全部损失则高达25000万～30000万英镑。美国进入了灾难的深渊。

与此同时，英国的经济发展也受到美国危机的打击。因为英国人对美国铁路建设进行了大量的投资，英国的投资者持有的有价证券急剧贬值，这让英国人痛不欲生。同时，美国人的消费水平降低，导致英国企业生产的产品在美国滞销，这又导致1857年12月英国本土的工业产值下降了一半，但存货却增加了。英国的纺织工业、冶金工业、煤炭工业都大规模减产、停工，物价急剧回落。英国工人大量失业，仅曼彻斯特就有1万多人失业，18000人半失业，此外还有成千上万家庭工业中的工人失业。

美国的经济危机迅速蔓延到英国和欧洲大陆，引发了许多国家一阵又一阵的破产浪潮。法兰西东方铁路公司股价下跌三分之一，欧洲破产公司的债务总额高达7亿美元。

因为对危机处理经验不足，在1857年上半年，美国还再次降低了铁和纺织品的进口税，从而加剧了国内工业的困境。

危机爆发后，美国许多州，包括纽约、俄亥俄、印第安纳和田纳西等，都采取了合并和共同保险以降低各家银行的紧张状况。

在这场危机中，美国政府的应对是不得力甚至是错误的。美国连续多年的财政赤字造成公众普遍不满，南方各州开始一个一个地宣布脱离联邦，导致了南北战争的发生。

而英国政府开始急切寻找市场。这直接导致了英国将印度沦为殖民地。同时，英国还迫使中国签订《天津条约》，让中国的大门进一步向英国商品打开，迫使中国成为英国商品的倾销地。

◎智慧解码

事物是普遍联系的，正如"蝴蝶效应"所说的：一只南美洲亚马孙河流域热带雨林中的蝴蝶，偶尔扇动几下翅膀，可能在两周后引起美国得克萨斯的一场龙卷风。

"蝴蝶效应"在社会学界用来说明：一个坏的微小的机制，如果不加以及时的引导、调节，会给社会带来非常大的危害，戏称为"龙卷风"或"风暴"；一个好的微小的机制，只要正确指引，经过一段时间的努力，将会产生轰动效应，或称为"革命"。

美国南北战争，一般人认为都是由奴隶制引起，其实，1857年的经济危机才是点燃战火的最早的火星。美国连续多年的财政赤字造成公众普遍不满，南方各州开始一个一个地宣布脱离联邦，导致了南北战争的发生。

数以千计的人跳楼自杀、上千亿美元财富蒸发、86000家企业破产、5500家银行倒闭、5000万人失业、200万～400万中学生辍学……这是一幅1929年美国股灾"地狱图"。面对这一局面，胡佛总统乱开"药方"，导致乱上添乱。1932年，罗斯福上台，对美国证券监管体制进行了一系列根本性的改革，这些改革，犹如给股市这匹野马套上笼头，直到现在，包括美国在内的世界许多国家的证券监管都从中受益。

大萧条时代证券改革

罗斯福为股市"野马"套上"笼头"

1920年代被称为"新时代"，财富和机会似乎向刚在第一次世界大战中获胜的美国人敞开了自己吝啬的大门。整个社会对新技术和新生活方式趋之若鹜，"炫耀性消费"成为时代潮流。世界经济进入了一个繁荣时期。

联邦储备委员会的扩张性货币政策、良好的经济环境和乐观的情绪催生了股市的繁荣，很多人不假思索地投身股市。人们还可以通过"定金交易"花一美元买到价值10美元的股票。大量中小投资者争相涌进股市。随着股价扶摇直上，特别1928年开始，股市的上涨进入最后的疯狂，电梯工、接线员和报童也和金融巨头一起玩起了股票。1921年，美国资本市场新发行的证券是1822种，到1929年达到了6417种。美国大约有2000万大大小小股东从中受益。

危机已经悄悄降临，只是人们没有注意到。事实上，在20年代，许多产业仍然没有从一战后的萧条中恢复过来；由于苏联的木材竞争，导致1928年后世界木材价格下跌；1929年后，加拿大小麦又过量生产，欧洲、美洲、澳洲的农业经济急剧衰退，尤其在美国当时还是个以农业为主的国家，危机就更突出。但投机热仍旧导致大量资金从欧洲及其他利润较低的投资领域转向股市——洪水般冲来的大量资金，使华尔街显出空前的表象繁荣。股市的过热已经与现实经济的状况完全脱节了。

赫伯特·胡佛当选总统之后不久，曾试图通过拒绝借款给那些资助投机的银行来控制股市，但收效甚微。

1929年3月，美国联邦储备委员会宣布将紧缩利率以抑制股价暴涨。但一些银行从自身利益考虑，总共贷款约80亿元供给证券商用以在纽约股票市场进行交易，以避免下跌。于是，股价继续上涨，增长幅度超过了以往所有年份。

信用是不可能无限度扩张下去的。9月3日，《道琼斯金融》引用了一句"股市迟早会崩盘"的文字，股市立刻开始了噩梦般的暴跌。10月29日。美国金融界彻底崩溃了，数以千计的人跳楼自杀。美国经济随即全面陷入毁灭性的灾难之中，可怕的连锁反应很快发生，并从美国波及整个世界。上千亿美元财富蒸发，以往蒸蒸日上的社会逐步被存货山积、农场荒芜、商店关门的凄凉景象所代替。86000家企业破产、5500家银行倒闭、5000万人失业、200万～400万中学生辍学、全国金融界陷入窒息状态，千百万美国人多年的辛苦积蓄付诸东流。这场史无前例的股市大暴跌从1929年延续到1932年，并成为整个30年代大萧条的导火索。

美国政府在这场危机中反应迟缓。1929年10月的股崩发生后不久，胡佛还在紧随"自由市场经济"，主张政府不作为、不干预，并相信自愿救济策略可以渡过难关。胡佛的判断失误与不作为，严重贻误战机，致使大萧条更加陷入深渊。

1932年3月4日，罗斯福取代了焦头烂额的胡佛，开始亡羊补牢，对美国证券监管体制进行了一系列根本性的改革：3月27日，美国国会通过《证券法》，旨在恢复公众对于美国资本市场的信心，而办法则是由政府来进行监督。之后，国会又接连出台了几部重要的证券法案，包括《证券交易法》《公用事业公司持股公司法》《信托条款法》《投资公司法》《投资顾问法》。这些法案一直是此后美国证交会管制证券市场的主要法律依据。

为了强有力地执行其政策，罗斯福又创立了众多联邦管制机构。1934年7月6日，美国证券与交易委员会正式挂牌成立。它的宗旨是执行国会通过的证券监管法律，增进市场的稳定，最重要的目标则是保护投资者。它的权威性在于该机构集准立法权、执法权和准司法权于一身，对全国的证券发行、证券交易所、证券商、投资公司等实施全面监督。它独立于一般立法、司法、行政部门之外，总统一般不能干预其行使职权。

罗斯福任命的第一任证交会主席是约瑟夫·肯尼迪。有人反对这一任命，说肯尼迪自己就是个狡诈的股市投机者。罗斯福却笑着说，这太好了，因为这样他就知道股市中的各种猫腻。这位投机者对他原来的同行们也确实毫不留情。

指导证交会创建的人物是被誉为"管制先知"的法学家詹姆斯·兰迪斯。他是个法学天才，不到40岁就成了哈佛法学院院长。兰迪斯的理论是："市场本身存在许多重大缺陷。因为证券市场上有太多的窃贼和能力不足的人，因此需要政府管制。"

美国开创了一种崭新的证券市场监管模式：由政府依据国家法律积极参与证券市场的管理，并在证券市场管理中占主导地位。这种模式后来被大多数国家模仿。

此后，美国股市逐渐恢复元气，到1954年终于回到了股灾前的水平。

◎智慧解码

当罗斯福1932年当选美国总统时，美国正处于大萧条的时候。罗斯福开始了他那著名的新政，罗斯福新政观中有两个重要的理念：一、我们运用实事求是的传统法则，一起渡过难关；二、在坚决地扩张社会进步的过程中，我们必须依靠现实的推理而不是干巴巴的公式。

在他拯救和规范股市的做法中我们可以发现这些理念的运用，他没有像胡佛一样紧随"自由市场经济"，政府不作为、不干预，并相信自愿救济策略可以渡过难关，而是大胆地进行政府干预，这一点在当时崇尚"自由市场经济"的资本主义国家是非常难得的。他"运用实事求是的传统法则"，而不是刻舟求剑般照搬"干巴巴的公式"。

在整治证券市场过程中，他的证券立法、成立美国证券与交易委员会等措施是对症下药的良方。因此，公众舆论评价罗斯福这些行动犹如"黑沉沉的天空出现的一道闪电"。

1947年1月8日，马歇尔登上飞机，黯然离开中国回国，此前，他作为美国总统特使调解国共两党冲突，以期消除中国内战，但最终无功而返。同年7月5日，他在美国哈佛大学发表了一次演讲，宣称美国愿意对"复兴欧洲"提供援助，即所谓的"马歇尔计划"。半年间他两次都是以"好人"的形象出现，但所赢得的评价迥然不同。美国总统罗斯福曾说，他有两样东西离不开——一是轮椅，另一个就是马歇尔。由于"马歇尔计划"的实施，欧洲在一段时期里，也有点像罗斯福一样有点离不开"马歇尔"。

马歇尔计划

一石数鸟的国际大整合

在二战中，唯一一个基础设施没有遭到明显破坏的国家是美国。因此，美国在战后进入了短暂的繁荣。但很快，美国就发生了战后第一次经济危机。形成危机的根本原因是，第二次世界大战时期美国形成的高速生产惯性，和战后重建时国际国内市场需求暂时萎缩，两者形成了尖锐的矛盾。于是，夺取和占领西欧市场，给自己"过剩的"商品和资本寻找出路，这是美国必走的一步棋。

但此时，欧洲国家的进口和消费环境却不尽如人意。二次世界大战结束六年后，大半个欧洲依然难以从数百万人的死伤中平复。战火遍及了欧洲大陆的大部分，涉及的地域面积远远大于第一次世界大战。持续的轰炸使绝大多数大城市、铁路、桥梁、道路以及工业生产遭到了严重破坏。欧洲大陆上的许多著名城市，例如华沙和柏林，已成为一片废墟。而其他城市也遭受了严重的破坏。这些地区与经济生产相关的建筑大多化为一片瓦砾，数百万人无家可归。中小城镇和村庄所受的毁坏程度基本上较轻，但交通运输的破坏还是使这些地区的经济与外界的联系几近断绝。战争对农业的破坏也相当大，这导致欧洲大陆许多地方出现了大面积的饥饿。西欧这些问题的解决都需要耗费大量财力，而此时大多数陷入战争的国家的国库已被消耗殆尽了。另外，一些西欧国家的共产党权力及声望的增长也令美国不安。

针对本国的艰难，及西欧所面临的政治、经济危机，美国经过多方磋商、酝酿，提出了凭借其在二战后的雄厚实力帮助美国的欧洲盟国恢复战后经济、同时抗衡苏联和遏止共产主义势力在欧洲的进一步渗透和扩张、帮助美国取得霸权的欧洲复兴计划。因其主要提出者是时任美国国务卿的乔治·马歇尔，故而又名马歇尔计划，但事实上真正策划该计划的是美国国务院的众多官员。杜鲁门在签署马歇尔计划的同时，还批准设立了经济合作总署来负责这一计划的实施。

马歇尔计划于1947年7月正式启动，同时，经济合作总署也发布使命声明，内容包括：推进欧洲经济进步、促进欧洲生产发展、为欧洲各国货币发行提供支持以及推动国际贸易。而经济合作总署（以及马歇尔计划）的另外一个没有被官方承认过的目标，则是对苏联势力在欧洲不断扩张的影响进行遏制，特别针对捷克斯洛伐克、法国和意大利共产党势力的增长。

马歇尔计划整整持续了4个财政年度之久。在这段时期内，西欧各国通过参加经济合作发展组织（OECD）总共接受了美国包括金融、技术、设备等各种形式的援助合计130亿美元。若考虑通货膨胀因素，那么这笔援助相当于2006年的1300亿美元。

马歇尔计划涉及的资金通常都先交付给欧洲各国的政府。所有资金由所在国政府和经济合作总署共同管理。每个参与国的首都都会驻有一名经济合作总署的特使。特使的职责就是在计划实施过程中提出建议。经济合作总署不仅鼓励各方在援助资金的分配上进行合作，还组织由政府、工商业界以及劳工领袖组成的磋商小组，对经济情况进行评估，同时决定援助资金的具体流向。经济合作总署还主导了一个技术援助计划。它资助欧洲的技术人员和企业家参观访问美国的厂矿企业，以使他们能够将美国的先进经验和制度应用于本国。同时，也有成百上千的美国技术人员在这一计划的帮助下，作为技术顾问前往欧洲。

马歇尔计划最初曾考虑给予苏联及其在东欧的卫星国以相同的援助，条件是苏联必须进行政治改革，并允许西方势力进入苏联的势力范围。但事实上，美国担心苏联利用该计划恢复和发展自身实力，从而损害他们在全球的霸权，因此美国故意提出许多苏联无法接受的苛刻条款，最终使其和东欧各国被排除在援助范围之外。

当马歇尔计划临近结束时，西欧国家中除了德国以外的绝大多数参与国的国民经济都已经恢复到了战前水平。在接下来的20余年时间里，整个西欧经历了前所未有的高速发展时期，社会经济呈现出一派繁荣景象。自此，西欧各国的经济联系日趋紧密并最终走向一体化。

马歇尔计划的最大受惠国当然是美国。经济上，它促进了美国商品和资本对西欧的输出，为美国用经济手段控制欧洲铺平了道路。政治上抑制了西欧各国人民的革命运动，削弱了意大利和法国共产党在国内的影响。从战略上讲，马歇尔计划促进了西欧和美国在对抗苏联战略上的接近和协调，增强了遏制苏联的力量，并为西方政治军事联盟的正式形成奠定了基础。

◎ **智慧解码**

美国的"马歇尔计划"可谓一石几鸟，该计划挽救了濒临崩溃的西欧经济，提出的"欧洲一体化"概念，也为西欧复兴指明了方向。西欧各国在"马歇尔计划"的促进下建立了一系列经济合作机构，为此后的西欧统一进程奠定了基础。同时，这一计划也促进了美国商品和资本对西欧的输出，为美国用经济手段控制欧洲并成为世界霸主铺平了道路。"马歇尔计划"还促进了西欧和美国在对抗苏联战略上的接近和协调，增强了遏制苏联的力量。

　　"马歇尔计划"的精髓在于发挥了"整合"的力量。

一个资源匮乏的国家，在经历了第二次世界大战的惨重失败后，却出人意料地在短短不到三十年时间内异军突起，一跃成为当时继美苏之后的世界第三大工业国和经济强国。日本是喝了一种怎样的"营养液"而一下变得肢体强壮？

日本战后的崛起

"吉田路线"吹响了日本振兴的"集结号"

战争结束后的日本经济处于极度混乱和疲乏状态。战争末期，包括惨遭原子弹袭击的广岛、长崎在内，全国共有119个城市化为废墟，毁于战火的住房达236万栋，900万人流离失所。近一半的工业设备、道路、桥梁、港湾设施受到不同程度的破坏。工矿业生产急剧下降，加上农业歉收，大米产量只有常年的六成，酿成了严重的粮食危机，原材料及粮食进口的渠道被切断，饿死人的现象时有发生。由于物资极度缺乏，货币发行量激增，通货膨胀日甚一日。

这个资源匮乏的国家，在经历了第二次世界大战的惨重失败后，浸入了苦难的深渊。而日本战后的恢复，就从这片废墟上开始。此时，日本正处在以美国为首的盟军的占领之下。为了使日本经济摆脱瘫痪状态，恢复经济、维护独立、解决国计民生和重返国际社会等方面的问题迫在眉睫。

吉田茂在日本战后的危难时刻出任首相。他一方面要发展日本经济、重建日本社会；另一方面，又不得不时刻关注盟军的动向，与盟军交涉使之作出有利于日本建设的决策和方针，他就是在这个夹缝中进行着日本的重建工作。

为了使日本能够尽快得到复兴、回归国际社会，吉田茂选择了以经济中心主义政策和追随美国的外交战略为主体的"吉田路线"作为重建日本的国家发展战略，所推行的"教育兴国"，"拒绝重整军备，全力投入经济建设"等政策对日本的重新崛起具有深远的影响。

首先，全力进行经济建设。吉田茂推行经济强国策略，设计了很弹性的产业政策，制定实施了"倾斜生产方式"为核心的产业复兴政策，优先发展煤炭和钢铁产业，通过差价补贴保证生产费用。目的在于高度利用国内有限的资源，迅速重新启动工业化，拉动经济发展。两年的倾斜生产方式使日本经济摆脱了萎缩的局面，开始了扩大再生产。此时日本又赶上粮食连续两年丰收，经济上略微缓过一点气来。

随着日本贸易立国发展战略的确立，为了民族的利益，日本又采取了贸易保护战略，以实现产业振兴。一方面，日本在外汇短缺的时代对进口的物资和技术均采取了严格的审批制度，保证了外汇应用在急需发展的产业；另一方面，日本对进口实施高进口关税和配额。而重要的是日本的非关税壁垒，如家电行业的垄断垂直分销体制等，使得国外产品很难进入日本市场。这些都使日本产业在发展中避免了国际市场强大的冲击。从战后到50年代末，日本较为顺利地实现了经济恢复和产业振兴。之后，吉田茂又从本国国情出发，依据不同时期经济发展的客观需要，灵活地制定和选择经济发展政策。

吉田茂还利用美国对日本扶植的良好环境拼抢发展机会。战后初期，美军对日本经济多是压抑和打击。但随着国际局势变化，西方和苏联已经处于冷战状态，中国革命又迅猛发展，美对日政策开始发生转变，开始对日援助，把日本纳入美国经济的轨道，以发挥日本作为"远东工厂"和"共产主义运动防波堤"的作用。如1949年，美国占领当局解除了限制日本汽车生产的数量的命令，日产、五十铃、丰田、日野等汽车生产厂家迅速花大钱引进外国先进技术，为后来日本汽车制造工业的现代化打下了基础。

积极发展教育，培养人才，也是日本复兴的重要保障。二战结束后，在美国占领军的监督下，日本进行了历史上第二次教育改革，培养了一大批中、高级科技人员，以及适应技术革新需要的熟练劳动力。这支拥有较高教育程度和熟练技术水准的劳动力队伍，使日本能较充分地吸收、消化和发展引进的外国先进技术，迅速摆脱经济上、技术上的落后面貌，跳跃式地赶上或超过欧美发达的资本主义国家。

朝鲜战争与越南战争期间，美军的大批军事及后勤物资订货，又进一步刺激了日本经济的发展，使日本经济迅速活跃起来。作为侵朝美军的后方基地的日本，一下子就卖完了库存的货物。在"特需"的物资中，有70％属于武器和军用物资，30％属于劳务。今天著名的丰田公司，在战争之前已经濒临崩溃，一纸军用卡车的合同又使之死而复生。

据统计，1960年—1970年间，日本的工业生产年均增长16％，国民生产总值年平均增长11.3％。1968年，日本的国民生产总值超过联邦德国，成为仅次于美国的资本主义世界第二号经济大国。70年代初期，日本基本上实现了国民经济现代化，经济上得到了彻底的复苏，并开始高速增长。

◎ **智慧解码**

"吉田路线"吹响了日本崛起的"集结号"。方向问题是最大的问题，为了使日本能够尽快得到复兴、回归国际社会，吉田茂选择了以经济中心主义政策和追随美国的外交战略为主体的"吉田路线"作为重建日本的国家发展战略，事实证明，这是正确的国策。围绕这一路线所推行的"教育兴国"，"拒绝重整军备，全力投入经济建设"等政策对日本的重新崛起具有深远的影响。

朝鲜战争与越南战争期间，美军的大批军事及后勤物资订货，又进一步刺激了日本经济的发展，使日本经济迅速活跃起来。

可以说，日本的振兴，占尽了天时地利人和。

战争失败的德国，满目疮痍，哀鸿遍地。德国如何站起来，是摆在当时的领导人阿登纳、艾哈德面前的一个课题。那时候，为防止饥荒失控，美军占领区维持戈林元帅制定的统制经济配给制不变；伦敦工党上台执政，英军占领区倾向经济国有化；法军当局则一如既往，只关心如何索取战后赔款，越多越快越好；在德国东部，苏军立刻建立起他们熟悉的计划经济。

按理说，在这几种模式中，他们完全可以依葫芦画瓢，"拿来"一种就行。然而，他们为德国重生所开的药方是："市场经济+国家干涉+社会保障"的经济建设模式。事实证明，市场经济是一颗好种子。

联邦德国的重生

市场经济是一颗好种子

1945年5月，被称为欧洲"问题儿童"终于被打垮的德国，战争的硝烟刚刚驱散，德国只剩一片残山剩水，满目疮痍，哀鸿遍地。300万士兵死亡，200多万人受伤致残。昔日繁华热闹的城市如今已变成满目疮痍的废墟，战争留下了数百万饥肠辘辘、颠沛流离的人们，过去的经历剥夺了他们对现在和将来梦想的权利。他们在生死线上挣扎，每日都在为最基本的生存而奔波。当纳粹以德国人的名义对犹太人以及东欧人犯下的滔天罪行被充分揭露出来之后，德国人在深感羞愧的同时，必须要等待着战胜者的裁决，等待命运加给他们未来的一切。

据当时最保守的估计，就算每天拉走1000吨碎石，柏林也要30年才能把废墟清理完毕。

为防止饥荒失控，美军占领区维持戈林元帅制定的统制经济配给制不变；伦敦工党上台执政，英军占领区倾向经济国有化；法军当局则一如既往，只关心如何索取战后赔款，越多越快越好；在德国东部，苏军立刻建立起他们熟悉的计划经济。

德国四分五裂，德国何去何从？在这片废墟上还能生长出富强的花朵吗？谁能带领德国走出黑暗？德意志还能找回自己吗？

1949年，73岁的阿登纳成为德意志联邦共和国第一任总理。阿登纳上任后所做的第一件事，就是向"夙敌"法国真诚道歉，从而为联邦德国的经济建设开创较好的国际环境。

阿登纳的口号是："和平了，保证每天有面包！"阿登纳把管理国内经济的权力交给了一直主张"社会市场经济"的经济部长艾哈德教授。

艾哈德首先取消了配给制度，开始实行社会市场经济计划。艾哈德还说服了克勒，同意在西德地区实行亚当·斯密传下来的市场经济。

艾哈德放松了对经济体系的严格控制，开放市场，鼓励大量资金不受限制地进入市场，让市场发挥作用；但国家并非完全放任自流。艾哈德既反对经济上的放任自由，又主张国家要尽量少地干预而只给予必要的干预；既保障私人企业和私人财产的自由，又对资本的某些权利予以限制，让公众得到好处；同时，实行完善的社会保障体系。为此，德国通过了一系列立法，1957年在联邦议院通过了《反对限制竞争法》，通常称为《反卡特尔法》。这个立法在联邦德国被视为市场经济的"大宪章"，它的功能就是反垄断，控制大企业合并，防止它们滥用经济力量。

面对饱受通货膨胀之苦的德国人民，艾哈德认为货币稳定是"基本的人权之一"。他通过一系列符合市场经济规律的手段保证国家经济的正常运行，比如说国家经济计划、财政、税收、货币、信贷、外贸政策和收入分配政策等，来进行总体调控，影响经济发展。同时，政府还大力引入国际最先进的科技及人才，普及全民教育。政府大力提倡人性化、法制化的激励政策，使苦难中的德国人爆发出了惊人的生命力，在战后的废墟上，他们开始加倍努力。

此时，美国的"马歇尔计划"援助金也恰到好处地涌入了西德，帮助西德渡过了经济建设最初的启动困境。而朝鲜战争爆发后，美国需要西德提供武器。美国的军事需求也大大地促进了西德的经济发展。

德国利用"马歇尔计划"提供的资金和朝鲜战争的有利时机，如鱼得水地实行"市场经济＋国家干涉＋社会保障"的经济建设模式。

很快，德国人就创造了奇迹：国民生产总值平均每年增长13%！联邦德国从负债国变成了债权国，西德马克成为欧洲最坚挺和最稳定的货币之一。国民生产总值从1950年的981亿马克迅速增至1980年的10810亿马克。1970年国民生产总值占资本主义世界的7.5%，仅次于美国和日本，居世界第三位。

联邦德国经济政策所追求的持续、适度的经济增长，高就业水平，物价稳定以及对外经济平衡，已经基本实现。

德意志真的新生了。阿登纳之后的联邦德国，波恩宪政屹立不摇，经济第三次赶超英国，这个给别人带来灾难、因而给自己带来加倍灾难的"问题儿童"终于浴火重生，创造了经济起飞的战后奇迹。

◎**智慧解码**

德国经济快速复苏的内在原因——社会市场经济的经济体制改革："市场经济＋国家干涉＋社会保障"的经济建设的政策，为50年代末的联邦德国带来"经济奇迹"。

国家的作用正如同艾哈德所说的"裁判"，在他看来政府好比球赛中的裁判，而私人则好比运动员。在比赛中，裁判员不参与比赛，也不指导比赛，而只是不偏不倚地执行规则，要求双方遵守比赛规矩。这也正是国家的作用，在社会市场经济条件下，政府就是制定经济政策和竞争的规则，并保证其得到遵守，而不是直接干预经济事务。

　　二战之后，世界经济有两个奇迹，就是日本和联邦德国在废墟上迅速崛起，重新成为经济强国。这是耐人寻味的。

有一则西方谚语说："如果你想翻墙，那么请先把你的帽子扔过去。"意思是说，你要翻过一堵墙，你把帽子扔过去了，那么你就会千方百计"逼迫"自己翻过墙去，因为你的帽子已在墙那边了，你别无选择。

石油被称为"工业的血液"，20世纪70年代发生了两次石油危机，这对西方世界来说无疑是当头棒喝。但是，这也从另一方面促使西方国家"翻过墙去捡帽子"，想出了许多应对石油危机的好办法……

美国应对第一次"石油危机"

把帽子扔过墙去

20世纪70年代，主要资本主义国家特别是西欧和日本用的石油大部分来自中东，美国用的石油也有很大一部分来自中东。当阿拉伯国家与以色列再次发生冲突，爆发了第四次中东战争时，美国出于自身利益及把苏伊士运河国际化的目的，自然地站在了以色列这边。愤怒的阿拉伯国家同盟于1973年10月宣布，中东的石油输出国组织停止对包括美国在内的许多西方国家的石油输出，削减石油产量。为了利用矛盾集中力量打击敌对势力，阿拉伯国家对石油进口国采取分别对待的策略，根据其对这场战争的不同态度，将它们分为"友好""中立"和"不友好"三类。凡是对以色列实行某种经济制裁或断绝外交关系或为阿拉伯各国提供某种军事援助的国家，划为友好一类，可以获得减产前的供应数量；凡是积极支持援助以色列侵略者、反对阿拉伯国家和巴勒斯坦人民的正义斗争事业的国家，则被划为不友好一类，停止对它们的石油供应；对中立国家，适当限制对它们的石油供应。

石油提价和禁运立即使西方国家经济出现一片混乱。第一次石油危机爆发。立即，美国每天的石油进口减少了两百万桶，许多工厂因而关闭停工，很多必要的商品价格经历了首次迅速而戏剧性的上升。美国政府不得不宣布全国处于"紧急状态"，并采取了一系列节省石油和电力的紧急措施，其中包括：减少班机航次，限制车速，对取暖用油实行配给，星期天关闭全国加油站，禁止和限制户外灯光广告等。甚至连白宫顶上和联合国大厦周围的电灯也限时关掉，尼克松还下令减低他的座机飞行的正常速度，取消周末旅行的护航飞机。美国国会通过法案，授权总统对所有石油产品实行全国配给。美国国防部正常石油供应几乎有一半中断，美国在欧洲的驻军和地中海的第六舰队不得不动用它们的战时石油储备。

日本和许多西欧国家为了获得中东的石油供应，纷纷与以色列划清界限，都对美国支持以色列犹太复国主义的政策采取拒绝合作的态度。

石油提价以前，每桶只要3.01美元，两个月后，到1973年底，石油价格达到每桶11.651美元，提价3～4倍。石油提价大大加大了西方大国国际收支赤字，经济危机使得布雷顿森林体系崩溃，美元再也无法以固定价格兑换黄金。以美元为中心的资本主义世界体系解体。美国经济霸主地位动摇了，美国政府开始战略收缩，并迅速结束了越南战争。在和苏联的争霸中也进入了守势。

受创的西方人如同惊弓之鸟，开始为第二天醒来是否能够有油发动汽车而失眠。"请允许我发动我的汽车"，这是当时美国报纸的一个头条标题，更是美国人当时最奢侈的心愿。

石油危机对高度依赖石油消费的西方及日本经济都造成了重创，使这些国家陷入了严重的经济衰退，大量资金外流。

1979年伊朗总统霍梅尼上台，为报复美国，霍梅尼也宣布对西方国家实施石油禁运，油价从每桶15美元上涨至35美元，在全球经济界重新刮起飓风。这样，第二次石油危机也出现了。

美国政府不得不加强国家能源管理和规划、放开原油价格管制、鼓励石油节约和替代等一系列的政策和措施。其中包括：执行汽车燃料经济性标准，减缓交通运输用油的增长；成立能源部，负责综合能源政策制定和能源工业管理；通过立法，限制石油消费，鼓励石油替代；取消石油价格管制，促进节油；制定综合能源政策，鼓励交通运输部门燃料替代。

这两次石油危机中，美国对应的政策和措施取得了显著的成效：汽车燃油经济性提高，交通运输部门石油消费增速减缓。美国经济发展对石油的依赖显著降低，每万美元GDP消费的石油从1978年的1.8吨下降到2004年的1吨。另一方面，很多公司、企业开始尝试着改变它们的能源消费方式，他们不得不寻求新的能源以替代对原油的依赖。而日本的小型节能型汽车就趁此机会打入了美国这个汽车王国，并取得了良好的市场销售。

◎ **智慧解码**

仿佛一夜之间，遭受沉重打击的美国、日本及其他西方国家如梦初醒地发现：原来它的生命不能承受其重。石油危机迫使世界改变了他们的中东政策，也及早地改变了他们对国内市场的调控手段。这于不可再生的石油资源来讲，应当是件好事。但不得不佩服的是：美国在节油运动中的彻底和干脆，其应对细节堪称经典。

置之死地而后生，人有时候面临绝境时反而会有绝唱。

里根上任之初，国家正面临着一场"经济上的敦刻尔克大撤退"，经济负增长，通货膨胀高达两位数，利率高达20%。

但在他1989年发表告别演说时，美国经济已经进入了一个繁荣时期。通货膨胀和失业率都比上任之初大幅下降。里根一直认为，改变经济状况有50%要靠心理学。里根没有学过经济专业，却创立了"里根经济学"，让美元比肉骨头还硬挺。美国人特别是共和党人谈起里根大都赞美有加，认为他是美国"标志性人物""是个硬汉"。

里根政府摆脱经济困局

建立强势美元赢得人心

20世纪70至80年代，美国正处于经济滞胀状态。此时的里根靠着恰如其分地高喊建立"强大的美国"而成功当选美国总统。在他看来，"强大的美元"就是"强大的美国"的象征。

他一上台，就面临着两大难题：逐年增加的贸易收支逆差和急剧扩大的财政赤字。

从经济政策选择来分析，面对不断增加的贸易和服务赤字，要保持美国的国际收支平衡，有两种方法可供选择：其一是让美元贬值，通过扩大出口、减少进口来减少经常项目赤字。其二是借款或吸引国外资本进入，以资本项目的盈余来弥补经常项目的赤字。让美元贬值不符合里根政府建立"强大的美国"的政策，保持美元的强势是美国经济繁荣的基础。里根政府选择了第二种策略。为刺激经济增长，里根政府采取的对策是通过减税，以刺激消费和投资。该政策实施后，果然奏效，美国经济自1982年起进入一个持续时间较长的增长期。但大规模的减税措施在刺激经济增长的同时，也使美国的财政赤字快速上升，1983年度高达2000亿美元，占美国国民生产总值（GNP）的6%。

为解决急剧增加的财政赤字，里根政府决定大量发行中、长期国债进行政府筹资。但关键的问题是这些国债卖给谁呢？按照当时美国的居民储蓄水平，美国国内投资者没有这么多钱来购买政府发行的巨额国债。剩下的唯一办法就是吸引国际资本来购买美国国债。在当时，世界上最有钱的地方只有两个：欧洲和日本。里根政府决定依靠吸引日本的资金来购买美国的中、长期国债。

为吸引国际资本，特别是日本投资资金，里根政府实施了"高利率"与"强势美元"的政策。高利率政策以高利益为诱饵吸引日本大量的机构和个人的投资资本，强势美元政策足以稳定日本投资者对美元的信心。

里根政府的这一系列以吸引国际资本为主要目标的政策取得了非常好的效果。在高利率和不断走强的美元的双重诱惑下，日本机构投资者和个人投资者的资金如潮水般大量涌入美国，购买美国政府发行的中、长期国债。1976年，日本购买美国国债总额为1.97亿美元，10年后的1986年4月达到了138亿美元。日本1985年一年对外投资额为818亿美元，其中535亿美元是对美国债券的投资，特别是对美国中、长期国债的投资。

从纯粹的资本投资角度来说，日本对美国国债的投资是一种很好的投资策略，在1980年—1985年期间，美国的利率一直高于日本的利率。同时，美元又一直保持强势。因而，在此期间投资美国国债对日本来说是一项收益率非常高的投资选择，既获得了美国的高利率，又可从美元升值中赚钱，双重的收益使美国国债投资特别受到日本投资者的欢迎。

在这样的背景下，美国许多制造业大企业、国会议员等相关利益集团强烈要求里根政府干预外汇市场，让美元贬值，以挽救日益萧条的美国制造业。许多经济学家也以产业空洞化将危及美国的长远发展为由，要求政府改变强势美元的政策。

但里根政府没有理会这些呼吁和要求。因为里根政府知道：最大限度地吸引国际资本，特别是日本资本流入美国才最符合美国的经济利益和政治利益。

由于大量国际资本（主要是日本资本）持续流入美国，弥补了美国不断增加的贸易和服务项目赤字，美国的国际收支依然保持平衡。不仅如此，美国还有多余的资金进行对外投资。

里根的减税虽然造成1981至1982年严重经济危机，但发行国债却使通货膨胀率由1981年的10.4％降为1982年的3.9％。1982年12月，美国经济开始回升，出现长期的、持续的、低速的增长。失业率从1982年的9.6％降为1986年的7％左右。到1986年7月，美国就业人数增加了900万。与此同时，通货膨胀率也从1982年开始下降，1983年、1984年均为3.8％，1985年为4％，1986年约3％。美国经济暂时摆脱了滞胀现象。

◎智慧解码

里根认为，评价一位总统，背景比笑容更为重要：在他离开白宫时，是否比到来时更受欢迎。里根被崇拜者尊崇为比富兰克林更出色的里根。他在经济上的最大成绩，是减少了美国将近一半的财政赤字。美国企业学会一位研究人员指出，里根的做法是紧缩政府开支和财政减税，同时大幅增加防务开支。在里根入主白宫的前4年内，虽然财政赤字大幅减少，但其经济工作并不是非常出色，但在他的第二个任期内，经济发展的强势开始令人瞩目。

旧账未还新账不来，重打鼓锣重开张的本钱又没有，门口的催款人还络绎不绝，拆东墙补西墙的事又做不了。欠债国家纷纷陷入了债务危机的泥潭而不能自拔。这场危机持续时间特别长，涉及范围特别广，债务数额特别大，对世界金融体系造成了巨大的冲击。

拉美国家债务危机

借钱买来的"繁荣"与教训

第二次世界大战以后，特别是60年代以来，贫穷的拉丁美洲特别羡慕西方的繁荣，为了让自己的国家兴旺发达，越来越多的发展中国家主张向西方学习，搞改革开放，走上了利用外资发展国民经济的道路。而美国及其他发达国家的商业银行对发展中国家经济过度乐观，不顾其偿债能力，以各种形式向其提供贷款。外部资金一度促进了发展中国家经济的发展，创造了诸如巴西的"经济奇迹"和亚洲新兴工业国的经济腾飞等。

然而，另一方面，许多债务国把借入的资金用于扩大消费，或投入那些低收益率的项目中。加上70年代的石油危机，也使得发展中国家的商品贸易条件不断恶化。因此，自80年代以来，有许多发展中国家相继出现了严重的偿债困难问题。特别是以巴西、阿根廷、墨西哥为首的南美国家，债务问题尤为严重。从1976年至1981年，发展中国家的债务迅速增长，到1981年外债总额累积达5550亿美元；1985年底，债务总额又上升到8000亿美元，1986年底为10350亿美元，债务总额占国民生产总值的比重达

50%，远远超过国际公认的警戒线。其中拉丁美洲地区所占比重最大，约为全部债务的三分之一。其次为非洲，尤其是撒哈拉以南地区，危机程度更深。而且，对于这些重债国来说，它的债务70%以上是欠国际私人商业银行的贷款，因而还本付息的负担日益沉重。债务问题严重阻碍了这些地区的经济发展，拉美国家1988年的人均国内生产总值只有1800美元，退回到70年代的水平。

墨西哥于1982年宣布无力偿还外债。不久巴西也出现类似情况，其他拉丁美洲国家、非洲国家、东亚国家以及东欧的一些发展中国家也几乎面临同样的偿债困难，近40个发展中国家要求重新安排债务。一场大规模的债务危机就此爆发。卷入危机国家之多，涉及面之广历史罕见。尤为严重的是，债务危机引起了外部市场的恐慌，导致外资大规模撤出拉美国家。1988年发展中国家资金的净流出额已超过500亿美元，愈发使得欠债国家陷入严重债务危机的死循环当中。

在危机面前，墨西哥开始向外国政府和中央银行寻求贷款援助，向有关的商业银行请求延展偿还本金和利息的期限，并且要求对近期将要到期的债务进行重新安排。墨西哥减免外债的谈判在几个国家中获得了成功，改革继续显示了发展态势。墨西哥的关税下降，政府财政赤字已从1982年占国内生产总值的16%下降到6%。

智利在减免债务和经济改革计划方面采用出售国营公司的方式交换债务。巴西逐步把关税从1990年的100或者更多，在1994年前减少到某些进口货物不超过40及许多进口货物为零。对化工产品和计算机设备的进口限制已经在逐步取消。

多次修改改革计划的阿根廷一直奉行国营公司的全面私有化和国营公司清偿的方针。许多管制条例已被行政命令一笔勾销。

总之，大部分拉美国家都在吸取教训，极力寻找经济的增长点，以避免再次走入经济的泥潭。成功的改革和重构的一个重要结果是：这个美洲贸易集团比已建的欧洲集团和太平洋集团更具经济潜力。经济改革和资本需求改革已开始显出成效，通货膨胀率下降，对外围投资的容受性正在改善。在经济活动中国家的作用也正在弱化。

2003年，拉美地区及其他欠债国终于走出了债务危机的阴影。

◎**智慧解码**

拉美的历史演进，如同投掷硬币一样难以预期同时又充满了各种可能。从借债到还债到改革，拉美国家的修修补补、走走停停，拉美努力在寻觅一个能够使他们安居乐业、百病全消的秘方。随着这些国家的政府越来越多地关注资本收益的趋势，拉丁美洲的资信量度在改善，叩开国际资本市场大门的能力也必然得到恢复。

道·琼斯指数一天之内重挫了508.32点，跌幅达22.6%，全国损失5000亿美元，其价值相当于美国全年国民生产总值的八分之一。这一天是1987年10月19日，这一天被称为"黑色星期一"。

明明现实世界不景气，股票的虚拟市场却连连火爆。这就注定了灾难的必然。当黑色星期一凶猛呈现，跌幅空前，所有的股民都被打了个措手不及。世界经济遭到重创。

"黑色星期一"

股民集体坐上股票的"过山车"

20世纪50年代后期和整个60年代，是美国经济发展的"黄金时期"。经济持续稳定增长，通货膨胀率和失业率降低至很低水平。到80年代时，美国股市已经历了50年的牛市，股市异常繁荣，其发展速度远远超过了经济的实际增长速度，造成了股市的虚假繁荣。而随着美国政府对金融市场管制的放松和对股票投资的减税刺激，巨额的国际游资涌入美国股票市场，促进了股价持续高涨。在1987年头9个月中，仅日本购买美国股票的新增投资就达约150亿美元。这些都意味着美国股市将经历一场大的调整。

1987年10月19日，星期一。标准普尔公司宣布全面下调1400余种住房抵押贷款支持证券的评级，此举再次加重投资者对信贷市场的担忧。此外，纽约市场原油期货价格盘中首次突破每桶90美元重要关口，以及一些大公司发布利空季报，也对股市形成打压。

华尔街上的纽约股票市场突然刮起了股票暴跌的风潮。道·琼斯工业平均指数开盘，就跌去67个点。转眼间，卖盘涌起。在蜂拥而至的滚滚抛盘的打压下，荧屏上尽数翻起绿盘（下跌），看不见半点红浪（上升）。交易所内一片恐慌，期货市场也处于一片混乱之中。从上午9点30分直到11点钟，道·琼斯工业平均指数一直下泻，没有人知道应该如何遏制继续恶化的局势。计算机在卖出，机构投资者在卖出，这样大额的卖出，应该有办法去阻止。但在那时候，美国还没有针对这种危机的防范"预案"。

这则消息更加引起一阵恐慌：因为交易所一旦关闭，交易商们将来不及抛掉手中的股票，他们的股票将一文不值，成千上万的美元将化为乌有。于是，他们不得不迅速"倾销股票"。

在此期间，证券交易委员会的官员出面澄清：他们没有讨论有关关闭交易所的事情。然而为时已晚，灾难已无法遏止。当天收盘时，道·琼斯指数一天之内重挫了508.32点，跌幅达22.6%，全国损失5000亿美元，其价值相当于美国全年国民生产总值的八分之一。这一天被称为"黑色星期一"。

当时美国参与股市买卖的股民已占全国人口的四分之一，受害的股票持有者达4700万户，不少股票投资者倾家荡产，人称"血染华尔街"。这一天损失惨重的投资者不计其数，许多百万富翁一夜之间沦为贫民，最苦的是那些靠自己多年积存的血汗钱投资于股票的投资者。许多人精神彻底崩溃，自杀的消息不绝于耳。

星期一之后，股票继续下跌，但跌幅已经少了很多。除香港停市外，其他在该星期仍开市的市场都定下交易限制，让电脑系统有足够时间清理交易，这让联储局和各国中央银行有足够时间把大量资金注入市场，舒缓市场的恐慌情绪，避免了不断的恐慌性下跌和可能随之而来的金融崩溃。

黑色星期一引发的金融市场恐慌，不可避免地制造了经济衰退。一些银行破产，工厂关门，企业大量裁员，人心惶惶。

这次股市暴跌震惊了整个金融世界，并在全世界股票市场产生"多米诺骨牌"效应，伦敦、法兰克福、东京、悉尼、香港、新加坡等地股市均受到强烈冲击，股票跌幅多达10%以上。

政府对这种突然性股灾处理的经验并不丰富，危机来临之前也没有任何警觉，因此，在突然而至的灾难面前，政府相关部门束手无策。一些政府首脑甚至在此时鼓励一些有实力的大企业趁机低价收购别的公司的股票，使得这场灾难更加加重。

1987年的股灾过后，华尔街和美国政府开始意识到有必要建立防范机制，于是着手投入科研力量进行攻关。很快，纽交所采取了一种名为"断路器"的制度，即大盘跌停，也就是在市场下跌到一定程度时，整个市场就停止交易。虽然很多人对这个控制机制的有效性表示怀疑，但在恐慌弥漫市场时，这种机制对于稳定人们的情绪无疑是有帮助的。在2007年夏天次贷危机引发的金融风暴中，纽约股市的急剧下滑就曾"触发"了这个"断路器"。

◎智慧解码

股市的虚假繁荣，以及美国政府对金融市场管制的放松和对股票投资的减税刺激，巨额的国际游资涌入美国股票市场，促进了股价持续高涨，在政府和股民的集体疯狂下，股灾已经在开始形成"台风中心"，股民开始登上了股票"过山车"。

股灾过后，纽交所采取了一种名为"断路器"的制度，即大盘跌停，这也算是"黑色星期一"带来的唯一好处。

1989年，国土面积只相当于美国加利福尼亚州的日本，其地价市值总额竟相当于整个美国地价总额的4倍。1990年，仅东京都的地价就相当于美国全国的总地价。日本的房地产价格已飙升到十分荒唐的程度，这不是泡沫还会是什么？

日本房地产泡沫

急刹车来得太晚

1985年9月，美国、联邦德国、日本、法国、英国五国财长签订了"广场协议"，决定同意美元贬值。之后，由于担心日元升值将提高日本产品的成本和价格，导致在海外市场的竞争力下降，日本政府提出了内需主导经济增长的政策，开始放松国内的金融管制，日本中央银行连续5次下调利率。

于是，大量资金流向了股市和房地产。在这一时期，日本的房地产业迅速增长，住宅开发、饭店、高尔夫球场、大型观光设施、度假旅游场所、娱乐场所、滑雪场等投资项目众多，资金需求旺盛。于是，银行像疯了一般向房地产企业融资。随着大量资金涌入房地产行业，日本地价开始疯狂飙升。

银行为进行土地投机而发放的银行贷款数额急剧增大，到1992年3月末已达到150万亿日元，占当时银行总贷款额的三分之一以上。土地投机者因为其所拥有的土地资产升值而变成了大富翁，银行的金融资产也因此膨胀起来。受房价骤涨的诱惑，许多日本人开始失去耐心。他们发现炒股票和炒房地产来钱更快，于是纷纷拿出积蓄进行投机。到1989年，日本的房地产价格已飙升到十分荒唐的程度。当时，国土面积只相当于美国加利福尼亚州的日本，其地价市值总额竟相当于整个美国地价总额的4倍。到1990年，仅东京都的地价就相当于美国全国的总地价。一个巨大的泡沫产生了。

日本总理府1987年的调查显示，超过半数以上的受访者认为"只有土地是安心并且有利的"。与此相应，人们相信利率不变，企业从银行贷款非常容易。当时的情况是，借款方不考虑一旦利率升高还不起本息怎么办，贷款方也忘记了升息的风险，只是一味地贷款给房地产公司，并且天真地认为，如果这些企业暂时资金困难只需将手中的房子出售就可以解决问题。

这种情况没有引起日本政府足够的警惕。泡沫扩大初期，一般物价水平非常稳定，日本银行认为达到了货币政策的目标，并未及时采取紧缩政策，反而采取了不恰当的金融和财政政策，推动了房地产市场的疯狂。在情况最为严重的1987年，日本政府并没有采取任何宏观调控措施来缓解过热的市场，还错误地认为日本经济形势一片大好，任凭国家和民众全部卷入到泡沫中去。日本政府甚至仍然大肆推进全民贷款买房。

泡沫总有破灭的时候。由于地价过度上涨，个人无法买房，住宅建筑业前途暗淡。过高的地价还给中央和地方政府的城市再开发及道路建设设置了严重障碍。为了抑制这种状况，日本央行于1989年5月才开始提高再贴现率，其内部时滞长达18个月。1989年，日本政府3次上调贴现率。1990年8月，为防止海湾战争带来的油价上涨的冲击，日本银行又将贴现率从4.25％一次性上调到6.0％。

1991年后，国际资本在房地产上获利后纷纷撤离，由外来资本和低息贷款推动的日本房地产泡沫迅速破灭，房地产价格随即暴跌。

对资产泡沫的认识不充分使日本政府和央行错过了对房地产泡沫治理的关键时期。1991年，当泡沫已经非常严重时，日本才被迫采取了一系列高强度的紧缩政策。从当年4月起，以大城市圈为中心，地价下跌趋势越来越明显，同时，地方圈的地价上涨势头停滞，并且越来越多的地区地价在下跌，致使竣工多年的大量别墅未能售出而导致无力偿还银行的巨额贷款。

从启动紧缩性货币政策到房地产泡沫破裂，日本经济被推向了萧条的低谷。到1993年，日本房地产业全面崩溃，企业、银行纷纷倒闭，遗留下来的坏账高达6000亿美元。

日本房地产泡沫的破灭，结束了日本经济高速发展的辉煌时日。日本开始了漫长的经济衰退期，企业破产、收入下降、消费萎缩、贫富差距拉大。

尽管日本政府采用了包括"金融大爆炸"在内的各种手段试图振兴经济，但毫无起色。由于经济增长水平长期处于生产能力之下，日本经济陷入了一种令人尴尬的境地——"增长型衰退"，即由于不能够充分利用其生产能力，使越来越多的工人和机器设备被闲置。现在，长达十几年的"增长型衰退"已经进一步演变为"增长型萧条"。

◎**智慧解码**

就像全速行驶的汽车突然踩了急刹车会翻车一样，一直在膨胀着的日本地产泡沫一下子就破灭了。只是这个急刹车的时间来得太晚，太晚，"君有疾在腠理，不治将恐深"时没有治，才致使现在病菌深入了骨髓。

日本房地产泡沫事件对于其他一些国家当前过高的房地产有着很现实的警醒作用。

在全球范围内大约有数万亿美元的国际流动资本。国际炒家一旦发现在哪个国家或地区有利可图，马上会通过炒作冲击该国或该地区的货币，以在短期内获取暴利。而亚洲一些国家为了吸引外资，一方面保持固定汇率，一方面又扩大金融自由化，给国际炒家提供了可乘之机。1997年7月起，这只经济怪物——国际炒家，像一只幽灵一样走过东南亚各国，所到之处金融市场一片混乱，最终引发了亚洲金融危机……

东南亚金融危机

鸡蛋有缝招蝇叮

其实，当国际炒家还没到来时，东南亚各国存在的一些问题已初露端倪，其主要表现为：经济发展过热，结构不合理，资源效益不佳。东南亚国家从20世纪70年代开始相继起飞，经济增长较快。但积累起一些严重的结构问题，"泡沫经济"明显；"地产泡沫"破裂，银行坏账呆账严重；过分依赖外资，但外资没有得到很好利用；不能正确处理国际收支短期平衡与长期平衡的关系。在长期国际收支平衡缺乏坚实基础的情况下，就试图开放资本项目来实现短期国际收支的平衡与国内经济的均衡，这样做是很容易导致外国投机资本侵入的。索罗斯们正是看到了这一点才疯狂地扑了过来。

1997年7月2日，在国际游资的围猎下，经过几天与国际炒家的短兵相接之后，泰国中央银行所有美元储备全部告罄、未能阻止市场上对泰铢的抛售，泰国被迫放弃固定汇率制度，改行有管理的浮动汇率制度。当天，泰铢一泻千里，兑换美元的汇率下降了17%，外汇及其他金融市场一片混乱。拉开了东南亚金融危机的序幕。

亚洲一些经济大国的经济开始萧条，政局也开始混乱。7月11日，菲律宾首先步泰国后尘，宣布货币自由浮动。菲律宾比索当天贬值11.5%，利率一夜之间猛升到25%。

一向稳健的新加坡元也于7月18日跌至30个月以来的最低点1.4683新元兑换1美元。8月16日，马来西亚林吉特暴跌了6%，跌至24年来的最低点。印尼则宣布印尼盾汇率的波幅由8%扩大到12%。8月14日，印尼宣布汇率自由浮动，当天印尼盾再次贬值5%。1998年初，印尼金融风暴再起，面对有史以来最严重的经济衰退，国际货币基金组织为印尼开出的药方未能取得预期效果。2月11日，印尼政府宣布将实行印尼盾与美元保持固定汇率的联系汇率制，以稳定印尼盾。此举遭到国际货币基金组织及美国、西欧的一致反对。国际货币基金组织扬言将撤回对印尼的援助。印尼陷入政治经济大危机。2月16日，印尼盾同美元比价跌破10000∶1。受其影响，东南亚汇市再起波澜，新元、马币、泰铢、菲律宾比索等纷纷下跌。直到4月8日印尼同国际货币基金组织就一份新的经济改革方案达成协议，汇市才暂告平静。

10月17日，台湾货币当局在经济状况良好，经济项目盈余，外汇储备充足，有能力维护新台币稳定的情况下，突然主动放弃了对外汇市场的干预，当日，新台币兑美元的汇价即跌至29.5，为10年来的最低水平。

11月中旬，韩国也爆发金融风暴。17日，韩元兑美元的比价突破1000∶1大关，股票综合指数跌至500点以下。韩国政府不得不向国际货币基金组织求援，暂时控制了危机。但到了12月13日，韩元对美元的汇率又降至1737.60∶1。韩元危机也冲击了在韩国有大量投资的日本金融业。11月20日，韩国中央银行决定将韩元汇率浮动范围由2.25%扩大到10%，至此韩国开始成为亚洲金融风暴的新热点。进入12月份以后，在人们认为东南亚金融危机最危险的时刻已经过去，金融风暴渐趋平息之际，韩国金融危机愈演愈烈。截至12月11日，韩国已有14家商业银行和商人银行被政府宣布停业。12月15日，韩国宣布韩元自由浮动。12月22日，美国信用等级评定机构标准普尔公司将韩国外汇债务的信用等级下降了4个等级。12月23日，韩国政府公布，按国际货币基金组织统计标准，截至9月底，韩国外债总额已达1197亿美元，其中约800亿美元为1年内到期的短期贷款，而外汇储备不足又超出预想，致使当天韩元汇率又暴跌16.4%，较之7月1日，韩元已经贬值了54.8%；当日韩国股票市场综合股票价格指数也下滑了7.5%，下浮幅度之大创下历史之最。

1997年下半年日本的一系列银行和证券公司相继破产。大型金融机构的连续倒闭严重影响了人们对日本经济的信心，日元与美元汇率由此跌破128日元大关。于是，东南亚金融风暴演变为亚洲金融危机。日元汇率一路下跌，一度接近150日元兑1美元的关口，亚洲金融危机继续深化。

在一片萧条当中，中国经济也难以避免地受到冲击。但中国政府承诺捍卫金融市场，保持汇率不变，这对东南亚经济起到了良好的稳定作用。

◎智慧解码

亚洲金融危机的爆发，尽管在各国有其具体的内在因素：经济持续过热，经济泡沫膨胀，引进外资的盲目性——短期外债过量，银行体系的不健全，银企勾结和企业的大量负债等；危机也有其外在原因：国际炒家的"恶劣"行径，但是人们还应进一步追根求源，找到危机生成的本质因素——现代金融经济和经济全球化趋势。

这次金融危机影响极其深远，它暴露了一些亚洲国家经济高速发展背后的一些深层次问题。从这个意义上来说，这次金融危机不仅仅是坏事，也是好事，这为推动亚洲发展中国家深化改革，调整产业结构，健全宏观管理提供了一个契机。只有提高综合国力，才能使一个国家立于不败之地。

1997年的香港，受到回归祖国的利好因素影响，经济展现出一片欣欣向荣的景象。但此时在东南亚的上空，乌云正在慢慢聚集……东亚大部分国家地区的股市崩盘，货币贬值。10月下旬台湾弃守新台币之后，香港已是在风雨中飘摇的危城。国际炒家乔治·索罗斯也打算在香港再玩一把他的投机游戏，然而，这一次，他失算了。

金融风暴下的香港保卫战
狭路相逢勇者胜

乔治·索罗斯，这位当时很多人心目中国际金融界的头号反派人物，喜欢在将要"大起"的市场中投入巨额资本引诱投资者一并狂热买进，从而进一步带动市场价格上扬，直至价格走向疯狂。在市场行情将崩溃之时，率先带头抛售做空，而他则在涨跌的转折处进出赚取投机差价。1997年，他先狙击泰铢，把东南亚搅了个周天寒彻，之后，香港成了索罗斯的又一个目标。炒家们瞄准了恒生指数，他们采用了股市和汇市双管齐下的策略，企图从股市暴跌及港元贬值中获得投机暴利。立即，香港股市狂泄，一天之内恒生指数跌了1428点，不到一年，股票市值缩水就超过一半；同时在汇市方面，国际炒家疯狂抛售港币，香港货币当局为了维持联系汇率制度不得不大量回购，导致利率大幅提高，货币供应量骤减，使大量资金抽离股市，进一步加剧了股价的下跌。

香港经济波涛汹涌、动荡不安。整体经济陷入了多年来未见的困境。股市的暴跌大大影响了投资者的信心，流入香港的资金量减少，新上市公司的数量和交易量也大幅骤减，直接影响了香港经济的发展；香港的内部需求陷入疲软，私人消费以及固定资产投资额持续下降，内外需求同时低迷使得经济最终陷入停滞以至衰退；失业率上升，失业人口达到17.5万人。

面对艰难的时局，香港当局力挽狂澜，在中央政府的坚定支持下，采取了一系列果敢措施，牢牢地遏制住了经济下滑，表现出了令人称道的勇气、决心和应变能力。

特区政府打破自由市场经济政府不干预的所谓"常规"，与炒家们展开了惊心动魄的股市保卫战。香港政府动用1100多亿港元的外汇基金，入市收购部分本地股票，买下市场6%的股权，成功击退了炒家们的疯狂沽售，将恒生指数推高了1200点，最终落定于7828点，此举让屡屡得手的索罗斯第一次尝到了失败的滋味。炒家认赔离场，其中索罗斯旗下基金的损失达七八亿美元。而特区政府到2000年4月，仅32个月，就回笼了那笔入市资金，而且还持有等值的股票。

加大公共工程投资，拉动经济增长。特区政府与迪斯尼公司达成协议，斥巨资224亿港元合作兴建香港迪斯尼乐园，预计未来40年内，将为香港带来1480亿港元的经济效益和数以万计的就业机会。此外港府还积极修建、扩建地铁、高速公路等基础设施。

退还税收，冻结收费，纾解民困。特区政府退还了1997至1999年度应缴纳的利得税、薪俸税及物业税的10%，总额达85亿港元，惠及125万纳税人。同时还继续冻结了政府部门向市民提供的服务收费。

疏堵结合，推行金融改革。疏，即提高效率，刺激投资，增强金融中心的魅力。堵，即堵塞漏洞，加强监管，防止过度投机炒作。疏和堵的对立统一，实质上就是开放与管理的对立统一，贯穿于香港金融改革的全过程。

积极提升创新科技和高增值产业在经济体系中的比重。启动总投资

140亿港元的数码港计划。该计划推动香港成为国际信息科技中心，并有助于香港向高附加值的产业升级。

守得云开见月明。到1999年第二季度，香港经济终于结束了连续5个季度的负增长，取得1.1％的增长。拐点出现了，香港走出了经济的严冬。

值得一提的是，香港之所以能屹立于金融风暴中而不倒，还有一个重要的原因就是内地的强大支持。旅游业是香港最早从金融风暴中"醒来"的支柱产业，其重要原因之一就是内地放宽访港游客限制，增加了访港游客名额。

人民币汇率保持稳定，成为香港战胜金融风暴的有力后盾。在香港股市和汇市受到国际炒家的轮番冲击时，中央政府曾严正声明，一旦港元与美元的联系汇率制度受到冲击，中央政府将坚决支持港元汇率。正是中央政府的明确表态，打击了国际炒家的嚣张气焰和信心，使其在内地1300亿美元与香港980亿美元的强大外汇储备面前，不得不退缩。到1998年底，香港经济已出现喘息趋稳的迹象，并在此之后走上了经济复兴的道路。

◎**智慧解码**

在国际炒家疯狂打压股市、抛售港币的关键时刻，香港当局毅然利用外汇储备来干预市场，最终粉碎了国际投机者恶意操控市场的企图。虽然此后香港政府入市干预的做法受到某些西方媒体的指责，但在特殊情况下政府出面干预经济的做法也被越来越多的人所认同。此后在曾严厉抨击香港政府入市行为的美国传统基金会所公布的1998年经济自由度指数报告中，香港依然被评为全球最自由开放的市场。

次级贷款使任何美国成年人都能应付一笔庞大贷款的念头成为想当然，这场恶作剧以华丽登场，经灰暗结局，它把"美国梦"变成了数以亿万计无辜者的梦魇。

次贷危机爆发后遭美国政府起诉的25名罪魁祸首之一——美国全国金融公司前董事长兼首席执行官安杰洛·莫齐洛曾说过："我在从商生涯中从未见过比这更毒的产品。"

美国次贷危机
疏于监管酿大错

在美国，有相当数量的低收入者或金融信用不高的人群。按美国房屋贷款原来的严格审查程序，他们是不太可能获得购房贷款的。但低收入者的住房，是一个巨大的市场，只要降低贷款的门槛，购房的需求就会释放出来。

于是，从20世纪80年代开始，美国一些从事房屋信贷的机构，开始了降低贷款门槛的行动，不仅将贷款人的收入标准调低，甚至没有资产抵押也可得到贷款买房，进而形成了比以往信用标准低的购房贷款，"次贷"也因此得名。

贷款人需要付出更高的利息，贷款的利率也要"随行就市"浮动，但却获得了一套零首付的房子。而对放贷机构来说，它可以从中获得比带给优质贷款人固定利率、较低贷款利息更高的收益。可谓"两头乐的好事"。

然而，这一"设计"构建在一个贷款人信用低的基础平台上，一旦贷款人无力如期付息还本，放贷机构烂账砸锅无疑，风险甚大。美国的抵押贷款企业为了防范风险，更需要找到不断扩展自身资金的新来源，于是将一个个单体的次贷整合"打包"，制作成各种名字的债券，给出相当诱人的固定收益，再卖出去。于是，银行、资产管理公司、对冲基金、保险公司、养老基金等金融机构慷慨解囊，抵押贷款企业有了新的源源不断的融资渠道，制造出快速增长的新的次贷。

次贷发展最快的时期是2003年到2006年，这几年恰恰是利率最低、房价一路攀升的一段时期。放贷机构坐收超常利润，贷款人赢得房产"升值"，50万美元买了一套房子，两年后价格升到60万美元，贷款人将房子作为抵押再贷出钱，也就会买几处房子，坐收房地产价格上涨的渔利，一切感觉良好。到2006年末，次贷已经涉及500万个美国家庭，目前已知的次贷规模达到1.1万亿至1.2万亿美元。

为防止市场消费过热，2005年到2006年，美联储先后加息17次，利率从1%提高到5.25%。房地产泡沫开始破灭，那套60万的房子又回到了50万，然后迅速跌到40万，抵押品贬值了，还是那套房子能从银行贷出的钱减少了，而储蓄利率上升了，贷款利率也相应上升，次贷是浮动利率，于是要还的钱增加了。本来次贷贷款人就是低收入者，还不了贷款，只好舍弃了房子。贷款机构收回了贷款人的房子后却卖不掉，而且房子还不断贬值缩水，影响到资金周转。而那些买了次贷衍生品的投资者，也因债券市场价格下跌，失去了高额回报，同样掉进了流动性短缺和亏损的困境。

在次贷危机爆发前，对金融机构的监管倾向，越来越趋于自律化和合规化。而自律化表现在监管当局、投资者或存款人、金融机构自身这三角关系中，来自监管当局的监管力度弱化，来自投资者或者存款人的所谓市场约束，以及来自金融机构以经济资本配置为核心的自律监管得到了重视。次贷危机爆发之前，来自会计、审计、金融等部门的专家就不断对引入公允价值的新会计准则表示质疑。但政府并未重视。在次贷危机爆发之后，美国政府展开了巨大而持续的救助努力，其危机救助思路集中体现在

紧急经济稳定法案和问题资产清理计划当中。其主要措施是建立资产管理公司清理金融机构的不良资产。

美国政府开始频频出台政策希望解救陷于次贷危机之中的美国经济，先后密集降息；美众议院批准总额3000亿美元的房屋市场援助计划；扩大与欧洲央行和瑞士央行货币互换的额度；直接出手挽救投行贝尔斯登；直接下令禁止投资基金裸卖空股票；取消近海开采原油之禁令……如此举措，似乎直接违背了其一直宣称的"自由市场经济"。当然最大的遗憾是：虽然政府频繁采取举措，希望力挽狂澜，雷曼兄弟等一些挺不住的银行和企业仍旧相继倒闭，次贷危机进入了新的一轮高潮。美国股市回落势如破竹，难以阻挡；美元贬值也是一路下滑，无人可挡。

美国政府的频繁调控却难解危局，由此直接引发了2009年的世界金融危机。

◎智慧解码

金融衍生品泛滥和疏于监管是次贷危机有别于大萧条的一大特征。

"聪明人"设计的那些金融衍生品，不管怎样吹嘘，都逃不脱将风险击鼓传花的嫌疑；而政府对那关乎国计民生的领域放弃监管责任，或者疏于规避风险，是政府失职，而事后补救，始终都是被动的。

美国次贷危机引发的全球金融危机愈演愈烈,由美国两大住房抵押贷款融资机构房利美和房地美("两房")的次级房贷问题,引发美国金融危机,激起了一场金融大海啸,在金融"流感"传播的过程中,金融"创新"起到了关键性作用。从2002年到2006年,美国住房市场持续火爆,房价不断上涨,大批收入较低、信用记录较差的人群加入了购房大军,他们的房屋贷款被称为"次贷"。放贷机构在借出一笔"次贷"后,并未就此收手,而是将其"卖给"房利美和房地美这样的机构,后者再将购买来的"次贷"打包成一种证券化的投资产品,卖给全世界的投资者。在美国"次贷支持证券"中,大约一半为外国投资者所持有,而这恰恰是美国次贷危机演变成一场全球性危机的重要原因。于是世界各国也为此展开了保卫战。

2009年世界金融风暴

各国使出十八般武艺保平安

2007年美国次贷危机爆发,到2009年升级为全面的金融危机,危机就像"流感"病毒一样,在世界主要金融市场和金融系统内传播蔓延,从而给所有购买了这类投资产品的金融机构造成巨大资产减值压力,引发了全球性金融动荡和信贷紧缩，成为一颗"定时炸弹"。

在危机中，不仅美国金融业版图完全被改写，欧盟金融机构同样遭到重创。一大批欧洲金融机构均因所持美国"次贷支持证券"价值严重缩水而出现巨额亏损；一些银行破产或不得不接受政府救援；中国、日本、韩国、加拿大、墨西哥等主要贸易伙伴的出口造成冲击；通用汽车被逼破产、松下全球关闭27家工厂、英特尔上海撤厂、丰田汽车46年来首度巨亏；全球千千万万的工人失业；2009年年底，英国技术性破产人数将达到100万，远远高于政府发布的统计数字……

金融危机爆发后，美国金融机构纷纷从国外抽回资金以应对国内的困局，结果造成不少发展中经济体股市和本地货币汇率双双大幅下挫。一些金融机构为改善资产负债表和避免出现更大损失，纷纷提高放贷标准，市场惜贷气氛浓厚，这些措施同样引发了新的信贷危机。信贷紧缩造成流动性不足，结果面向企业和消费者的贷款均受到影响，美国和欧盟等经济则处于全面萎缩或衰退。各国政府采取了空前的救援措施，以遏制金融危机的进一步蔓延，防止经济滑向更深的衰退之中。

英国财相达林曾宣布一项银行救助方案，受困银行获得至少五百亿英镑注资后，将被部分国有化，其救市"猛药"旨在稳住陷入恐慌的银行；英国最大房贷银行亦被国有化并分拆出售；美国则正式宣布，美国政府将接管陷入困境的两大住房抵押贷款融资机构房利美和房地美；政府向两房提供2000亿美元的资金；同时，财政部还计划购买由这两家公司发行的抵押贷款支持证券，以避免美国房市崩溃，以挽救美国经济。

美联储加大注资力度，宣布了包括提高贷款拍卖额度和对银行准备金支付利息等多种手段扩大市场流动性；英国首相签署大规模注资计划；日本央行一日内3次注资货币市场；韩国外汇平准基金向掉期市场注资百亿美元；全球愈来愈多的央行悄悄加入"印钞票"行列。

全球央行史无前例集体大降息。美联储、欧洲央行、中国央行、英国央行等世界主要经济体央行发布声明，降低基准利率。

美国金融监管的游戏规则要改写。2009年7月，美国总统奥巴马发表电视讲话，宣布要对美国的金融监管体系进行大规模的全面改革，消除金融监管漏洞，防止再度发生严重的金融危机。与此同时，美国财政部公布了题为"金融监管改革：新的基础"的金融监管改革白皮书，由此拉开了美国20世纪30年代大萧条以来最大规模的金融体系改革的序幕。

中国受金融危机的影响较小，但因全球消费环境恶劣，中国贸易出口量锐减，大量中小型外贸公司也纷纷倒闭，一些工人失业。为了挽救危局，中国政府投资4万亿元，用于拉动内需，鼓励消费。

在金融危机爆发之后，世界主要国家和地区采取大幅降息、大规模注资、提供贷款担保、银行资本结构重组、拉动内需、购买问题资产等超宽松的货币政策以及减税、发放补助津贴、扩大公共开支等积极的财政政策，对于遏制金融市场的恐慌情绪进一步蔓延、避免全球金融体系的彻底垮台、防止消费者和企业信心进一步恶化起到了积极的作用。

◎**智慧解码**

美国金融"生病"，全世界跟着"吃药"，这场由美国次贷危机演变成的全球性危机再一次说明，经济全球化带给人们的不一定全是利好消息，世界各国要在这方面加强"联防联治"，在类似于全球金融危机这样的灾难面前，没有谁能够独善其身。而像美国这样的"带头大哥"，更要洁身自好，不要让"病毒"一路传播开来。

社会篇

SHEHUI PIAN

社会危机是出现在社会公共领域的危机现象。我们正处在一个复杂多变的时代，社会环境的剧烈变动，不仅增加了危机发生的可能性，也加大了危机处理的难度。

社会危机不仅造成人员和财产损失，也对经济发展和社会稳定构成了巨大威胁。从国内的重庆氯气泄漏事故、三鹿问题奶粉事件，到国外的美加大停电、甲型流感全球爆发——形形色色的灾难不断提醒我们，人类并不如自己想象的那么强大，现代社会仍然敏感而脆弱。

面对各种天灾人祸，处理危机与消弭惊恐的能力成为衡量一个国家和地区文明程度的重要指标。就一般意义上说，灾害不可避免，但灾害损失却可以减轻。一次重大灾害造成的损失程度，不仅取决于其本身破坏力，还取决于社会承灾能力和综合抗灾能力。如果我们拥有先进的预警手段、有力的动员机制、完备的法制保障，就一定能紧紧遏制住危机的咽喉。

危机并不可怕，可怕的是感觉不到危险；缺陷也并不可怕，可怕的是不知道弱点何在。"短板原理"告诉我们，事故往往在那些管理最薄弱，隐患最多的地方爆发，灾难往往使那些最无准备、最无知的人群遭受最大伤害。"凡事预则立，不预则废。"只有对社会危机防范在先、应对在前，才能避免危机或减轻危害。我们不能"亡羊补牢"，不能以"交学费"自我安慰，更不能做"事后诸葛亮"，因为即便是些许的生命和财产损失，都是不能承受之重。如果每一个人日常生活中多一份警觉，多掌握一些防灾避险、自救互救的本领，一旦突发公共事件降临，整个社会就能大大减少伤亡，避开灾难的威胁。

恩格斯说："没有哪一次巨大的历史灾难，不是以历史的进步为补偿的。"那些各种各样的灾难，可以带来沉痛的伤害，可以夺去宝贵的生命，但绝不会阻止社会的前进，反而使我们变得更坚强。在灾难中反思，在反思中成长，人类社会才能不断获得新生。

"饥黎鬻妻卖子流离死亡者多。""饥则掠人食",致使旅行者往往失踪,"吃人肉、卖人肉者,比比皆是"。这是清代末年一场特大旱灾后灾区的惨状,有人称其为有清代"二百三十余年未见之惨凄,未闻之悲痛"。今天回顾这场天灾,仍不免使人毛骨悚然。

1876年大饥荒

清王朝从此患上"软脚病"

1875年,北方各省大部分地区先后呈现出干旱的迹象,一直到冬天,仍然雨水稀少。1876年,旱情加重,受灾范围也进一步扩大。以直隶、山东、河南为主要灾区,北至辽宁、西至陕甘、南达苏皖,形成了一片前所未有的广袤旱区。许多地方连禾苗也未能栽插;后虽下过一些雨,但"又复连日烈日",连补种的庄稼也大多枯死,以至颗粒无收。旱灾又引发蝗灾,蝗虫遮天蔽日,把枯萎的残存庄稼吞食精光。如此两年,使农户蓄藏一空,将愈来愈多的灾民推向死亡的边缘。各地灾民纷纷逃荒、闹荒或祈雨。"饥黎鬻妻卖子流离死亡者多。"灾民或"取小石子磨粉,和面为食"或"掘观音白泥以充饥",结果泥性发胀而死。随着旱情的发展,可食之物罄尽,"人食人"的惨剧发生了。"饥则掠人食",致使旅行者往往失踪,相戒裹足。"吃人肉、卖人肉者,比比皆是。"无情旱魔,把灾区变成了人间地狱!到1878年初,经过连续三年的特大旱灾,侥幸活下来的饥民大多奄奄一息,"既无可食之肉,又无割人之力",一些气息犹存的灾民倒地之后即为饿犬残食。一些壮年饥民竟在领受赈济的过程中倒地而亡。这一年的春夏之交，一场大面积瘟疫向灾区袭来。河南省几乎十人九病，陕西省"灾后继以疫疠，道馑相望；山西省百姓因疫而死的达十之二三"。

清政府派工部侍郎阎敬铭主持赈务，设平粜、赈济两局，差官四出购粮。然脚稀途远，买易运难，虽有赈济，而寥寥无几，贫分极次，口分大小，每月放粮一次，大口3斤，小口斤半，"赈者尽赈，死者仍死"（见《永济县志》）。

为了渡过这次大灾荒，发动地方力量，清政府还明文规定，开捐赈助者可以准捐道、府、州、县四级实官。因此，绅富救灾捐银者多则上万两，少则几百两、数十千。

然清政府实际分发给灾民的微薄赈济口粮，还是无法满足灾民的基本生存。走投无路的饥民铤而走险，聚众抢粮。

灾民暴动后旋即遭到地方官吏镇压，地方官吏们由初始的赈灾工作向维持社会治安、镇压饥民暴动、镇压抢劫任务的转变，反映了清政府极其有限的赈灾能力和社会大众在大灾面前的无助。

镇暴后，各省府除令地方官"捐廉抚恤"外，"又令绅富各保各村"，强行令富户捐纳。其中原因是因地方出现了粮食占有的两极分化，部分农户完全断粮，部分富户家还有相当余粮。这两种情况说明中央政府的救济在这段期间已经无望，外省的赈灾物资断缺。因此，这种强行捐纳和地方自救的赈灾措施就带有了暴力的色彩。

到了灾难的后期，清政府因腐败无能，竟然再也没有任何力量援助灾民，只能听之任之。

1879年，天降下甘霖，旱灾进入尾声。

从1876年到1879年，大旱持续了整整四年受灾地区有山西、河南、陕西、直隶、山东等北方五省，并波及苏北、皖北、陇东和川北等地区。大旱不仅使农产绝收，田园荒芜，而且饿殍载途，白骨盈野，饿死的人竟达一千万以上！这次大饥荒的特点是时间长、范围大、后果特别严重，是清

代频繁的旱灾中，最大、最具毁灭性的一次。

在这场大饥荒后，清王朝缘于经济和管理的原因，应对方面蛮横霸道，存在颇多失误，导致死伤众多，生产力损失惨重，清朝从此犹如一个患上"软脚病"的人一蹶不振。

◎智慧解码

自然灾害是人类难以规避的自然现象，防灾于未然，御灾于最低程度，却是人类通过努力能做到的。在这场惨重的奇灾大祸之前，社会各阶层的人没有任何防范，结果在大旱来临后，"一遇岁凶，束手待毙而已"，遭到的创痛和损失惨重无比。

当辖区内大多数生命的生存受到威胁时，地方官府的职能并不能光维护少数人的特权和生存，而最主要的是维护辖区内大多数生命的延续。可惜受限于当时国家防灾能力及低下的科学与生产力，未能尽如人意！清政府穷尽其力，可惜心有余而力不足。

这是清王朝最后一个冬季，当时中国的医疗卫生体系近于零。而一场史无前例的大瘟疫，正随着南来的火车顷刻席卷整个东北！与此同时，清政府指派的全权总医官——天津北洋陆军医学院副监督伍连德也正赶赴哈尔滨，开始了大规模的鼠疫防疫工作……

1910年东北鼠疫战
"鼠疫斗士"科学防疫建奇功

1910年10月，两名从俄国境内逃回的矿工，暴毙满洲里的边陲小店。同一天，又有两名同院房客死去！

11月8日即传至北满中心哈尔滨。之后疫情如江河决堤般蔓延开来，不仅横扫东北平原，而且波及河北、山东等地。患病较重者，往往全家毙命。一场席卷半个中国、吞噬了6万多条生命的大鼠疫开始泛滥。一时从城市到乡村都笼罩在死亡的阴影之下。

1910年12月，清政府指派天津北洋陆军医学院副监督伍连德为全权总医官赴哈尔滨，开始了大规模的鼠疫防疫工作，随后抽调所能调动的陆军军医学堂、北洋医学堂和协和医学院的医护人员以及直隶、山东等地方的一些医生，陆续前往东北。朝廷在全国征集医生和看护前往东北。令人欣慰的是，面对如此恶疾，报名支援东北的中外医生和医学院的学生十分踊跃。

在伍连德等专家的建议下，清政府及各地方当局对疫情采取了科学而有效的防疫措施。清政府下令各处严防。为了能控制住局面，官府先从长春调来1160名步兵对疫区内进行交通管制。政府规定，傅家甸疫区内居民出行必须在左臂佩戴证章，根据各区不同证章分为白、红、黄、蓝四种。佩戴证章者可以在本区内行动，但要前往别区，则必须申请特别批准证。就连区内的军人们也必须严格遵循这一规章，不许随便走动。

同时，授权伍连德全权接手哈尔滨防疫局。防疫局下设检疫所、隔离所、诊病院、庇寒所、防疫执行处、消毒所等部门。其中，检疫所专事检查进入防疫区者是否染疫；庇寒所为无家可归者提供食宿；消毒所各区设立一个，为参与防疫工作的医生、巡警和夫役提供沐浴消毒服务。按照收治病人的病情，诊病院分为疫症院、轻病院、疑似病院和防疫施医处几种。各病院中均设有医官、庶务、司药生、看护、巡长等职务。既为不同病情的病人提供了治疗，又避免他们之间的交叉感染。

防疫区的防疫措施为整个东北作了一个表率。随后，哈尔滨俄人居住区、奉天、长春、黑龙江全省纷纷仿照傅家甸防疫区的模式建立起防疫体系。

对患者住过的房屋及衣物，采取的办法是先估价后焚烧，最后统一由政府补偿给患者。

1911年1月13日，清政府又下令在山海关一带设卡严防，将陆路南下的旅客留住5日，以防鼠疫蔓延。1月14日，停售京奉火车二三等车票，南满铁路停驶。1月15日陆军部派军队驻扎山海关，阻止入关客货。1月16日在山海关沟帮子查有病人就地截留。1月21日下令"将京津火车一律停止，免致蔓延"。至此，关内外的铁路交通完全断绝。

在实行隔离的同时，许多地方开展了奖励捕鼠的活动。凡捕一鼠持之警局，给铜圆两枚，死鼠给铜圆一枚。

公共卫生也第一次引起了各级政府的重视。吉林省"各关检疫分所于城瓮内设机器药水，见人消毒"。在铁岭，政府向当地民众发送10000多只"呼吸囊"，"勒令人民尽带呼吸囊"，"由巡警随时稽查，如有不遵守者，即以违警论罪"；屠宰行业每日必须消毒一次，内脏必须当场清洗干净，装在专用的板箱内，不准暴露在外，工作人员必须穿白色服装。天津卫生局发布紧急告示，列出喝开水、吃熟食、注意生活卫生等10条预防措施。北京则"令各街巷剃头棚房屋一律裱糊干净，地下均垫石灰，所有铺内伙友，衣服、搭布、手帕每日更新三次"；如发现私自通行于断绝交通之处及随地便溺、不遵守公共卫生者，处以5元至30元不等的罚款。

在征得朝廷及地方官绅同意后，伍连德率领防疫部门将辖区内数千具染疫尸体，无论是新近死去的还是已经腐烂的，全部火葬，以彻底杜绝鼠疫的传染。这在守旧的中国是颇不容易做到的。

由于各种防疫措施处理得当，在当时疫情严重的局势下，不到4个月就成功扑灭了这场死亡人数达6万之多、震惊世界的烈性传染病，指挥这次防疫的伍连德也因此名扬世界，被"万国鼠疫研究会"冠以"鼠疫斗士"称号。

◎智慧解码

清政府在这次鼠疫大流行中尽管在初期存在缺乏应急措施、个别官员渎职等问题，但在其后的措施处理可圈可点，比如组建各级防疫组织、颁布各种防疫法规，以及采取了隔断交通、对病人及疑似病人实施隔离、焚化尸体、对疫区严格消毒等具体防疫措施。

一场数百年不遇的大瘟疫，被一支小小的防疫队在四个月之内扑灭了。无论在当时还是现在，这都是一个奇迹。

缔造这个奇迹的除了科学的防疫措施，还有一串长长的医务人员和夫役兵警殉职名单，直接接触病人的护理和救护人员将近一半殉职！

这是一场整整烧了28天的森林大火，是中华人民共和国成立以来毁林面积最大、伤亡人员最多、损失最为惨重的一次大火。这是一场罕见的特大森林火灾，它以毁灭一切的气势烧灭了我们曾经松懈的观念。中国人民强烈的森林防火意识，正是从那个惊心动魄的时刻开始的。

"5·6"特大森林火灾

永远难忘的红色警告

1987年5月6日，漠河下属的河湾林场、古莲林场起火，经过一夜英勇奋战，至7日上午火势基本被控制住，但明火灭了，剩下的火场并没有得到有效清理。很快，火苗再起，被八级以上的大风一吹，火头高达几十米，风借火势、火助风威，在1000摄氏度以上的高压热流中，以每秒15米的速度肆虐……5个小时火头推进了100千米，铁路、公路、河流，甚至500米宽的防火隔离带都阻挡不住，一个晚上就烧毁了西林吉、图强、阿木尔三个林业局所在地和7个林场、4.5个储木场。8日，西部漠河、东部塔河县境内已分别形成面积为30万和20万公顷的大火海。此后，火势继续蔓延。

这场森林大火整整烧了28天，是建国以来毁林面积最大、伤亡人员最多、损失最为惨重的一次。据统计，直接损失为：过火面积101万公顷，其中有林面积70万公顷。烧毁贮木场存材85万立方米；各种设备2488台；桥涵67座，总长1340米；铁路专用线9.2千米；通讯线路483千米；输变电线路248千米；粮食325万公斤；房屋61.4万平方米，其中民房40万平方米。受灾群众10807户，56092人。死亡193人，受伤226人。直接经济损失约5亿元。至于这场大火给周围生态环境带来的危害，更不是用金钱能够计算出来的。

火情发生后，中央调动了扑火军民共5.88万多人，其中解放军3.4万多人，森林警察、消防干警和专业扑火队员2100多人，预备役民兵、林业工人和群众2万多人。天上是飞机，地上是装甲车，人们不停地实施人工降雨，开辟生土隔离带。在扑火中综合利用了多种手段。在我国当时条件下，凡能利用的手段都尽可能地利用了，较好地发挥了综合的灭火效能，显示出了较强的战斗力。

在组织指挥上，针对火场分散、面积大、扑火人员多的特点，强化了第一线的统一领导、统一指挥。根据国务院决定，成立了前线总指挥部，总指挥部下面设立了五个分指挥部，实行分片指挥。事实证明，前总指和各分指的工作是得力的，富有成效的。

这次大火来势猛、面积大、灾情重，国务院始终把坚决保卫人民的生命财产，最大限度地减少森林损失作为总方针。

根据过去的经验教训，国务院领导反复强调：扑火中，不打顶风火、不打上山火、不打树冠火，也不是只打无防，只打不清，而是宜打则打，宜防则防，有打有防，打防结合。当火势较弱时，就主动出击，及时扑打。当火势过猛，火头过高，难以控制，又逼近预定防线时，就巧用风向和有利地形，迎面烧火，以火攻火，将火头堵住，舍小保大。当火线较长，火势较猛，森林较密时，就先切断火线，小块封闭，并后退一段距离，开通一条隔离带，将火截住。

这次扑火共打出隔离带总长达891千米，它凝结着参加扑火的5.8万多人的血汗，不仅对围隔这场森林大火起到了控制作用，而且对防止今后发生类似大火也会起作用。由于措施得当，在这次扑火中尽管有5.8万多人参战，但火场上没有烧死一名扑火人员。

在党中央的正确指挥下，救火期间，相关部门也密切配合，对早日战胜灾害起到了很大的推动作用。林区职工、群众是扑火的重要力量。他们熟悉山区地势和气候特点，富有扑火经验，同解放军、专业队伍密切配合，为赢得扑火战斗的胜利做出了贡献。空军、民航打破常规，超强安全飞行1500多架次，空运2400多人次，人工降雨作业18次，发射降雨弹4700发，降雨面积2万平方千米，出色地完成了侦察火情、空降、空投和运输任务。铁道部门承担了扑火救灾的繁重运输任务，开出了大量专列，以最快的速度把部队提前运输到火场，保证了通往灾区的铁路运输畅通无阻。气象部门成立专门小组，严密监测大兴安岭森林火情，及时提供火区卫星资料和天气预报，为组织指挥灭火和实施人工降雨提供了重要依据。邮电部门争分夺秒地抢修被毁的通讯线路和设施，派出专门通讯车到第一线服务，保证了通讯联系。地矿部门主动派出装有红外线扫描装置的专用飞机，协助解决因烟雾弥漫难以侦察火情的困难。民政部门及时救济和疏散安置灾民，同有关部门和地方合作，使5万多灾民有吃、有穿、有住……

在举国同心协力之下，6月2日，"5·6"特大森林大火被胜利扑灭。

◎智慧解码

防患于未然，这是中国的一句古话。"5·6"大火的惨剧发生，就是缘于当时当地对火源管理的粗疏，防火教育、预防措施的薄弱。大火让人们醒悟：防火首先要在"防"字上下功夫。

这场大火过后，大兴安岭人民牢记教训，全力抓防火、保生态，积极搞建设、谋发展，经风历雨二十载，初步建成了和谐新林区。

2003年春节前后，一场没有硝烟的战争的序幕正在亚洲大陆的这一端悄然拉开。整整一个春季，这种被称为"非典型肺炎"的病毒搅乱了一个中国，并波及了小半个世界。在那场疫情中，中国内地累计病例5327例，死亡349人。

抗击"非典"

全民皆兵降疫魔

2002年12月22日，一名危重病人从河源转入广州医学院第一附属医院。这名病人症状十分奇怪：持续高烧、干咳，阴影占据整个肺部，使用任何医治肺炎的抗生素均无效果。

两天后，河源传来消息，救治过该病人的当地一家医院8名医务人员感染发病，症状与病人相同。

中国工程院院士钟南山震惊了，广东医疗界震惊了。"怪病"最后被称作"非典型肺炎"，一种比普通的肺炎可怕百倍的传染病，它的病死率高达3%以上。

"非典"病毒袭击的第二站是香港……接着是北京！进入4月份，北京的疫情进入高潮期，并迅速向全国一些地区扩散，确诊病例从37例一夜之间骤然增加到339例。5天公布一次的疫情改为每天公布一次。

人们开始恐慌，抢购狂潮爆发，从一些据说能够防治"非典"的板蓝根、白醋到卫生日用品、保健医药品到食品！市民们担心疫情会严重到令人不敢出门的地步。北京也失去了平衡，谣言四起。

4月14日下午，中共中央总书记、国家主席胡锦涛突然出现在广州最繁华的商业街北京路上。在这座已有1000多人感染"非典"病毒的城市里，在疫情仍十分严峻的时刻，胡锦涛的手和普通百姓的手紧紧地握在了一起。

4月17日，中央政治局召开常委会，批准成立北京防治"非典型肺炎"联合工作小组，北京地区的医院统一归口管辖。18日，北京"非典"病例的数字第一次汇总出来。温家宝总理当天在视察时说："绝不允许缓报、漏报和瞒报。否则要严肃追究有关领导人的责任。"

4月20日，在国务院新闻办举行的新闻发布会上，媒体记者们并没有看到此前一直作为疫情信息最权威出口的卫生部行政首长的影子。这一天，卫生部和北京市的行政首长双双去职。新任卫生部常务副部长在新闻发布会上宣布，北京市的"非典"病例为339例；几乎是5天前公布数字（37例）的10倍。

国家建立了突发公共卫生事件信息发布制度。4月20日以后，借助这个制度，卫生部门通过网络或其他媒体及时准确地通报每日疫情，不仅为政府决策提供了依据，也使广大民众尽可能多地了解信息、作好预防。在疫情和政府举措走向透明，在公安机关逮捕了"北京封城"等谣言的始作俑者之后，一度泛滥于网络和短信的谣言渐渐平息。事实证明，"让人民参与"的措施，并没有引起社会不稳定或恐慌，而是为早日切断传染源发挥了重要作用。

中央财政再次增加专项资金，用于中西部省、市（地）、县级疾病控制机构的资金达到29亿元。

卫生部将"非典"列为法定传染病，依照传染病防治法进行管理。

5月12日，《公共卫生应急条例》紧急出台，这一重要条例标志着我国把应对突发公共卫生事件进一步纳入了法制化轨道，标志着我国处理突发公共卫生事件的应急机制进一步完善。

从医院到社区，全国一体化的"非典"疫情报送系统和指挥系统建立：取消五一长假，减少因人员流动造成疫情扩散，严防疫情向农村扩散；通过媒体发布消息寻找"非典"患者周围乘客等公共机制健康运行。

从城市到农村，各地严格进行自我保护、防止本地区疫情向周围扩散：北京市控制大学生和民工返乡；上海拉起橙色警戒，从郊区开始布下严密的防治网络；各地对病区外来人员实行医学隔离。

鼓励民众学会自我保护。口罩给很多人的感觉并不好。但在2003年的春天，口罩成了市民出门的必备行装之一。

短短7天之内，京郊建成全国最大的"非典"收治定点医院，1200名军队医护人员从全国各地紧急调集到小汤山一线。

从4月21日到4月底，北京市每天增加90至100个病例，最高一天曾达到150多人；从5月初开始，疫情呈现出小的回落，处于高发平台期；5月9日开始，疫情下降幅度明显增大，17日新报告病例首次降到19例，28日降至3例。全国的每日新增病例也从最高峰时期的上百例下降到个位数，最后削减为零。

一场突如其来的"非典"疫情终于慢慢低下了它的头。

◎智慧解码

抗击"非典"的艰苦斗争，使我们党和我国人民又一次经受了战斗的洗礼和考验。这场斗争的胜利，进一步显示了我国社会主义制度的巨大优越性，更加坚定了全国各族人民走中国特色社会主义道路的信心。这场斗争的胜利，极大地提高了我国人民战胜困难的勇气和能力，增强了中华民族的凝聚力；极大地增强了世界各国对中国发展前景的信心，扩大了我国在国际上的影响。

正如恩格斯曾深刻指出的，一个聪明的民族，从灾难和错误中学到的东西会比平时多得多。历史的辩证法就是这样。"非典"这场灾难，不仅在考验着我们，也给我们以警示，以启迪。

在这场抗灾中，最值得称道的是中央政府办事的透明性与科学品格。在这两个基础上建立的"抗击非典，依法防治"和"全民动员，科学防治"，就能得到良好的贯彻。

很多事故，由于救助缺乏科学性、系统性和前瞻性，最后如"骨牌效应"般衍生出远胜于事故本身的更大的破坏性，这是令救助者们所始料未及的。"松花江水污染事件"是一次同水污染团的赛跑，结果沿河各地的防患措施终于跑赢了水污染团，把损失降到了最低点。

松花江水污染事件

一场和受污河水的赛跑

　　2005年11月13日，位于吉林省吉林市的中国石油吉林石化公司双苯厂硝基苯精馏塔发生爆炸，大约有100吨苯类污染物流入该车间附近的第二松花江（即松花江的上游），造成松花江重大水污染。

　　随着污染物逐渐向下游移动，这次污染事件的严重后果开始显现。特别是北方名城哈尔滨市，饮用水多年以来直接取自松花江，为避免污染的江水被市民饮用、造成重大的公共卫生问题，哈尔滨市政府决定自11月23日起在全市停止供应自来水，这在该市的历史上是从未发生过的。

　　松花江水污染事件给流域沿岸的居民生活、工业和农业生产带来了严重的威胁，引起社会极大的震撼！市场内各类瓶装灌装饮用水遭遇抢购，哈尔滨市民纷纷离哈，离哈客流突然大增，8家航空公司的50余趟出港航班票价在24小时内都涨到了全价。吉林省人民政府立即启动《吉林省突发环境事件应急预案》，全力防控，确保居民饮用水安全。吉林省有关部门迅速封堵了事故污染物排放口，并将厂区内事故产生的污水全部引入厂内污水处理厂进行处理，切断了污染源；丰满水电站加大了放流量，以尽快稀释污染物，争取在短时间内使水体中污染物浓度迅速降低；沿江各段设置多个监测点位，增加了监测频次，准确掌握水质变化动态；当地政府制定实施了生活饮用水源地保护应急方案，确保饮用水安全；组织环保、水利、化工专家参与污染防控。有关部门随时沟通监测信息，协调做好流域防控工作。

在收到松花江上游污染物接近黑龙江省流域的报告后，黑龙江省和哈尔滨市的有关部门迅速启动了应急预案。黑龙江省决定拨出1000万元资金专项用于污染事件应急处理；哈尔滨市政府也拨出500万元，用于在全市社区设置供水点；大庆石油管理局紧急调集4支钻井队，将在哈尔滨市区打95口深水井，保障居民及高校等重点单位用水；全市3天内打了100眼大口井，直接接入取水口，保证每天向市民供水1小时；请市区内广大人民群众、机关、团体、企事业单位抓紧时间储水；保证正常的生活生产秩序，优先确保供电、供暖、供气正常运转；密切监测松花江水质的变化，每天24小时进行跟踪检测，准确了解污染团何时到达何地；省、市新闻发言人要立即到位，发布及时、准确的信息，消除群众的恐慌心理；规定在停水期间，对饮用水质量每天检查两次；由于水质可能受到污染，学生在校餐饮、卫生无法保证，哈尔滨市还决定，全市城区内中小学于23日下午开始停课，11月30日复课；在23日上午，市区内中小学还将对学生进行停课原因说明及安全教育。为了节约用水，哈尔滨市对6122家特种行业进行监管，封停了洗浴场所1964家、洗车行599家，美容院1315家，娱乐场所579家。

11月23日，因为松花江水污染团向哈尔滨逼近，哈尔滨饮用水源地四方台取水口正式关闭，哈尔滨开始全面停水。

为尽快恢复城市供水，哈尔滨市急需大量的Z-15型活性炭，由于这种型号的活性炭比较特殊，黑龙江省内没有供应。国家相关部门立即组织国内其他省份紧急调集活性炭增援哈尔滨。

功夫不负有心人。由于各项防控工作都配合默契、到位，从11月26日

20时起，松花江哈尔滨四方台水源地水质已持续达到国家标准。哈尔滨市政供水厂从11月27日18时开始陆续恢复生产运行，实行供水。

但是，松花江污染对以后的生态环境及老百姓的生活会产生什么样的后遗症？冻入冰中和沉入底泥的硝基苯会不会造成二次污染？国家环保总局局长周生贤就此问题向公众作出了科学的、及时的、诚恳的明确解答："冻入冰中和沉入底泥的硝基苯不会造成二次污染问题，沿江两岸地下饮用水可放心饮用，水产品及农畜产品也可放心食用。"

之后，国务院又对"11·13"爆炸事故相关责任人员作出了严肃处理。

另外，由于松花江最终注入国际河流黑龙江（俄罗斯称阿穆尔河），中国水利部在事发之初就及时向俄罗斯进行了通报，并向对方提供了多项援助。同时，中国政府在事故发生后，已经采取通过水库放水稀释污染物、筑坝拦截污染物等措施，尽力将损害限制在本国管辖范围内，履行了国际环境法上的损害预防义务，得到了国际上的谅解。

松花江水污染的阴霾至此一散而尽。

◎ **智慧解码**

松花江水污染事件来得突然，来得急促，在国内乃至国际都是罕见的，这个事件严峻地考验了政府等组织在处理突发事件上的应变能力、反应能力、承受能力和战斗能力。

面对松花江重大水污染事件，地方政府迅速启动应急预案，成立了工作小组协调各方力量，针对可能出现的种种情况，紧急采取有效措施，全面调动人力、物力、财力，扩大哈尔滨市饮用水供应，加强市场监管平抑物价，确保了重大水污染事件期间，民众生产、生活的正常运行和社会稳定。由此，一场水患，在地方政府紧张而不慌乱的指挥下，毫无意外地降下了帷幕。

"允许在原奶中加水，但加水后奶的含氮量不能降低。"当三鹿集团不再提高收购价格，而各供奶的场（站）主要求涨价时，三鹿高管这样授意他们。于是一种名叫三聚氰胺的东西被放在了原奶中。

2008年3月，数百名婴儿都因曾经吃过三鹿奶粉而患肾结石甚至死亡。

"结石宝宝"事件曝光之后，矛头直指三鹿。这是一起恶性食品中毒事件，它震惊了整个中国。

三鹿毒奶粉事件

迅速化解的公共危机

2007年9月至10月，正值原奶市场淡季，制奶企业为争夺奶源竞相提高价格。当原奶价格涨到每公斤3元时，三鹿集团不再提高收购价格，向其供奶的场（站）主要求涨价。三鹿高管的意见是："允许在原奶中加水，但加水后奶的含氮量不能降低。"授意三鹿的一些奶牛养殖场在原奶中加水，但要保证每百克牛奶蛋白含量不低于2.8克。供奶的场（站）心领神会，纷纷往原奶中加入"蛋白粉"三聚氰胺。

2008年3月，数百名婴儿都因曾经吃过三鹿奶粉而患肾结石甚至死亡。"结石宝宝"事件曝光之后，三鹿毒奶粉为公众所知。陕西、山东、安徽、甘肃、江苏、湖北等地医院同现肾病婴儿，矛头也直指三鹿奶粉。

国家质检总局紧急在全国开展了婴幼儿配方奶粉三聚氰胺专项检查并

公布了阶段性检查结果，包括三鹿在内的全国22家婴幼儿奶粉生产企业的69批次产品检出了含量不同的三聚氰胺！而且三鹿奶粉事件已经扩展到中国国内多个著名品牌，进而蔓延到国际名牌奶制品，受害人数增至数万，已报告临床诊断患儿共有12892人，其中有较重症状的婴幼儿104人；此前已治愈出院1579人，死亡3名。一起特大的食品安全事故浮出水面！三鹿婴幼儿奶粉事件暴露出来的安全问题，涉及范围之广、危害之大、程度之深，确实已到了震惊天下的地步。

中央政府开始发力，采取有效措施，以应对危机，并且重树民众信心。这包括问责官员、加强督查、免费治疗患者等。

由卫生部牵头的联合调查组赶赴奶粉生产企业所在地，会同当地政府查明原因，查清责任，并将严肃处理有关责任人。有关官员因三鹿事件被罢免，三鹿原董事长被判刑。

根据质检部门通报的奶制品质量检测结果，对质量不合格和有毒有害的奶制品，及时依法有效下架退市。在相关部门的监督下，三鹿公司立即对2008年8月6日以前生产的三鹿婴幼儿奶粉全部召回。

卫生部提醒公众立即停止食用被召回的相关批次三鹿及其他品牌的类似不合格奶粉，已食用不合格奶粉的婴幼儿如出现小便困难等异常症状，应尽快就诊。同时，卫生部要求各医疗机构及时报告类似病例。中国国家质检总局发布公告，停止所有食品类生产企业获得的国家免检产品资格。

根据国家质检总局的紧急要求，河北省质监局紧急对省内所有乳制品企业全部实行驻厂监管，确保9月17日起出厂乳制品各项指标合格。对每一家乳制品企业，省质监部门安排至少2名监管人员和3名检验人员进入工厂内，实行24小时全天候监管。

国务院总理温家宝来到北京市医院、社区和商场，看望在"三鹿奶粉"事件中患病的儿童。

2月24日，北京市劳动和社会保障局全文公布了由人力资源和社会保障部、卫生部、中国保险监督管理委员会三部委联合下发的《关于做好婴幼儿奶粉事件患儿相关疾病医疗费用支付工作的通知》，作出对患儿急性疾病治疗终结后到18周岁以前可能发生的相关疾病，给予免费治疗的决定。

2008年12月30日，曾经风光无限的中国乳业巨头三鹿集团也在一片慨叹声中走向破产。三鹿毒奶粉及其引发的公共卫生危机事件，就此画上了一个感叹号。

◎**智慧解码**

三鹿事件的发生正应了那句老话：事实比想象更离奇！这一事件涉及面十分广，危害对象又极其特殊——患者全是儿童。如果不能迅速有效地应对处理，后果将不堪设想。其间政府采取了问责官员、加强督查、免费治疗患者等措施。这是抓住了解决危机问题的牛鼻子。这种多管齐下、多措并举的处理问题方法，使政令得以迅速畅通，措施得以真正落实。同时又釜底抽薪从源头和患者两端入手，迅速消除事件影响，给百姓以信心，让百姓安心、放心。

甲型H1N1流感，是猪的一种急性、传染性呼吸器官疾病。该病毒可在猪群中造成流感爆发，但通常情况下，人类很少感染猪流感病毒。但是，2009年4月，墨西哥竟然爆发了大规模的猪流感感染。截至4月底，死亡人数已达152人。

这种致命病毒，扑闪着阴影般的翅膀向人类的头顶飞来。面对随时可能来袭的禽流感大爆发，全球寝食难安！幸运的是，中国，是全球网友公认的最安全的地方之一。

中国防控甲型H1N1

早已壁垒森严，更加众志成城

流感病毒的传播速度惊人，当大家发现病毒感染者出现时，已经错过了控制的最佳时机。

世界卫生组织迅速将之通报全球，并于4月30日将此前被称为猪流感的新型致命病毒更名为H1N1甲型流感，警戒级别也随着全球的感染率逐渐上升。

病毒迅速向全球各地蔓延，某些地区的病死率也从0.4%左右上升到3%。为防止甲型H1N1流感疫情蔓延，各国都密切关注，并采取了一些非常措施。

中国政府一边呼吁民众不必恐慌，一边开始采取切实措施。机场通关时，工作人员对每名来华乘客逐一进行体温检查。5月，一名留学美国的男青年回到故乡，在航程中自觉发热，下机后遂直接到四川省人民医院就诊，被确诊为中国内地首例输入型甲型H1N1流感病例。中国在甲型H1N1盛行的地球村里终于没能幸免。

四川省迅速启动应对措施和联防联控工作机制，对疫情防控进行专门研究和部署。患者被立即转送成都市传染病医院隔离治疗，与其旅途中同机的一干人等均被中国有关机关在第一时间搜寻并实施隔离。

中国立即进入了全民防备阶段，各地积极采取措施严防疫情进入学校和社区。由墨西哥发端的甲型H1N1流感疫情陆续蔓延至中国内地，各省几乎都发现有病例。

温家宝总理指令相关部门加强口岸检验检疫，抓紧建设国内疫情监测网络，加强疫病防控的科学研究，做好防控物资储备，医院要及时救治病人，认真总结治疗经验，同时注意医护人员自身的防护，做好疫情进一步发展的应急预案，大力宣传防控知识。

国务院常务会议要求，全国各级部门继续坚持"高度重视、积极应对、联防联控、依法科学处置"的防控原则和"减少二代病例，严防社区传播，加强重症救治，应对疫情变化"的防控策略。

鉴于病疫传播人数与地区面积的增大，卫生部下发《关于进一步完善甲型H1N1流感防控措施的通知》，开始实行分类收治措施，社区医生将为轻症患者上门服务。这意味着我国正式调整甲型H1N1流感防控策略。

同时，中国还在抓紧时间制定甲型H1N1流感患者医疗费用的特殊管理办法。

针对政府全民防控甲型H1N1流感的部署，北京市印发《甲型H1N1流感防控法律知识问答》，引导公众和单位明确抗击甲型H1N1流感。出现流感征兆或病症者应及时就医。

中国政府网上，明确要求民众经常洗手，如生病了应留在家里；限制与其他人接触，尽量少去人流聚集的地方；居室勤通风换气，衣被多晾晒，吃熟食；避免身体接触，包括握手、亲吻、共餐等。

截至2009年7月7日，中国内地共确诊了1223例病患者，值得庆幸的是，由于中国的防治措施到位，没有一例死亡事件发生。

◎**智慧解码**

中国在经历了比甲型H1N1流感病毒严重得多的"非典"之后，应付甲型H1N1流感，可说是轻车熟路，但是，人们却没有因此而松怠。这可能是中国能成功应对病毒危机的原因。

因此，世界卫生组织驻华新闻发言人陈蔚云（VivianTan）积极评价中国控制甲型H1N1流感的举措，并表示隔离观察是能够限制病毒传播的有效方法之一。

霍乱，被描写为"曾摧毁地球的最可怕的瘟疫之一"，是由霍乱弧菌引起的急性肠道传染病，发病急、传播快、波及面广、危害严重，若不及时抢救，数小时之内就可能因脱水造成死亡。

其流行范围之广和造成死亡人数之多，使人大为恐慌。光是19世纪就发生了6次大流行，因此也被称为"19世纪的世界病"。

制止霍乱肆虐

茫然与理性的较量

在19世纪之前，霍乱只是印度、孟加拉历史悠久的地方疾病。进入19世纪之后，由于轮船、火车以及新兴工业城市的出现，霍乱开始肆虐全球。此后，霍乱开始频频发威，共有7次世界大流行，其流行范围之广和造成死亡人数之多，使人大为恐慌。因其中有6次是在19世纪，因此也被称为"19世纪的世界病"。

第一次始于1817年，止于1823年，疫情到达欧洲边境。这次霍乱于1821年传入中国时，江南一带死亡上百万人。由于当时的人们没有饮食卫生的概念，一次流行过后，死亡率通常在5%～8%之间。

第二次大流行起于1827年，止于1837年，疫情分三路穿过俄罗斯到达德国，又从德国被带到英国东北，1832年再被爱尔兰侨民传到加拿大，并在同一时间到达美国。霍乱迅速流行而事先没有预兆。在那个时候，欧洲人不知道用什么来治疗这种疾病，所以得了此病便几乎意味着死亡。每20个俄罗斯人中就有一个死于这次霍乱爆发，每30个波兰人中也有一个死于该病。

第三次大流行时间特别长，从1846年延续到1863年，到达北美并波及整个北半球。此时，这种可怕瘟疫的发生、传播和控制仍然是一个谜。每天，在英国的城市和乡村，都有灵车不断地往墓地运死人，工厂和商店里没有人的活动，人们到处寻找药物，做最后无力的挣扎。当患者从肠痉挛到腹泻，到呕吐、发烧，在几天甚至几小时后面临死亡时，人们能够感受到的，除了恐惧，还是恐惧。

第四次大流行起于1863年，止于1875年，是通过一艘从埃及开往美国的航船流传开来的，疫情到达了经常流行疾病的大多数地方。

第五次大流行起于1881年，止于1896年，其流行范围广泛分布于远东的中国和日本、近东的埃及以及欧洲的德国和俄国。

第六次大流行起于1899年止于1923年。

在这百年间，霍乱的6次大流行造成的损失难以计算，仅印度死者就超过3800万人。

霍乱长期被视为除鼠疫之外最可怕的疾病，它给人类带来了种种不幸。但令人略感欣慰的是，它也推动着人类文明的进程。

当第一次霍乱大流行时，一个直接的后果是西瓜没人买了，人们发现吃了西瓜后易得霍乱，因此认为西瓜里面藏着霍乱病毒。其实是因为西瓜摊把西瓜切开，一牙牙地卖，小贩要经常洒水以保持湿度，水被霍乱菌污染了，吃了西瓜就容易得病。人们虽然不清楚病源，但自我卫生保护的意识却显而易见。

霍乱传入俄罗斯时，沙皇试图用隔离检疫的方法控制疫情，同时限制旅行者入境，但却没有起到预期效果。霍乱沿地中海古老的商路迅速蔓延，势不可挡，直逼包括开罗在内的埃及沿海。埃及政府惊恐万状，同样寄希望于隔离检疫。幸运的是，1823年严酷的寒冬最终遏制了疾病的流行。

有些医生因为不熟悉霍乱病，于是采用奇怪的医治方法来试图消灭该病。如，霍乱流行的埃及开罗以及其他许多地方，医生经常指导人们在街上烧硫黄、用柏油消毒，等等。

英国躲过了第一次和第二次霍乱的全球流行，却经历了第三次世界大流行。当时，英国军舰在英吉利海峡拦截从疫病流行地区驶来的货船。但是霍乱病仍在蔓延。1854年8月31日，霍乱袭击了伦敦的索霍地区，不到一个月已经死亡了10500人，整个英国死亡人数为7.8万。

这次霍乱平息以后，人类开始对其进行理性的研究。一位英国医生约翰·斯诺调查发现，索霍地区的患者都饮用过布劳德大街一口抽水井的井水，而且霍乱死亡的人数可以以水井为中心画一圈，这就是著名的"斯诺的霍乱地图"。更深入的调查证明，在当地霍乱流行前，布劳德大街一名儿童有明显的霍乱症状，浸泡过孩子尿布的脏水倒入有渗漏的污水坑，此坑距离水井仅90厘米。斯诺的发现解释了为什么隔离检疫这种屡试不爽的办法不能阻断霍乱的传播，证明了霍乱是经水传播的一种疾病。约翰·斯诺的发现最终导致伦敦修建公共供水设施，大规模的伦敦供水网全部配备压力和过滤装置。之后，这一运动很快波及全世界。正是霍乱病的发作，引发了全世界的公共卫生思想革命。

当第五次霍乱到达埃及时，应埃及政府邀请，德国细菌学家科勒在当地进行了研究，发现了霍乱的致病菌——"逗号"杆菌即霍乱弧菌。从此，人类对霍乱的制止，进入了科学的阶段。

◎智慧解码

众所周知，流行病的发生有周期性，每隔几十年、几百年就会发生一场大灾难，像个定时闹钟一样发作，却不知道时间被调到何时。那些曾经困扰人类的大瘟疫，不论是已经被攻克的还是未被攻克的，在今天都有可能卷土重来。在下一轮瘟疫爆发之前，我们有必要审视过去，这样才有能力应对未来。

一部人类文明史同时也是一部瘟疫史。在没有公共卫生概念之前，城市中聚居的人群，历来都是滋生和传播各种疫病的温床。而鼠疫在人类文明史上，曾留下过三次浓重的痕迹。它所过之处，横尸遍野，名城"陨落"，甚至王朝覆灭。君士坦丁堡就是其中之一。

君士坦丁堡鼠疫

无知者的无奈

人类第一次载入史册的鼠疫大爆发始于公元542年，它首先在埃及西奈半岛爆发，很快传入威名赫赫的拜占庭帝国的首都——君士坦丁堡，直至整个拜占庭帝国。

君士坦丁堡的市民们焦虑万分。许多人突然发烧，接着出现了红肿和剧痛，甚至有人发了疯。患者带有妄想症，一些患者以为那些照料他们的人实际上是想杀死他们。原来他们所感染的疾病是淋巴腺鼠疫，这种病正在拥挤的君士坦丁堡街道上迅速扩散。照料鼠疫症患者的人都弄得精疲力竭。

当时出现了很多诡异恐怖的情景：当人们正在互相交谈时，便不由自主地开始摇晃，然后倒在地上；人们买东西时，站在那儿谈话或者数零钱，死亡就突然而至。最早感染鼠疫的是那些睡在大街上的贫苦人，在鼠疫的传播达到高峰期时，每日吞噬上万人的生命，几乎将此名城化为鬼城。

官员在恐惧中不得不向查士丁尼汇报："任何年龄的人都不能幸免，没有一座宫殿可以躲避，没有一间茅舍能够逃脱。人们像被雷轰击了那样堆积在街头……到处充斥着乱扔的尸体所散发出的恶臭。死人急剧增加，掘墓人每天挖掘的坟墓远远不够，而且已经找不到足够的埋葬地，尸体被堆在街上，整个城市散发着尸臭。那些来不及掩埋的尸体助长了疫病的扩散。处理尸体的工作也显得人手紧张，甚至连堆放尸体的地方也快没有了。"

查士丁尼自己也险些感染瘟疫，在恐惧之下，他下令修建很多巨大的可以埋葬上万具尸体的大墓，以重金招募工人来挖坑并掩埋死者，以求阻断瘟疫的扩散。于是，很多尸体不论男女、贵贱、长幼，覆压了近百层埋葬在一起。

当时的人们对传染病一无所知，导致此次鼠疫在人类史上显得尤为猖獗。死亡人数很快突破了23万人，事先准备的巨大坟墓被一具具尸体填满后，城内凡是可以用来埋葬尸体的地方都被用上了，但还不够。查士丁尼索性命令掀掉山顶上一座座防御城堡的屋顶，将尸体横七竖八往里扔，堆满尸体后又重新盖上。

这次鼠疫在该市肆虐了4个月。或许是幸存的人已经产生了足够的抵抗力，再加上人群总数和稠密度的急剧下降，形成了自然隔离的效果。8月份，发病人数开始下降。许多病愈的人仍留有终身后遗症，如语言障碍或身体部分瘫痪。之后鼠疫仍然在拜占庭肆虐了半个世纪，直至四分之一的罗马人口死于鼠疫，严重影响帝国经济，削弱了拜占庭帝国的实力，彻底粉碎了查士丁尼恢复往日罗马帝国荣光的雄心，并改写了整个欧洲的历史。

◎ **智慧解码**

由于当时的医学欠发达，面对鼠疫，威风凛凛的查士丁尼也是江郎才尽、束手无策。瘟疫对于人类的影响是巨大的，时刻让人们感觉一股可怕的力量，不过，由于医学以及现代科学的发展，人类对瘟疫的控制力也在逐渐增强。可以想见，在掌握了更多对抗瘟疫的科学方法后，人类将更有信心预防、控制和战胜任何传染病。

在短短的十个月里，西班牙流感如狂飙一样在整个地球划过，其迅猛程度、其凶悍之势，连黑死病也相形见绌，人们防不胜防。从来没有一种疾病在这么短的时间内杀死这么多的人，西班牙流感毫无疑问地稳坐了人类瘟疫史的头把交椅。

"西班牙女郎"大流感

一再松懈酿巨殇

1918年1月末2月初，美国堪萨斯州哈斯克尔县。有个病人表现出的症状虽然普通，但强度却不寻常，此后，一例接一例的同类病患在附近的牧场中纷纷出现。然而到3月中旬，这种疾病奇怪地消失了。但当地的医生却正式向国家发出了警报。而病患者看起来都已痊愈，所以未引起美国政府重视。3月，从哈斯克尔县征召进军营的新兵在美国第二大军营的福斯顿军营接受训练。一个炊事兵在病检时报告得了流感。之后的一周内，类似患者迅速超过500人。尽管如此，渐渐蔓延的病情却没能引起注意。此时一战还未结束。从3月份开始，这些感染者随军队开赴欧洲前线，运送美军第15骑兵师的军舰上首先爆发流感，同时在欧洲大陆大范围扩散。流感所到之处，没有任何特效药可以施治。首先中招的是西班牙。包括国王阿方索三世在内的800万人都得了病，于是，这次流感被称为"西班牙女郎"。

流感很快波及全球。但起初各国都没警觉。美国总统威尔森仍旧在主持纽约的大游行，然而没过两周，纽约全城流感；美国费城拉尸体的马车穿过街道，呼唤活着的人带走他们死去的亲人；开普敦的人们把裹着毯子的尸体直接倒进大型墓坑。有些地区更为严重,以阿拉斯加为例,很多爱斯基摩村落死亡率达到90%,几乎遭受灭种之灾。没有任何方法阻止这幽灵般的"杀手"。在欧洲,无人认领的尸体散布四处;末日景象笼罩着全球。恐惧占据了人心。面对这个看不见的杀手,各国想了很多办法。

美、英愤怒地指责德国使用化学武器,造成士兵吐血窒息。这并非无中生有,因为美国报纸连证人都找到了,证明是德国军舰趁夜色溜进波士顿港口,偷偷把病菌释放出来的。但是,另一说法得到官方证实,德国间谍混进波士顿,在剧场里打开了细菌管。更触目惊心的说法是德国药厂把病菌放在阿斯匹林里。这些消息误导着民众和官员们,让人们没有意识到流感的严重性而放松了警惕。

费城为了保存有生力量,葬礼被禁止。一段时间里,芝加哥禁止出殡,并勒令尸体不得送往教堂或礼拜堂,送葬礼的人不得超过10个。旧金山市长亲自出马向民众宣传"要保命,戴口罩"!尽管已经发现口罩是无效的,旧金山市还是对不戴口罩者罚款100美元。在西雅图,一个没有戴口罩的乘客被狂暴的人群赶下车。公共场所吐痰要罚款,纽约对那些不带手帕就咳嗽、打喷嚏的人施以监禁和重罚。喝40度杜松子酒,吃浓稠的冷熏肉、大蒜、桉树油,穿新鲜睡衣、吃冰激凌、不吃糖、光喝水、吃辣椒、吃洋葱……人们愿意作任何尝试。

科学家努力攻关,疫苗很快被研制出来并开始注射,然而,这些疫苗对西班牙流感根本没有一点作用。

世界各地的人们尽了一切努力,还是不能逃避。人们只有靠烈酒麻痹自己。

往往最绝望的时候会出现奇迹,正当人们丧失了与瘟疫抗争的勇气的时候,神秘的病毒突然消逝得无影无踪,人们一下子从"西班牙女郎"的阴影中解脱出来。

据估计,全球有五分之一的人感染过西班牙流感,最初估计共有2000万到4000万人死亡,目前的估计是5000万到1亿人。

"西班牙女郎"的爆发,严重地考验了人类的防患措施。虽然所有努力的成效不明显，但它令人们开始更加关注个人卫生健康，各国在医疗科学上的投入也愈发地得到了加强。

◎智慧解码

西班牙流感在牧场及新兵训练营中刚刚萌芽时，并没有得到美国政府的重视，以致错过了一个又一个杀灭它的良机。病毒从打翻了的潘多拉盒子中窜出，最后酿成难以收拾的大祸！

虽然我们不停地搞一些偏利于人类的科技，但灭而不绝的各种危机从来就没有停止过寻找出路，人类自身的问题总会让濒临灭绝甚至是似乎销声匿迹的古典传染病，又绝处逢生。

"病菌比人聪明"，这个看上去不合逻辑的逻辑，每一天都在给我们带来严酷的考验。在我们的科技和认识还不足以斩杀这些危机之前，我们只能做到，防患第一，警醒第一！

在大多数人的印象中，伦敦多雨多雾，冠以"雾都"之名实不为过。但那是过去的事情，对于现在居住在伦敦的人来说，已是灰飞烟灭的往事了。但这不是凭空掉下来的，伦敦摘掉"雾都"的帽子也是经过了不懈努力的结果。

1952年伦敦大雾事件
向天空宣战摘掉"雾都"帽子

1952年12月3日，伦敦难得的一个可爱冬日。舒适的风从北海吹来，在晴朗的天空中点缀着绒毛状的积云。然而，一场灾难正悄悄降临。

次日，一大团冷空气越过英伦海峡，把伦敦裹住，像一床冰冷的被子，就停在那里。时至中午，乌云将太阳全部遮住。城市上空处于高压中心，一连几日无风，风速表"静止"为零。人们走在街头，伸手不见五指，更看不见自己的双脚，只能沿着人行道摸索前行。大众运输系统几乎瘫痪，飞机被迫取消航班，公共汽车需要有人打着手电筒带路才能缓慢行驶。室内演奏会也必须取消，因为出席的观众连舞台都看不见。据报道，一位医生要出诊，甚至雇佣盲人做向导。

英国各电视台都播放了那场大雾降临时的情景：由煤炭支撑着的伦敦工业，让伦敦城内遍布工厂，烟囱林立，全都冒着浓烟。家庭也烧煤取暖，煤烟排放量急剧增加。烟尘与雾混合变成黄黑色，在城市上空笼罩多天不散。伦敦城和伦敦的上空死气沉沉，像倒扣着一只热盘子，烟雾被封盖在下面，一点也散发不出去。每立方米大气含二氧化硫比平时高出6倍，颗粒污染浓度为平时的9倍，整座城市弥漫着浓烈的"臭鸡蛋"气味。

由于大气中的污染物不断积蓄，不能扩散，许多人都感到呼吸困难，眼睛刺痛，流泪不止，有的人因为血液中氧气不足，皮肤呈青紫色。伦敦医院由于呼吸道疾病患者剧增而一时爆满，伦敦城内到处都可以听到咳嗽声。仅仅4天时间，死亡人数达4000多人。

烟雾不仅使人中毒死亡，家畜也同样倒了霉，仅在12月6日晚上就有100头牛患病，5头死亡。就连当时举办的一场盛大的得奖牛展览中的350头牛也惨遭劫难。一头牛当场死亡，52头严重中毒，其中14头奄奄待毙。两个月后，那些曾经得过肺疾的人因为吸入过多的毒物，病情加剧，又有8000多人陆续丧生。这就是骇人听闻的"伦敦烟雾事件"。

大雾期间，伦敦各处都设立了急救组织，给中毒者发放红色急救证，让所有医院都停止一般患者住院，只接收中毒患者。患者中患呼吸器官疾病的人数是平时的4倍，患心脏病的人数是平时的3倍。

政府号召市民出行时要用围巾、口罩、手套等捂住口鼻。

但浓浓大雾下，政府仍不敢命令工厂停工，居民们仍然要取暖。

这场大雾一直持续到12月10日方才散去，强劲的西风吹散了伦敦上空的阴霾，也拂去了人们脸上的阴云。

伦敦市政当局开始着手调查事件原因。主要的凶手很快就找到了：冬季取暖燃煤和工业排放的烟雾是元凶，逆温层现象是帮凶。

英国的立法机构再也不能等闲视之。他们经过4年的专门研究，终于在1956年颁布了世界上第一部治理大气法律——《空气清洁法》，禁止在首都地区燃用烟煤。

政府开始大规模改造城市居民的传统炉灶，冬季采取集中供暖，在城市里设立无烟区，禁止烧煤，并加强了城市的绿化工作。

1968年、1974年，英国政府又先后出台法案，要求工业企业建造高大的烟囱，加强疏散大气污染物，并规定工业燃料里的含硫上限。

针对城市规模一天比一天扩大，工厂的数量不断增加造成的隐患，伦敦市内逐步改用煤气和电力，并把发电厂和重工业设施迁到郊区，使城市大气污染程度降低了80%。

经过多年的不懈努力，污染逐步减轻。到20世纪70年代，骇人的烟雾事件再没在伦敦发生过，伦敦终于摘掉了"雾都"的帽子。

◎ **智慧解码**

当人类为自己的工业成就欢欣鼓舞之时，又不得不在污浊的空气中忍受煎熬。

"雾都劫难"是人类历史上由大气污染造成的特大公害事件之一，发生在"工业革命"的故乡。英国人为此付出了巨大的代价，但换来了清醒，使他们痛下决心整治环境。于是，1952年伦敦大雾成了环境保护史上的里程碑。

福兮祸所伏。日本在二次世界大战后经济复苏，工业飞速发展，但因没有相应的环境保护和公害治理措施，致使工业污染和各种公害病随之泛滥成灾，使得他们为此付出了极其昂贵的代价。水俣病就是其中之一。

日本水俣病

无法愈合的污染伤痛

日本熊本县水俣湾外围的"不知火海"是被九州本土和天草诸岛围起来的内海。水俣镇是水俣湾东部的一个小镇，"不知火海"丰富的渔产使小镇格外兴旺。

1956年，水俣湾附近发现了一种奇怪的病。这种病症最初出现在猫身上，被称为"猫舞蹈症"。病猫步态不稳，抽搐、麻痹，甚至跳海死去，被称为"自杀猫"。随后不久，水俣镇开始出现了一些口齿不清、面部发呆、手脚发抖、精神失常的病人，这些病人如久治不愈，就会全身弯曲，悲惨死去。这个镇有4万居民，几年中先后有1万人不同程度地患有此种病状，其后附近其他地方也发现此类症状。居民们慌乱起来，认为魔鬼降临了。

1959年2月，日本食物中毒委员会经过研究认为，水俣病与重金属中毒有关，尤其是汞的可能性最大。后经熊本大学调查，从病死者、鱼体和日本氮肥厂排污管道出口附近都发现了有毒的甲基汞。这才揭开了水俣病的秘密。

原来，位于水俣市的日本氮肥厂把大量含汞的废水排放到水俣湾和
"不知火海"，汞被鱼吸收之后在体内累积形成甲基汞，人和猫吃了这种
毒鱼后致病死亡。事实上，日本氮肥厂医院用猫进行的实验也已经完全证
明水俣病与氮肥厂排出的废水有关。

水俣病造成了以此为主要食物的当地渔民为代表的沿岸数十万居民的
健康损害，给当地居民及生存环境带来了无尽的灾难。同时，由于甲基汞
污染，水俣湾的鱼虾不能再捕捞食用，成千上万渔民失业，很多家庭陷于
贫困之中。"不知火海"失去了生命力，伴随它的是无期的萧索。

尽管当时已经真相大白，但是氮肥厂责令该厂医院的试验者严加保密
并拒绝承认事实，加之当时政府只注重发展经济，完全没有考虑环境保护
和居民的安全，地方政府极力反对公开事实的真相。

以至于从1956年发现水俣病的病因，到1968年日本氮肥厂停止排放含
汞废水，其间共拖延了整整12年的时间，使水俣病在当地不断蔓延。

1958年春，资方为掩人耳目，把排入水俣湾的毒水延伸到水俣川的北
部。六七个月之后，这个新的污染区出现了18个水银中毒的病人。于是引
起广大渔民愤怒，几百名渔民攻占了新日本氮肥公司，捣毁了当地官方机
构。但资方仍拒不承认污水毒害的事实。

工厂医院的细川医生得出了"水俣病是由工厂污染引起的"的结论，
结果很快就被解雇。后来，律师提出与患者见面、到工厂调查，厂方设法
加以阻挠。在法庭上，由于担心被工厂解雇，工人不敢出庭做证。当时政
府的态度极为消极，对受害者的哭诉不闻不问，对在水俣湾实施禁渔的呼
吁不予理睬。熊本大学医学部发表了水俣病与工厂污染有关的文章，结果
研究经费被取消。

更为可悲的是，在企业和政府的影响下，一些大学和研究机构竟提供
证据，认为水俣病与污染没有关系！

1964年，日本西部海岸的新县阿贺野川流域，由于另一垄断企业"昭
和电工公司"含汞废水的污染，也出现了水俣病，在很短时间内患病者增
加到45人，并有4人死亡。这使人们进一步认识到，汞污染会给生命财产

153

带来巨大的损失。

综合上述各种材料，1968年9月，日本政府不得不确认水俣病是人们长期食用受含有汞和甲基汞废水污染的鱼、贝造成的。但日本氮肥公司长期以来以保密为借口，拒不提供工艺过程和废水试样，致使水俣病一直拖了多年才弄清楚。

到1967年8月，在事实面前，氮肥公司虽然不得不承认该厂含汞废水污染带来的灾害，但仍然继续排放含汞废水。直到1972年仍有渔民不断地向该公司提出抗议，举行游行示威。

1979年3月23日上午10时，因企业活动引起的公害犯罪，法院对原氮肥公司经理进行公判，但根据两被告年事已高，分别判处他们两人监禁2年缓期3年执行。这是日本历史上第一次追究公共场所犯罪者的刑事责任。水俣镇的受害人数多达1万人，死亡人数超过1000人。氮肥厂为此而支付的赔偿金额和医疗费、生活费等费用累计超过300亿日元。

另一方面，为了恢复水俣湾的生态环境，日本政府花了14年的时间，投入485亿日元，将水俣湾深挖4米才把含汞底泥全部清除。同时，在水俣湾入口处设立隔离网，将海湾内被污染的鱼统统捕获进行填埋。在整个水俣病公害中，日本政府和企业至少花费了800亿日元。

"水俣病"使日本政府和企业日后为此付出了极其昂贵的治理、治疗和赔偿代价。迄今为止，因水俣病而提起的旷日持久的法庭诉讼仍然没有完结。

◎ **智慧解码**

往者不可谏，来者犹可追。

没有哪一起环境公害，像半个世纪前发生在日本的水俣病这样，如此强烈地震撼人们的心灵。这一震惊世界的污染事件，给数以万计的受害者造成肉体的折磨和精神的痛楚，让人触目惊心；而氮肥公司和当时的政府对公害事件的所作所为，尤其发人深省。企业和政府极端消极的做法，使污染继续蔓延，灾难继续扩大。漠视、掩盖和阻挠，导致的是更大的悲剧。

1984年12月2日午夜到12月3日凌晨，印度博帕尔市，大地笼罩在一片黑暗之中，人们还沉浸在美好的梦乡里。没有任何警告，没有任何征兆，一片"雾气"在博帕尔市上空蔓延，很快，方圆40平方千米以内50万人的居住区已整个儿被"雾气"形成的云雾笼罩了。人们睡梦中被毒气熏醒，并开始咳嗽，呼吸困难，四肢无力，眼睛被灼伤，而且得不到任何帮助。许多人在奔跑逃命时倒地身亡，还有一些人死在医院里，众多的受害者挤满了医院，医生却对有毒物质的性质一无所知……

印度博帕尔事故

"潘多拉"的盒子在深夜被打开

博帕尔全城的居民受到毒气伤害的多达20万人，10万人被送入医院治疗，直接导致3150人死亡，5万多人失明，2万多人受到严重毒害，近8万人终身残疾，受这起事件影响的人口多达150余万，约占博帕尔市总人口的一半。博帕尔惨案也震惊了世界。

到底是什么气体能够含有如此剧毒，导致如此惨重之后果？一连串的证据表明，这个事件跟美国联合碳化公司印度公司设在博帕尔市的一个杀虫剂工厂有关。

博帕尔市有一家属于美国联合碳化物公司的大型化工厂。这家工厂生产的大量杀虫剂和其他药物，毒性很大，在生产、储存、运输的各个环节都有很大危险。这次危险是在灾难发生的前一天下午产生的。

工人在用凉水冲洗设备管道时操作失误，导致了水突然流入到装有MIC气体的储藏罐内，引起放热反应，产生了一种极其危险的巨大能量，泄漏后在博帕尔上空聚集并形成面积达20平方千米的拱形毒气云团。由于毒气泄漏发生在深夜，农药厂周围的居民正处于熟睡之中，因此这次泄漏事故的后果极其惨烈。而据事发后调查，当时联合碳化物公司在杀虫剂销售方面出现了一些问题，于是尽力削减安全措施方面的开支，以致出现险情时，杀虫剂厂的重要安全系统或者发生了故障，或者被关闭了。

但是，从工厂逃出来的人没有一个死亡的，原因之一就是他们都被工厂的管理者告知要朝相反的方向跑，逃离城市，并且用蘸水的湿布保持眼睛的湿润。

可是，当灾难迫近，美国联合碳化公司却没有给予博帕尔市民最基本的建议——不要惊慌，要待在家里并保持眼睛湿润。该工厂仍没有尽到向市民提供逃生信息的责任，他们对市民的生命有着惊人的漠视。

据悉，当时美国联合碳化泄漏了总共40吨的剧毒气体。在拉响警报时，已经有25吨有毒气体进入工厂上空，形成大块的浓厚毒云。整个工厂笼罩在一片浓雾中，连看东西都很困难。

更为雪上加霜的是，美国联合碳化公司在事发后的救助也极不积极。当时唯一一所参加救治的省级医院是海密达医院，但医生却找不出致人非命的物质的名称，他们没有收到任何由美国联合碳化公司提供的关于治疗措施的信息，美国联合碳化公司也不提供任何信息说明该气体含有哪些化学成分，因为那是公司的"商业秘密"而不能公开，导致许许多多的受害者得不到正确及时的治疗。

事发后几天，联合碳化公司执行总裁沃伦·安德森才到达现场，被印度当局拘捕，但由于美国政府的压力，在其交了2500卢比（约合500美元）的保释金后很快被释放。

更令人愤怒的是，美国联合碳化公司迅速决定把灾难的严重性和影响

故意说得轻微些，想以此来挽回形象。灾难过后的几天，联合碳化公司把这种气体描述为"仅仅是一种强催泪瓦斯"。甚至在灾难的即时后果——"几千人死亡，更多人将一生被病魔缠绕"被公布后，公司还是继续着相同的说法。

幸存者也并不是幸运者，他们的肺部损坏无法修复，失去了工作能力，只有最微薄的救济金。在灾难发生后，死难者的代表分别向印度和美国法院提出赔偿诉讼。

直至1989年2月14日，印度最高法院最后裁定美国联合碳化物集团以及联合碳化物（印度）有限公司，需要赔偿4亿7千万美元。由印度政府成立基金，分配给各死难者。

几年后，那些几乎被灾难夺去生命的人收到的人均赔偿金才500美元，几乎不足以支付五年的最基本的医疗费用。同时附含三项条件的最终解决方案：联碳公司支付4.7亿美元的赔偿金。三项条件是：永远免除所有民事责任；取消所有刑事指控；未来的任何针对联碳公司的诉讼均由印度政府应对。

于是，印度政府与联合碳化公司展开了一场庞大的长达数十年的官司，双方都为此焦头烂额，直到现在，官司仍未完结。

◎智慧解码

印度博帕尔事故是人类历史上最大的工业灾难。

灾难发生后，联合碳化没有对无辜受害者进行及时的道德救治和赔偿，甚至连起码的法律救济都没有落实，使事故的后续灾难愈演愈烈，其解决事故遗留问题拖延时间之长以及在全球引发的关注程度之大都是空前的。事故虽已过去30年，但处理并未结束。这就叫"一失足成千古恨"！

2003年12月9日，美国华盛顿州的一家农场里，一头病牛引起了屠宰工人的注意，这头牛正在牛群中制造骚乱。当时美国农业部出资让各个屠宰场提供病牛的脑组织样本送检，以检测这些牛是否患有疯牛病（BSE）。屠宰工人提取了这头牛的脑组织样本。两个星期以后，美国农业部宣布，这是美国本土发现的第一例疯牛病病例。

美国疯牛病事件

用强大"防火墙"作盾

美国发现第一例疯牛病病例的消息公布后，如何妥善应对疯牛病事件，如何尽量使事件造成的影响和损失降到最低程度，成了美国政府面临的严峻挑战。农业部立刻采取了一系列的相关措施。

立刻派专机将样本送到BSE世界参考实验室进行确诊。由动植物检疫局对与该头疯牛相关的所有养牛场立刻采取隔离检疫措施，并开始进行流行病学调查，追查疯牛的来源。由食品安全局发布召回令，宣布召回并开始追查与疯牛相关的牛肉和相关产品的去向。采取措施对消费者进行保护，禁止食用牛的脑、脊髓和肠这些高风险物质。禁止在美容化妆品生产和食品加工中使用有可能感染疯牛病的牛脑和牛的其他身体组织。计划从当年6月到次年底，将对20万到30万头"高风险"牲畜进行测试。向农场主支付补偿，以加快对疯牛病的检测。请国内外的专家来对其措施进行评

估，并指导政府下一步的工作。

综观美国对疯牛病事件的应急反应和处理，有很多可圈可点之处。

首先是反应速度。毋庸置疑，美国农业部应急机制非常迅速，他们在第一时间向国际社会和国内消费者通报了BSE阳性检测结果，第一时间采取了相关紧急处理措施。这不仅反映了政府对民众健康的高度关注，也反映出其对控制和处理疯牛病事件的信心、决心和实力，同时还疏导了消费者因不了解情况而产生的极度恐慌情绪，在一定程度上对恢复和稳定国内市场消费牛肉场，尽可能地减少连锁反应引发的损失等，都起到了良好的作用。

其次是决策科学。面对媒体和公众猛烈批评的巨大压力，美国农业部关于BSE所有新政策的出台也依然是一丝不苟地遵守法令规定的步骤，都经历过一段时间的讨论和辩论，所以其食品安全政策的公信力非常强。在处理疯牛病事件中，农业部非常重视采纳专家意见。

再其次是严密周详。主管肉禽蛋食品安全的为美国食品安全局。在这次疯牛病事件应急处理中，追查疯牛来源、进行流行病学调查、召回不合格产品、动物性饲料管理、对BSE引起的可传播性海绵状脑病的监视和调查，都由各个相应机构负责。可以说，美国对疯牛病侵入已经建立了有效的监控和预防体系，政府各相关主管部门职责分明，目标一致，分工协作，行政高效有序。

美国BSE事件的迅速妥善处理和其动物性食品安全管理，得益于先进兽医机构"垂直管理"的兽医管理制度，这种管理方式由于较好地保证了动物产品生产全过程的兽医监督，从而使动物性食品安全风险可以降低到最低水平。同时，它还打破了地区分割，防止人才、技术、设施重复设置的资源浪费，还在一定程度上消除了地方保护主义的影响，确保了工作效率。

当欧洲其他国家的疯牛病正猖狂泛滥之时，美国疯牛病则栽倒在美国强大的"防火墙"工事外面！

◎智慧解码

美国牛肉行业在降低危险性方面采取的有效措施，有力阻止了来自国外的疯牛病对本国动物和人的传染，其措施之有力、手段之高明，确实令人钦佩。

疯牛病肆虐欧洲，美国只有唯一一例疯牛病，依然称得上是独善其身，这不能不说是个奇迹。

核泄漏事故后产生的放射污染相当于日本广岛原子弹爆炸产生的放射污染的100倍。10年后，放射性仍在继续威胁着白俄罗斯、乌克兰和俄罗斯约800万人的生命和健康。有超过20万人死于与辐射有关的疾病。专家们说，消除核泄漏事故后遗症需800年。

这就是全球最严重的核泄漏灾难——切尔诺贝利事故。直到现在，这场灾难依然是人们心头挥之不去的梦魇。

切尔诺贝利核泄漏事故

核辐射举起了达摩克利斯剑

切尔诺贝利核电站位于乌克兰北部，距首都基辅只有140公里，它是苏联时期在乌克兰境内修建的第一座核电站。曾几何时，切尔诺贝利是苏联人民的骄傲，被认为是世界上最安全、最可靠的核电站。

1986年4月26日凌晨1时许，随着一声震天动地的巨响，火光四起，烈焰冲天，火柱高达30多米。切尔诺贝利核电站4号核反应堆发生爆炸，其厂房屋顶被炸飞、墙壁坍塌，当场死亡2人。据估算，核泄漏事故后产生的放射污染相当于日本广岛原子弹爆炸产生的放射污染的100倍。爆炸使机组被完全损坏，8吨多强辐射物质泄漏，尘埃随风飘散，致使俄罗斯、白俄罗斯和乌克兰许多地区遭到核辐射的污染。

爆炸发生后，在莫斯科的核专家和苏联领导人得到的信息只是"反应堆发生火灾，但并没有爆炸"，这导致苏联官方接收了错误的汇报并产生错误判断，因此反应迟缓，一开始并没有引起苏联高层的重视。

在事故后48小时，政府才开始疏散一些距离核电站很近的村庄，同时派出军队强制人们撤离。许多人在撤离前就已经吸收了致命量的辐射。当地政府一直不对居民告知事情的全部真相，这是因为官方担心会引起人们恐慌。当时在现场附近村庄测出的是致命量几百倍的核辐射，而且辐射值还在不停地升高。

事故后3天，莫斯科派出的一个调查小组到达现场，可是他们迟迟无法提交报告，苏联政府还不知道事情真相。

更重要的是，事故不只是影响到了核设施所在地区所在国家的利益，它越过了国界，波及毗邻国家，引起了别国的慌乱。终于在事件过了差不多一周后，莫斯科接到从瑞典政府发来的信息。此时辐射云已经飘散到瑞典。苏联当局终于明白事情远没有他们想的那么简单。

苏联当局这才匆忙调集了成千上万的救援者到切尔诺贝利，在缺乏设备的情况下，基本上是靠人的手来完成清理工作的，他们当中许多人几秒钟之内便吸收了常人一生遭受的辐射剂量。政府随后为所有受伤者提供了紧急医疗救护。

同时，一个专家组甚至开始用军用直升机投放硼、白云石、沙子、黏土、铅的混合物来覆盖毁坏的反应堆，才终于将反应堆的大火扑灭，同时也控制住了辐射。

专家对30千米以内和30千米范围以外的水体底部沉积物中放射性同位素含量组织了监测。为制止该电站第4机组废墟中残留的核燃料扩散，有关单位用厚厚的混凝土堆造了一个有复杂通风系统的多层大型建筑物，把第4机组的全部设施埋在其中，这个建筑物成了"石屋"。

2000年11月，乌克兰政府宣布整个切尔诺贝利发电厂停止发电，永远不再运作。

这次核泄漏事件，使土地、水源被严重污染，成千上万的人被迫离开家园。再加上苏联政府对切尔诺贝利危机的迟缓应对，竟然让成千上万的救援者没有任何防辐射设备就冲到前线，令死亡和受伤害人数更加扩大。10年后，放射性仍在继续威胁着白俄罗斯、乌克兰和俄罗斯约800万人的生命和健康，有超过20万人死于与辐射有关的疾病。专家们说，消除切尔诺贝利核泄漏事故后遗症需800年。

◎智慧解码

这场灾难缘于反应堆设计缺陷、运行操作人员严重违反安全规程、有关人员缺少必要的安全知识、缺乏必要的核事故应急准备等等，说是人祸亦不为过。核能可以造福众生，也可以为祸人间，是福是祸，最终取决于人。那些令人或悲伤或动容的故事，其实都是在告诉我们两个词——安全与责任。当人们拿起核能这把双刃剑时，请不要忘记切尔诺贝利那无言的诉说。

军事篇

JUNSHI PIAN

在人类历史长河中，大大小小的战争持续不断，构成文明发展史上的一个独特篇章。

战争分为正义战争和非正义战争，这是由进行战争的政治目的决定的。正义战争包括：农民革命战争、阶级解放战争、民族解放战争、反侵略战争、自卫战争等。正义战争为人民利益而战，对社会发展具有巨大推动作用。与此相反，非正义战争则把人民推向灾难，违背了人民根本利益和社会发展方向。

战争是利益冲突的表现，是综合实力的较量，同时也是指挥者智慧的角逐。每一次战斗，就是一次危机。要么消灭敌人，要么被敌人消灭。能不能化解危机、赢得战争，就看军事指挥者的智慧和本领。《三国演义》中，诸葛亮运用"空城计"；现代战争中，毛泽东主席指挥红军"四渡赤水"，都展示了高超的战争指挥艺术。古往今来，战场上的奇谋妙策如锦绣文章，柳暗花明，一波三折，使人回味无穷。即使在未来信息化作战条件下，战争艺术仍具有极其重要的地位。

古人云："运用之妙，存乎一心。"这"妙"字就是指灵活性，是在"千古无同局"的某一次战场上体现出来的最优决断。两军交战，是双方力量的争斗，更是智力、勇气的较量。战场上最重要的原则，就是不讲原则；最根本的规则，就是不按规则出牌。决定胜负主要看哪一方能够打破原则的束缚，反常用兵，出奇制胜。综观战争实践，那些杰出的军事艺术家们，绝不是照搬照抄原则的人，而大都是活用原则，打破常规的典范。因敌、因时、因地、因情而设计用谋、用兵、用术、用技，乃是克敌制胜的不二法宝。

无论战争艺术多么神奇，制止战争、永不流血才是我们的最终追求。中国古代兵圣孙武，以卓越的智慧提出："百战百胜，非善之善者也；不战而屈人之兵，善之善者也。""不战而屈人之兵"的精髓在于"屈"，即让敌人的对抗意志屈服，把战略推向了一个全新境界。当然，我们更期待人类没有战争、没有杀戮，永远生活在欢乐、和平的美好家园。

"折戟沉沙铁未销，自将磨洗认前朝。东风不与周郎便，铜雀春深锁二乔。"诗人杜牧把赤壁之战周瑜取胜的原因归结为东风之便，火攻之计。真实的情况是这样的吗？我们看司马光写的《赤壁之战》，全文用了极大的篇幅写各方的准备、动员、筹划、游说等战前工作，而真正的战斗场面却寥寥几笔便带过了。作者这样安排是有其用意的，赤壁之战的精彩不仅仅是在开战后，决定成败的关键也不单单是"东风之便"，细察其中缘由，尤其是分析曹操的失败之由，更是有着现实的意义。

曹操兵败赤壁

古代战史上的"次级债风波"

东汉末年，诸侯竞起，曹操经官渡之战打败袁绍，207年又北征乌桓，完成了统一北方的大业。建安十三年九月，曹操在当阳长坂坡击溃刘备军队后，刘备退至夏口。曹操乘胜继续南下，沿汉水、长江东进，企图先击歼刘备于樊口，然后顺江而下，兼并东吴。

曹操当时对外宣称率80万大军，而刘备才拥有兵力1.5万人，因此，曹操是抱着必胜的信心来的，丝毫没有把刘备放在眼里。

东吴嗅到了危险的逼近。孙权虽不愿受制于曹操，无奈与曹操相比，自身实力太弱小，东吴全部兵力相加不过7万人。慑于曹军号称80万的声势，东吴阵内主和与主战者都有，孙权在和与战之间犹豫不决。

面对当时严峻的局势，刘备决定联吴抗曹，派诸葛亮赴柴桑游说孙权。原本担心自己孤军抗曹的孙权与刘一拍即合，坚定了抗曹的决心。孙刘随即定下共同抗曹的大计。

孙刘联盟后，实力大增。刘备虽在长坂战败，但仍有一定实力，现在收拢的部队和关羽的水军精兵尚有万余人，刘琦的部队也不下万人，现与东吴的军队联合后，实力相当可观。

周瑜、孔明再三分析："曹操当时占据的北方总共才有300万的人口，减去妇女及老幼病残，实际能够当兵打仗的人大约只有70多万，还有各州郡县的官吏，发展生产的人力等，曹操能有35万军队就是极限了。而据可靠消息，曹操的中原部队只有15万～16万人，新收降的刘表军7万，全部军队合计22万～23万多人。曹军号称80万，实乃唬人也。曹操后方不稳，远征疲惫，不服水土，不习水战，只要善于利用曹军的这些弱点，联合抗曹，定能取胜。"

孙权即命周瑜、程普为左右督，鲁肃为赞军校尉，率领3万精锐水师，与刘备军会合约5万，进驻夏口。

而曹操凭恃军威，骄纵轻敌，拒绝谋臣谏议，亲统大军水陆并进，直逼江南。孙刘联军自夏口溯江而上，与曹军相遇于赤壁。

曹军旌旗耸立，沿江布阵，绵延数十里，大有将东吴一口吞下的意味。

曹军以步骑为主，面临大江，立刻失去优势，新编及新附荆州水军，战斗力较弱，又遭瘟疫流行，以致军态不佳，退于长江北乌林。

周瑜发现曹操水军的指挥官是刘表手下归降曹操的蔡瑁、张允，这两人"深得水军之妙"，是东吴破曹的主要障碍，于是巧使反间之计，一封东吴来信，让曹操误以为蔡、张二人暗通东吴，曹操杀了蔡、张二将。

曹操与孙刘联军夹江对峙。为减轻江上风急浪颠，曹操采用庞统的建议，用铁链和木板连接战船，犹如城堡，使步骑兵可在船上驰骋，以利攻战。

周瑜鉴于敌众己寡，意欲谋攻，以求速战，遂采纳黄盖提出采用火攻的计谋。针对曹军连环战船，黄盖派人给曹操送伪降书，并与曹操事先约定投降时间。

之后按照与曹操约定的日期，黄盖率蒙冲斗舰10艘，满载易燃的枯草干柴，灌以油脂，外用布幕围住，上插与曹操约定的旗号。另备速度快的走舸，系于蒙冲斗舰之后，以便纵火后官兵换乘撤离。时值东南风急，黄盖领战船扬帆直驶曹军水寨。曹军官兵见黄盖来降，"皆延颈观望，指言盖降"，毫无戒备。联军战船接近曹营时，黄盖遂令点燃柴草，"同时发火，火烈风猛，船往如箭，烧尽北船，延及岸上各营。顷之，烟炎张天，人马烧溺死者甚众"。在南岸的孙刘联军主力船队乘机擂鼓前进，横渡长江，大败曹军。

曹操见败局已无法挽救，当即自焚余船，引残军余将退走。

赤壁之战，曹操自负轻敌，指挥失误，加之水军不强，终致战败。孙权、刘备在强敌面前，冷静分析形势，结盟抗战，扬水战之长，巧用火攻，创造了中国军事史上以弱胜强的著名战例。

赤壁战后，曹操退回北方，再无力南下。刘备通过这次战争也乘机占据荆州大部。稍后又夺得刘璋的益州。孙权据有江东，形成了魏、蜀、吴三国鼎立的割据局面。

◎ 智慧解码

《中国经济周刊》有一篇文章把曹操的失败同"次级债风波"相类比。文章认为曹操打败袁绍后的兵强马壮有点像美国经济的一枝独秀；而曹操及其谋士的志得意满、神经麻痹则像格林斯潘有失审慎的宽松货币政策；遭火攻后的兵败如山倒则是"银行挤兑"式的博弈均衡恶化。在信任匮乏的条件下，本来可能无关痛痒的"次级债风波"迅速变成了美国经济乃至世界经济的"不可承受之轻"，这就有些像曹操最后的败走华容道一样……

如此说来，也正应了那句话："一切历史都是当代史。"聪明的人善于在历史的灰尘中找到通往现实生活的解题钥匙。

淝水之战，是军事史上一场以少胜多、以弱胜强的典型战例，在记载这场持续时间并不很长，攻防态势也并不十分复杂的战斗的有关典籍中，却产生了诸如"投鞭断江""草木皆兵""风声鹤唳""踉踉跄跄"等多个成语，这在中国战史上是不多见的，那么，这到底是一场怎样的战斗呢？

淝水之战

一场被"做空"的战斗

公元383年8月，秦王苻坚亲率步兵60万、骑兵27万、羽林郎（禁卫军）3万，共90万大军从长安南下，同时，苻坚又命梓潼太守裴元略率水师7万从巴蜀顺流东下，向建康进军，企图一举消灭东晋政权。

当时东晋全国人口估计也就是三四百万左右，打仗的士兵不过十来万人。看到苻坚这100万人浩浩荡荡开来，很多人都吓破了苦胆。单从兵力上讲，东晋必亡无疑。

东晋王朝在强敌压境，面临生死存亡的危急关头，以丞相谢安为首的主战派决意奋起抵御。经谢安举荐，晋孝武帝任命谢安之弟谢石为征讨大都督，谢安之侄谢玄为先锋，率领训练有素、有较强战斗力的"北府兵"8万沿淮河西上，迎击秦军主力；派胡彬率领水军5000增援战略要地寿阳（今安徽寿县）。又任命桓冲为江州刺史，率10万晋军控制长江中游，阻止秦巴蜀军顺江东下。

10月，苻融的前锋部队30万人渡过淮河，攻占了寿阳城，又把东晋军队胡彬围困于硖石，又派出一个五万人的军团驻扎在东边的洛涧，以阻止东晋援军救助胡彬。

当时苻坚的主力部队还在源源不断地朝东晋方向开拔。

面对兵力雄厚的前秦，谢石不敢轻举妄动，计划固守，打持久消耗战。

苻坚一到寿阳，立即派原东晋襄阳守将朱序到晋军大营去劝降。朱序到晋营后，不但没有劝降，反而向谢石提供了秦军的情况。他说："秦军虽有百万之众，但还在进军中，如果兵力集中起来，晋军将难以抵御。现在情况不同，应趁秦军没能全部抵达的时机，迅速发动进攻，只要能击败其前锋部队，挫其锐气，就能击破秦百万大军。"谢石起初认为秦军兵力强大，打算坚守不战，待敌疲惫再伺机反攻。听了朱序的话后，认为很有道理，便改变了作战方针，决定转守为攻，主动出击。11月，谢玄派遣勇将刘牢之率一支精兵奔袭洛涧。秦军在突袭下惊慌失措，勉强抵挡一阵，就土崩瓦解。

洛涧大捷，极大鼓舞了晋军的士气。

由于秦军紧逼淝水西岸布阵，晋军无法渡河，只能隔岸对峙。

谢玄就派使者去见苻融，要求速战速决，请苻坚"稍微往后退一下军，腾出点地方，让小的们好好打一架"。

秦军诸将都表示反对，但苻坚认为可以将计就计，让军队稍向后退，待晋军半渡过河时，再以骑兵冲杀，如此秦军以逸待劳，就可以取得胜利。苻融对苻坚的计划也表示赞同，于是就答应了谢玄的要求。因此，苻坚下令军队后撤。

眼见得战斗就要打响，秦军中那些头回出远门的新兵惊怕起来。加上洛涧刚吃过一次败仗，士气低落。结果这一后撤就失去控制了，有人想趁机溜走，顿时阵势大乱。一场大混乱随即爆发。

谢玄率领8000多骑兵，趁势抢渡淝水，没有遭到任何抵抗。展现在他们面前的，是秦军四处乱跑，互相践踏的喜人景象。于是他们在后面猛追。

朱序则在秦军阵后大叫："秦兵败矣！秦兵败矣！"秦兵信以为真，更是转身竞相奔逃。

苻融眼见大势不妙，急忙骑马前去阻止，以图稳住阵脚，不料战马被乱兵冲倒，他也被晋军追兵杀死。失去主将的秦兵越发混乱，彻底崩溃。

前锋的溃败，引起后续部队的惊恐，也随之溃逃，形成连锁反应，结果全军溃逃，向北败退。秦兵人马相踏而死的，满山遍野，充塞大河。

苻坚本人也中箭负伤，只身逃回洛阳。

◎智慧解码

东晋军队的胜利，主要的因素归结起来，就是：临危不乱，从容应敌；君臣和睦，将士用命；主将有能，指挥若定等。而最被后人所称道的就是，谢玄他们以智激敌，要求秦军稍微后撤，让出点地方来决战，并在秦军中制造混乱，然后乘隙掩杀。这是《孙子兵法》中"乱而取之"在实践中的具体运用。换成股票上的术语来说，秦军之败，败在被晋军和间谍等"做空"。

1449年，明英宗仓促亲征抗击也先南侵，结果在土木堡被围。史称土木堡之变。土木堡之变，使得明朝出现了两位天子。原本宫廷政治中最不可能出现的"天有二日"局面的出现，非但没有引起混乱，反而使明王朝成功抵抗了蒙古瓦剌军的侵犯。

土木堡之变与北京保卫战

不能让敌人有勒索的可能

瓦剌是居于漠北的蒙古族三部之一。

明朝时，也先统治瓦剌，自称淮王。他梦求再现大元一统天下的局面，于是东征西讨，锋芒直指中原的明朝。

1449年初，也先遣使2000人向明朝贡马，诈称三千，希图冒领赏物。明廷按实际人数给赏，并削减了马价。也先闻悉大怒，7月分四路大军进攻明朝，自己亲率人马攻打大同。

时太监王振专权，他唆使英宗亲征，众臣劝阻无效。8月初，英宗带领50万大军前往大同迎战，刚至大同，王振听说前方军马接连失败，急忙退兵至四面环山的土木堡（今河北怀来境内），被也先追至，瓦剌军四面围攻。加之土木堡地高无水，将士饥渴疲劳，死伤过半。

英宗被俘，史称"土木堡之变"。英宗被俘之后，大明王朝处于生死存亡的关头。败讯传到京师，举朝震恐，文武百官聚集在殿廷上号啕大哭。

瓦剌俘虏明英宗，便大举入侵中原。并以送英宗为名，令明朝各边关开启城门，乘机攻占城池。10月，攻陷白羊口、紫荆关、居庸关，直逼北京，企图占取明都城京师，迫明投降。

在于谦等人的提议下，皇太后命英宗的弟弟朱祁钰监国，召集群臣，共商国是。有大臣提出南迁都城。兵部侍郎于谦极力反对迁都，要求坚守京师，并诏令各地武装力量勤王救驾。随后，于谦调河南、山东等地军队进京防卫，于谦主持调通州仓库的粮食入京，京师兵精粮足，人心稍安。

8月，于谦升任兵部尚书。

为了进一步稳定人心，明廷将王振抄家灭族，人心大快，主战派的正气得到伸张。

9月，朱祁钰即皇帝位，是为景帝，遥尊英宗为太上皇。此举使瓦剌借英宗要挟明廷的阴谋破产，具有重要的政治意义。

10月初，瓦剌军分三路大举进攻京师。东路军2万人从古北口方向进攻密云；中路军5万人从宣府方向进攻居庸关；西路军10万人由也先亲自率领，挟持英宗挥师南下，直逼北京。

明景帝令于谦全权负责守战之事。于谦分遣诸将率兵22万，于京城九门之外列阵，并亲自与石亨在德胜门设阵，以阻敌人前锋。13日，于谦派骑兵引诱也先，也先率数万众至德胜门时，明朝伏兵冲出，神机营火器齐发，将也先兵马击溃。

也先又转攻西直门，城上守军发箭炮反击，也先又败。京师之围解除。而进攻居庸关的5万瓦剌军也被明军击退。也先害怕时间久拖，明朝各地援军云集，断其归路，遂于10月15日夜下令北退。至11月上旬，瓦剌军退出塞外，京师围解。

也先退走后，声言要送英宗回朝。明廷内部出现了议和妥协的苗头。于谦沉着谨慎，指出也先的阴谋在于借此向我索取财物，申戒各边镇将帅要一如既往地做好防御工作。

也先在1450年的几次侵扰边塞均被明军击退。

为了加强京师的防卫力量，于谦又对京军三大营进行了改编。明朝边疆和京师防守力量的增强，使也先无隙可乘。

也先利用英宗进行诱降、胁迫、反间的政治阴谋一次次被明朝识破。

在万般无奈之下，为了恢复与明朝的通贡和互市，也先于1450年8月无条件将英宗送回北京，恢复了与明朝的臣属关系。

◎智慧解码

《孙子兵法》里说："善战者，先为不可胜，以待敌之可胜。不可胜在己，可胜在敌。故善战者，能为不可胜，不能使敌之可胜。""先为不可胜"就是通常说的"立于不败之地"，这是军事上的一条重要原则。它是争取胜利的前提，也是避免失败的条件。于谦在京师保卫战中，就是成功地采用了"先为不可胜"的战略原则而获得大胜。

他根据"先为不可胜"原则，采取了一系列保卫京师的措施：一是将王振抄家灭族，使主战派的正气得到伸张；二是拥立英宗的弟弟称帝，以稳定政局，使也先"挟天子以令诸侯"的阴谋落空；三是采取了一系列的防御和抗击措施。这些措施中，最能体现其智慧和魄力的当属拥立英宗的弟弟为帝，这在当时的环境下是最能破除也先要挟明廷阴谋、同时又是最难决策的事，稍有不慎即有可能招来"犯上"之罪，甚至杀身之祸，但于谦以"粉骨碎身浑不怕"的精神，促成了这件事，为"先为不可胜"增添了一根大保险丝。

在毛泽东的军事生涯中，有几次率军大撤退的经历，最早的当属1927年秋收起义后的移师井冈山；其后是1934年的长征，那是一次战略大转移；再后来有1947年的转战陕北，主动撤离延安。这三次都是撤退，但毛泽东的伟大之处在于，他每每在撤退中取得了巨大胜利。在秋收起义中，当部队进到三湾时，他进行了具有历史意义的"三湾改编"，使一支被失败情绪笼罩的部队获得了新生，而且当时他提出的"支部建在连上"也成为人民军队重要的建军原则。

三湾改编

人民军队的新生

1927年9月9日，毛泽东在浏阳、平江一带领导的秋收起义失利，会攻长沙的原定计划也流产。各路前来进攻长沙的起义部队都受到了很大损失，5000多人的部队只剩下了2000人左右。一种失败的情绪笼罩着整个部队。

许多知识分子和军官出身的人，看到失败似乎已成定局，纷纷不告而别。有些小资产阶级出身的共产党员，也在这时背弃了革命，走向叛变或者消极的道路。那时，逃亡变成了公开的事，投机分子互相询问："你走不走？""你准备上哪儿去？"

且暴动时，只是各路地方武装部队相约进攻长沙，来不及对各路人马进行集中整训教育，而起义部队中的军官大多是从旧军队过来的，残存的旧军阀主义习气较为严重，随意打骂士兵的现象经常发生。秋收起义前，军官每顿饭都是四菜一汤，士兵则是简单便饭，官兵待遇极不平等。这种不平等的待遇在士兵中形成了逆反心理，使官兵之间分成了截然不同的两个阵营，这种情形直接影响了官兵之间的团结和部队的战斗力。

一场严峻的考验降临在新生的共产党头上。革命到了生死关头。

毛泽东决定先稳定军心，保存住革命的有生力量。9月29日，部队到达永新县三湾村。为了尽快扫除军队中的一切不良制度和习气，毛泽东主持召开了前委扩大会议。三湾改编的主要内容是：第一，把人数不多的部队由一个师缩编为一个团，称工农革命军第1军第1团。第二，针对当时部队中存在的军阀主义作风严重的问题，在部队内部实行民主制度，官兵平等，待遇一样，规定官长不准打骂士兵，士兵有开会说话的自由，连以上建立士兵委员会。第三，把党的支部建在连上。

三湾改编后，支部设在连上，剔除了顽固分子、不稳定分子，打击了逃跑主义。

三湾改编后，红军连以上都设立了士兵委员会。士兵委员会的任务主要有五项：一是参加军队管理；二是维持红军纪律；三是监督军队经济；四是进行群众运动；五是做士兵政治教育工作。

士委会深受士兵拥戴。这种民主主义制度克服了军阀主义残余，使士兵群众的利益得到了保障，士兵有了当家做主的感觉，革命热情大大地激发起来，对部队建设的责任感也明显加强了。部队中出现了一种官兵一致、上下平等的新型官兵关系。

毛泽东考虑到平、浏地区离长沙太近，敌强我弱，大的部队在这里难以长期立足，便决定放弃占领中心城市的方针，向地势险要、易守难攻、群众基础好的井冈山地区转移。

通过三湾改编，党的组织在部队形成了系统，党支部掌握了基层，党对军队领导的制度得以确立。"红军的物质生活如此菲薄，战斗如此频繁，仍能维持不敝，除党的作用外，就是靠实行军队内的民主主义。红军所以艰难奋战而不溃散，'支部建在连上'是一个重要原因。"这是毛泽东总结井冈山斗争历史经验的一个重要论断，这充分说明了三湾改编时确立的军内民主制度对党和红军建设所做出的巨大贡献。

◎**智慧解码**

要不要对部队进行改编和整训，能不能彻底改变过去那种官兵不平等的现象，不但决定了部队性质，也决定了部队能不能胜任越来越频繁而残酷的战斗。只有让士兵成为部队的主人，部队才能对士兵具有凝聚力，才能把士兵紧紧地团结起来，部队才能迸发出超强的战斗力。

三湾改编是建设新型人民军队的重要开端，提出把"支部建在连上"，在党的建设和人民军队的建设史上，具有里程碑的意义。

逾万名守军被只有500多人的日军击溃，日军几乎未遇到抵抗便占领整个沈阳城，在不到半年的时间内，整个东北三省100万平方千米的大好河山和3000万同胞陷于日寇铁蹄的蹂躏之下。这就是"九一八事变"。九一八事变可能难以预防，但东北三省的快速沦陷却可以预防。蒋介石政府的懈怠，帮助日本撕开了欲望的口子。

九一八事变

"不抵抗"亡了东三省

1921年华盛顿九国会议后，日本开始大规模裁军。职业军人一下变成社会上多余的人，不满的军人开始秘密集会，提出"满蒙生命线"的理论。19世纪末至20世纪前半叶，日本逐步确定了征服世界必先征服中国，征服中国必先征服"满蒙"的战略方针。

1931年9月18日晚，整个沈阳全都进入了沉睡当中。突然，传来一声巨响——这是震撼世界现代史的一响！盘踞在中国东北的日本关东军按照精心策划的阴谋，由铁道"守备队"炸毁了沈阳柳条湖附近的南满铁路路轨。

日军并将3具身穿东北军士兵服装的中国人尸体放在现场，诬陷是中国军队所为。爆炸的同时，日军借口"自卫"，兵分南北两路，向中国军队驻地北大营进攻。

当时，北大营驻守的东北军第七旅毫无防备，被打得措手不及。而事前张学良曾训令东北军不得抵抗，驻守部队并未作出激烈反击。由于执行不抵抗命令，北大营逾万名守军被只有500多人的日军击溃。

9月12日，蒋介石在河北石家庄召见张学良时曾说："最近获得可靠情报，日军在东北马上要动手，我们的力量不足，不能打。我考虑到只有请国际联盟主持正义，和平解决。我这次和你会面，最主要的是要你严令东北全军，凡遇到日军进攻，一律不准抵抗。"事变发生后，国民党政府电告东北军："日军此举不过寻常寻衅性质，为免除事件扩大起见，绝对抱不抵抗主义。"

而正是因为国民党的不抵抗政策，很大地鼓励了关东军和林铣一郎，他们认为这仗不打白不打。张学良在事件爆发后立即向锦州撤军。19日，日军几乎未受到抵抗便占领整个沈阳城。全国最大的沈阳兵工厂和制炮厂连同9.5万余支步枪，2500挺机关枪，650余门大炮，2300余门迫击炮，260余架飞机，以及大批弹药、器械、物资等，全部落入日军之手。仅18日一夜之间，沈阳损失即达18亿元之多。

九一八事变发生后，关东军由于只有1万多兵力，无力攻占东北全境，便向政府请求派遣日本的驻朝鲜军团增援。但若槻首相和陆军大臣协商后，认为冒险系数太大，决定采取不扩大事态的方针，并向驻朝鲜军司令林铣一郎下令按兵待命。但林铣一郎也是狂热的军国主义者，独断地派出3万多人的军队增援关东军，使关东军占领全东北成为可能。

此后，东北各地的中国军队继续执行蒋介石的不抵抗主义。日军更加肆无忌惮，如入无人之境。9月19日，日军先后攻占四平、营口、凤凰城、安东等南满铁路、安奉铁路沿线18座辽宁、吉林两省的主要城镇。长春亦随后失守。东北军部队多次接受不准抵抗的训令，在日军突然袭击面前，除小部分违反蒋介石的命令奋起抵抗外，其余均不战而退。使日军得以迅速占领辽宁、吉林、黑龙江三省。

九一八事变发生后，蒋介石政府实行彻底不抵抗政策，试图通过外交方式解决问题。9月19日，正值国际联盟召开第十二届大会，出席国联会议的国民党代表施肇基向国联控告日军侵略中国东北领土，请主持公道，并声明：中国完全听命于国联，毫无保留条件。

9月20日，中国共产党中央委员会发表《为日本帝国主义强暴占领东三省事件宣言》，谴责日军侵略。随后，又作出《关于日本帝国主义强占满洲事变的决议》，向全党指出"立刻发动与组织广大工农群众反对日本帝国主义占领满洲"是党的中心任务，特别在满洲应组织武装力量，"直接给日本帝国主义以严重打击"，声讨日本法西斯的侵略罪行，揭露蒋介石国民党的不抵抗政策，号召全国人民奋起抗击日本侵略者。

但国民党奉行"攘外必先安内"，依旧对日示弱，而对要求抗日的民众进行军事打击。

日军乘机攻占了更多的城市。在不到半年的时间内，整个东北三省100万平方千米的大好河山和3000万同胞陷于日寇铁蹄的蹂躏之下。

◎智慧解码

九一八事变前，中国军队毫无警觉；事变后，东北军在接受了避免冲突的命令后，没有做抵抗就扔下几乎全部的辎重和装备各自突围，向锦州和山海关方向集结，最终导致了一周丢失辽宁大部和吉林全部的悲惨局面。从清朝末年以后，中国还从来没有不做抵抗就全军逃跑的情况。鸦片战争、北洋水师、北伐军济南事变，虽然最终都是惨败，但是都还进行了相当的抵抗。九一八事变开了中国历史的先例，这是民族的悲剧。

 毛泽东作为一位军事统帅，指挥战斗战役无数，最精彩的莫过于三大战役那样的鸿篇巨制，但是，毛泽东自己说过，他军事生涯中感到最得意的还是指挥四渡赤水。

"四渡赤水出奇兵"，红军在十倍于自己的国民党几十万大军中往来穿梭，如入无人之境，牢牢地掌握了战场的主动权，并最终演出了佯攻贵阳，威逼昆明，巧渡金沙的好戏，使红军摆脱了敌人的围追堵截，与红四方面军在四川懋功地区胜利会师。

四渡赤水
在运动中摆脱围追堵截

181

在中共遵义会议后，为阻止中央红军北进四川同红四方面军会合或东入湖南同红二、六军团会合，围歼中央红军于乌江西北的川黔边境地区，蒋介石急调其嫡系薛岳兵团、黔军全部、滇军主力和四川、湖南、广西的军队各一部，共约150余个团，40余万部队，从四面八方向遵义地区进逼包围。

1月中旬，薛岳兵团两个纵队8个师尾追红军进入贵州，集结于贵阳、息烽、清镇等地，先头已进至乌江南岸；黔军以两个师担任黔北各县城守备，以3个师分向湄潭及遵义以南的刀靶水、懒板凳进攻；川军14个旅分路向川南集中，其中两个旅已进至松坎以北的川黔边境；湘军4个师在湘川黔边境的酉阳至铜仁一线构筑碉堡，防堵红军东进；滇军3个旅正由云南宣威向贵州毕节开进；桂军两个师已进至贵州独山、都匀一线。

在这敌军重重压境的危情险境之中，从创建人民军队之初就在敌人重兵包围中生存的毛泽东，比任何人都更明白敌强我弱意味着什么。红军与国民党军实力悬殊，达到了长征以来之最。从兵力上看，3万对40万；从装备上看，红军自开始长征、突破4道封锁线以来一直打的是消耗战，不仅没有取得大的胜仗、缺乏弹药补给，而且元气大伤。于是，毛泽东等人根据上述危急情况，决定中央红军由遵义地区北上，经四川北渡长江，同红四方面军会合。如渡江不成，则暂时留在川南活动，并伺机从宜宾上游北渡金沙江。

北上方针确立后，中央红军决定痛击正向土城方向前进的尾追川军，打破其堵截企图，为北渡长江创造有利条件。但由于敌情判断失误，红军遇到了空前强大的川军，进攻作战变成了背水作战，土城战役遭遇失利。鉴于敌我兵力悬殊，毛泽东召集政治局几个主要领导人开会，决定改变由赤水北上、从泸州至宜宾之间北渡长江的原作战计划，迅速撤出土城战斗。3军团不得已把所剩的全军最后一门山炮投入了赤水河中。中央红军轻装上路、西渡赤水，摆脱了尾追之敌。这就是一渡赤水。

然而，川敌立即以8个旅分路向红军追截，以4个旅沿长江两岸布防；薛岳兵团和黔敌也从贵州分路向川南追击；滇敌3个旅正向毕节、镇雄急进，企图截击红军。情况危急，为了避敌锋芒，毛泽东等人决定，暂缓实行北渡长江的计划，改向川黔滇三省边境敌军设防空虚的扎西地区。这时敌人判断我军将北渡长江，除向宜宾段各主要渡口增兵外，又调滇军和川军潘文华部向扎西地区逼近，企图对我军分进合击。

利用敌人的错觉，毛泽东指挥部队出其不意地回师东进，折回贵州。于2月18、19两日二渡赤水河，打了敌人一个措手不及，取桐梓，夺娄山关，再占遵义城，歼灭王家烈8个团和吴奇伟纵队2个师。遵义地区的这次作战，是中央红军战略转移以来取得的一次最大的胜利，极大地鼓舞了士气，打击了敌人的嚣张气焰。

遵义大捷后，蒋介石于3月2日急忙飞往重庆，亲自指挥对红军的围攻，企图采取堡垒与重点进攻相结合的战法，南守北攻，围歼我军于遵义、鸭溪这一狭窄地区。我军将计就计，伪装在遵义地区徘徊寻敌，以诱敌逼近，然后再转兵西北，寻求新的机会。并于3月16日至17日，从茅台镇三渡赤水河，进入川南，并作出北渡长江的态势。

之后毛泽东针对蒋介石向川南集结，以图阻止红军渡过长江与四方面军会合的作战部署，作出调动滇军主力，假道云南，巧妙渡过金沙江，甩掉几十万敌军的围追堵截的战略决策。以一小部分军队吸引敌军，主力则快速行动回师东进，于22日，第四次渡过赤水河，再次折回贵州境内。

28日，红军穿过鸭溪、枫香坝之间的敌碉堡封锁线，直达乌江北岸。29日夜，顺利地攻占了渡口，至31日，除红9军团于乌江北岸继续牵制敌人外，红军主力向南全部渡过了乌江，巧妙地脱离了敌人的包围圈。

◎ **智慧解码**

四渡赤水的核心在于高度灵活机动的运动战战术，在于敌变我变、避实击虚。在一百多天的四渡赤水过程中，红军的作战方向屡次变更，这与红军长征初期不顾敌情一味死打硬拼形成了鲜明对比。四渡赤水之后，第五次反"围剿"以来被动挨打的局面结束了，战略转移中的主动权又回到了红军手中。

毛泽东之所以成为伟大的统帅，就在于他的军事指挥从来都不墨守成规，从来都不恪守固定的计划，敢于并且能够修正被实战证明是不可行的计划，在极度不利的局面下，变被动为主动。

这一段把消灭敌人和保存自己都发挥到极致的战斗历程，就连蒋介石也不得不承认："红军从四渡赤水，佯攻贵阳、昆明至巧渡金沙江，一环接一环，环环相扣，毛泽东实在高明，堪称大手笔。"

抗美援朝是一个以弱胜强、以少胜多的奇迹。我们常常惊叹中国人在这场战争中的勇敢。

一个刚成立的人民共和国，居然打败了美国这个气势汹汹、不可一世的世界头号强国。这是中国自鸦片战争以来最为扬眉吐气的一场战争，它一扫中国近代历史上的耻辱，彻底改变了中国的国际形象。直到多年后的今天，抗美援朝仍然是我们民族最可宝贵的精神财富。

抗美援朝

为保家卫国英勇出击

1950年6月25日，朝鲜战争爆发。美国为了维护其在亚洲的地位，立即以联合国安全理事会的名义，发动并指挥各国部队出兵干涉。杜鲁门命令美国驻远东的海、空军参战，支援韩国国军，命令美国海军第7舰队侵入中国台湾海峡。美国的动机决不限于解决朝鲜问题，而是针对中国和苏联的地缘攻势。

6月28日，中华人民共和国政府总理兼外交部长周恩来发表声明指出：杜鲁门27日的声明和美国海军的行动，乃是对于中国领土的武装侵略，对于联合国宪章的彻底破坏。

7月13日，中央军委作出《关于保卫东北边防的决定》，抽调第13兵团及其他部队共25.5万余人，组成东北边防军。后又调第9、第19兵团作为二线部队，分别集结于靠近津浦、陇海两铁路线的机动地区。

9月15日，"联合国军"在仁川港登陆。10月1日，美军越过北纬38°线（简称"三八线"），企图迅速占领整个朝鲜。19日攻占平壤。朝鲜军民被敌军挤压到了中国边境上。边境上的中国百姓开始惶恐起来。美国出兵侵略朝鲜，严重威胁了中国的安全。

10月8日，朝鲜政府请求中国出兵援助。

10月19日，中国人民志愿军在司令员兼政治委员彭德怀率领下，跨过鸭绿江，开赴朝鲜战场。

志愿军入朝后，在开进中发现美国为首的"联合国军"及其指挥的韩国国军前进甚速，且"联合国军"尚未发现志愿军入朝参战。乘此机会，10月25日，志愿军发起第一次战役，挫败了"联合国军"企图在感恩节（11月23日）前占领全朝鲜的计划，初步稳定了朝鲜战局。之后，"联合国军"又兵败于西部战线的清川江两岸和东部战线的长津湖畔，被迫弃平壤、元山，分从陆路、海路退至"三八线"以南。

战争继续进行。在一个幅员狭小的战场上，战争双方投入大量兵力、兵器。经过7个多月的军事较量，美国政府已认识到如将主要力量长期陷于朝鲜战场，则对其以欧洲为重点的全球战略极为不利；加上国内外反战情绪日益高涨，因此决定转入战略防御，准备以实力为基础，同中朝方面举行谈判，谋求"光荣的停战"。

中朝方面也深感在技术装备上仍处于劣势，要想在短时间内歼灭敌人的重兵集团是有困难的。

1951年7月26日，停战谈判讨论军事分界线问题时，美国竟企图以军事进攻迫使朝中方面就范。战争进入了长达两年多的边打边谈的局面。

从此，政治斗争、军事斗争交织进行，复杂尖锐，两军较量异常激烈。

由于中朝军民的顽强抵抗，美国在战略战术上总不能取胜，杜鲁门甚至临阵换将，撤了麦克阿瑟的职，任命李奇微为"联合国军"总司令，但依然无济于事。

战场上的多次失利，迫使"联合国军"彻底放弃进行军事冒险的计划，再次恢复中断了的停战谈判。

1953年7月27日，战争双方在朝鲜停战协定上签字。至此，历时2年零9个月的抗美援朝战争宣告结束。

抗美援朝的胜利，沉重打击了美帝国主义的侵略气焰，为新中国的经济建设和社会改革创造了相对安定的国际环境，巩固了新生的人民政权，提高了中国的国际地位和国际威望。

◎智慧解码

在这场战争中，美国将其陆军的三分之一、空军的五分之一、海军近半数的兵力投入到朝鲜战场，使用了除原子弹以外的所有现代化武器。战争双方武器装备优劣相差悬殊。美国是资本主义世界最大的工业强国，美军具有第一流的现代化技术装备，掌握着制空权和制海权，实行现代化诸军、兵种联合作战。中国经济落后，志愿军武器装备处于明显劣势，基本上是靠步兵和少量炮兵、坦克部队作战。后虽有少量空军，也只能掩护主要交通运输线。然而美国却遭到失败，中国取得了胜利。

因为美国进行的是非正义的侵略战争，失道寡助，内部矛盾重重。中朝人民军队所进行的是正义的反侵略战争，得到了中朝人民的全力支持和全世界爱好和平人民的支持，有巨大的政治优势。

志愿军取得战争胜利的另一原因是，我们有中国共产党和毛泽东主席的正确领导，坚持按照一切从实际出发、实事求是的思想路线指导战争。高度的国际主义和爱国主义精神，顽强的意志和无比的勇敢和智慧，使志愿军和朝鲜人民军战胜了许多困难，最终让美国在停战协定上签字。

拿破仑在战争史上所创造的奇迹为人类战争史增添了不少精彩篇章，奥斯特里茨之战也是拿破仑的代表作之一。因参战方为法国皇帝拿破仑·波拿巴、俄国沙皇亚历山大一世、奥地利皇帝弗朗西斯二世，所以又称"三皇之战"，它是世界战争中的一场著名战役。73000人的法国军队在拿破仑的指挥下，在奥斯特里茨村（位于今捷克境内）取得了对86000俄奥联军的决定性胜利。第三次反法同盟随之瓦解，奥地利皇帝也被迫取消神圣罗马帝国皇帝的封号。

奥斯特里茨大捷

勇猛灵活多机变

1805年10月，拿破仑取得了乌尔姆会战的胜利，但法军在奥地利前线面临的情况并不是真正有利的。因为库图佐夫率领的4.5万俄军先头部队，已经穿过奥地利，进到了奥国。途中又汇集了陆续败退下来的奥军部队，形成一支颇具实力的劲旅。因为乌尔姆失守，这支俄奥联军进到因河以后立即停驻下来，企图凭借有利地形组织防御，阻止法军向维也纳进攻。而在该军后面跟进的另一支俄军由亚历山大亲率，也正往这边开进。卡尔大公指挥的奥军也正从意大利往国内撤退，其目的不言而喻。还有，在乌尔姆要塞被围之前进到弗赖堡的一支大约6000人的奥军，也已经同库图佐夫会合。如果这几支军队会合起来，或者同时配合作战，那么，法军必将陷入非常艰难的境地。

除此之外，还更为严重的是：十几万普军正在向奥地利边境开进，准备加入第三次反法联盟。这样一来，形势便日益紧张了。如果十几万普军越过了鲁特山脉，在法军背后投入战斗，那么，法军就将受到俄奥普三国军队的联合攻击。拿破仑清楚地意识到，要取得胜利，无论如何必须在普鲁士参战以前彻底击败俄军，摧毁第三次反法联盟中这根重要支柱。

11月21日，拿破仑率领缪拉、拉纳和苏尔特三个军进驻奥斯特里茨，他要把俄奥联军引进他亲自选定的这个战场，以一个漂亮的歼灭战彻底打破目前所面临的困境。

12月1日，拿破仑作出了最后的部署：

左翼由拉纳的第五军（13000人）镇守北面的桑顿山，缪拉亲王的5600名骑兵预备军在后支援。波拿道特的第一军也将在这一线发起攻击。

南方的塔尔尼兹村和索科尔尼兹村是拿破仑故意暴露出来的右翼，吸引联军进攻。这一侧仅由苏尔特军的一个师12000人把守，师长列格朗。达武的第三军将在第二天凌晨抵达增援。

苏尔特军余下的两个师（范达姆师和圣海拉尔师）则潜伏在战场中央，一旦联军主力都被吸引到南方，就一举攻下普拉钦高地，切断联军两翼的联系。

12月2日凌晨6点，战斗打响了。

联军在弥漫的大雾中开始移动。激战首先在南线爆发，基恩米亚率领5000奥军组成的左翼前锋部队进攻塔尔尼兹村，与法军展开反复争夺战。

伦格朗指挥的第二纵队（俄军12000人）和普雷斯比斯维斯基指挥的第三纵队（俄军10000人）也先后投入了对索科尔尼兹村的进攻。索科尔尼兹村在联军和法军中反复易手，战斗很激烈。

在北线，巴格拉季昂指挥的13000名右翼前锋部队和利希顿斯坦因的4600名奥地利骑兵对桑顿山发动了数次猛烈的攻势，但在法国步兵、骑兵和炮兵的协同防守下，都被打退。

在南线和北线展开激战的同时，普拉钦高地上也逐渐漫布了血腥的味道。苏尔特军的范达姆师和圣海拉尔师（共16000人）乘着浓雾的掩护，推进到普拉钦高地脚下静静潜伏，等待着进攻的信号。

上午8点半，南翼的进攻遭受挫折，按捺不住的亚历山大便命令普拉岑高地上的第四纵队的24000名俄奥联军放弃阵地，前去增援南翼的联军。至此，南线已吸引了超过5万人的联军主力。正如拿破仑的预料一样，中央的普拉钦高地变得兵力空虚。

上午9点，拿破仑对苏尔特下达了进攻的命令。红日终于透出云层，蛰伏已久的法军范达姆师和圣海拉尔师的精锐士兵敲着鼓点，挺着刺刀，一举冲上普拉钦高地。

上午10点30分，拉纳和缪拉发动反击，一举将联军赶出北方战场。

自此大局已定，随后的战斗就没有悬念了。下午2点，法军从高地南面开下，普拉钦高地上尸横遍野，联军的溃败已成不可逆转之势。奥斯特里茨战役以法军的辉煌胜利告终。

弗朗西斯二世、奥地利分别和法国会谈和约，第三次反法同盟正式瓦解，拿破仑成为欧洲的霸主。

◎智慧解码

奥斯特里茨之战是拿破仑一生中最辉煌的军事胜利之一，它充分显示出他作为一名统帅在调兵遣将方面的卓越才能——诱敌深入、速战速决、分散强敌、各个击破——无论哪招，他都做得十分完美。

此战役后，奥地利被迫无条件投降，沙皇军队也背负着耻辱撤回本土，法国随后成为中欧的主宰，并自此号称为法兰西帝国。就拿破仑个人而言，他已攀升至命运的巅峰。

据说，拿破仑被流放到圣赫勒拿岛的时候，看到了一本中国的《孙子兵法》。他大声慨叹说，如果能早一点看到这本书，就不会遭到如此的惨败了！所向无敌的拿破仑遭到的是什么惨败，以致落到如此命运，又发出如此感叹呢？这事得从滑铁卢之战说起。

滑铁卢之战

合纵之力斗强敌

　　当一代雄主拿破仑被迫退位并被放逐到厄尔巴岛后，被他奴役了多年的欧洲各国都以为：历史已经翻开了新的一页，属于拿破仑的时代已经像风一样过去了，自此可安枕无忧了！但他们错了。

　　1815年间，各国君主在维也纳轻松地举行着会议，冷不防飞来了一条条令人心惊肉跳的消息："拿破仑，这头被困的雄狮自己从厄尔巴岛的牢笼中闯出来了。他率领1000余名士兵偷渡回国，在戛纳上岸，沿途守军纷纷重新聚集在他的鹰徽旗下"，"拿破仑赶走了国王"，"军队又都狂热地举着旗帜投奔到他那一边"，"他恢复了对法国政府和军队的控制，重登皇位！"

　　像一枚枚嗖嗖的炮弹般，每一条消息都令欧洲各国惊骇不已。恍若死神就要突临一般，他们立即取消了所有活动，紧急研讨应对措施。

　　欧洲列强不甘坐以待毙，英、俄、普、奥匆匆组成第七次反法同盟，急急忙忙抽调出一支英国军队、一支普鲁士军队、一支奥地利军队、一支俄国军队。他们希望趁拿破仑立足未稳，先下手为强，速战速决地赶走这个战争狂人，并彻底击败这个篡权者。欧洲所有的君主们从未这样惊恐万状过。

同盟国拟定分五路大军进攻法国：部署在比利时的布鲁塞尔至蒙斯一线的英荷联军共9.5万人，由英国元帅威灵顿公爵指挥；12.4万名普鲁士士兵在格布哈特·冯·布吕歇尔将军率领下，正准备加入威灵顿的军队，向比利时的沙勒罗瓦以南地区集结；奥意联军7.5万人，由弗里蒙特指挥，集中在意大利北部的法意边境上；由施瓦岑贝格指挥的20.1万奥军集中在莱茵河上游；由巴克莱指挥的15万俄军集中在莱茵河中游。

另外，联军还组织了30万的后备队，总兵力达百万之众。

这五路大军压上法国边境，直接威逼拿破仑。全世界都屏住了呼吸，关注着这里的一举一动，也关注着欧洲的命运。

拿破仑当然不是软柿子，他立即作出一系列举措以瓦解联军，他在短期内募集了一支大约28万人的军队，以对付联军。他决定兵分两路。一路由自己带领进攻在滑铁卢的威灵顿大军；另一路由他手下的大元帅格鲁希带领约三分之一的兵力，去追击布吕歇尔所带领的普鲁士军队。格鲁希从来不惯于独立行事，一旦执掌一方，事实证明他是一个地地道道的"窝囊废"。

6月15日凌晨3时，拿破仑大军的先头部队越过边界，进入比利时。16日，布吕歇尔率领的普鲁士军在林尼遭遇拿破仑，因敌不过拿破仑毕露的锋芒，普军被击败，并向布鲁塞尔撤退。击溃了普军的拿破仑，亲率大军转攻英军。

威灵顿听到布吕歇尔战败，担心孤军作战失利，便迅速撤退到滑铁卢方向。等到拿破仑率领全部法军到达四臂村高地前，威灵顿——这个头脑冷静、意志坚强的对手已在高地上筑好工事，严阵以待。

面对以狼性著称的法军，威灵顿下令只守不攻。他的目的是尽量拖延时间，以等援军到来后，合力攻打拿破仑。威灵顿深知，凭着英军一己之力，是难以战胜拿破仑的，能守住山头就算是胜利。只有合纵之力，才能战胜拿破仑。

法军开始一次次进攻，英军一次次顽强固守，双方陷入了消耗战，双方的军队都已疲惫不堪，双方的统帅也都焦虑不安。双方都知道，谁先得到增援，谁就是胜利者。威灵顿等待着布吕歇尔；拿破仑盼望着格鲁希。

而格鲁希并未意识到拿破仑的命运掌握在他手中，他只是遵照命令去追击普鲁士军。但敌人始终没有出现。最后还是布吕歇尔率领的普军先赶到战场。拿破仑绝望了。

威灵顿下令由守转攻，全线前进。残阳夕照之下，法军血肉横飞，士兵们纷纷逃离战场。拿破仑气数已尽，他无法阻止英普联军的强大攻势。拿破仑的不败神话彻底破灭了。

第二天清晨，一只皇家信鸽衔着报捷信飞进了伦敦的白金汉宫，欧洲各国的君主们此时此刻总算松了一口气。随后，拿破仑被放逐到位于大西洋的偏远的圣赫勒拿岛，于1821年在此逝世。

滑铁卢之战是世界军事史上一场著名的战役。这一战役彻底结束了拿破仑的政治生命，改变了欧洲的历史进程，也从战术、战略的角度给后人留下了许多值得借鉴的经验教训。

◎智慧解码

"滑铁卢"已经成为一个代表失败的名词，解读拿破仑在这场战斗中的得失有多个角度，比如当时的社会格局和人心向背等。其中有一点很直接也很明显的是，墨守成规的格鲁希元帅成了拿破仑的"丧门星"。《孙子兵法》里说，将者，国之辅也，辅周则心强，辅隙则国必弱。选将任将，关系到战争的成败、国家的安危和兴衰，历来为人所重视。

陈毅元帅在谈到淮海战役时，曾说了这样一句话："淮海战役是用独轮车推出来的。"推独轮车的是谁，支前民工也。整个淮海战役中有543万民工参加了运输队、担架队、卫生队等。

与此相类似的一幕是，在著名的敦刻尔克大撤退中，英国民众自发地驾驶着自家的私人船只前往海峡对岸，用这支人类历史上最壮观的船队——"蚁式船队"，运回了差点陷入灭顶之灾的英法联军。

敦刻尔克大撤退

"蚁式船队"创造渡海奇迹

1939年，英国远征军越过英吉利海峡进入它的最大盟国法兰西抗击德军。但在德军的闪电战下，法军防线崩溃，英军只好撤到海岸边最后的狭长阵地——敦刻尔克。

德国的机械化部队立即追赶而来，并把40万英法联军（其中英军34万人）三面包围起来，只剩下英吉利海峡一面的缺口，但这个缺口面对的是大西洋的滔天巨浪。

敦刻尔克是一个地势低平且无险可守的滨海平原，在数量和装备占绝对优势的德军机械化师的围攻下绝对坚持不了几天，34万英国远征军处于生死存亡的关头！

当时英国的军队都去了法国前线，本土几乎没有任何正规军担任守卫。如果英国远征军在敦刻尔克遭围歼，英国本土就成了不设防的土地，德军会长驱直入……摆在英国面前的路只有一条，那就是不惜一切代价把英国远征军从敦刻尔克撤回来。英国战时内阁把计划中的敦刻尔克大撤退称为"发电机计划"。执行"发电机计划"的起始时间是1940年5月26日18时57分。

举世闻名的敦刻尔克大撤退就这样揭开了它壮观的一幕。但执行"发电机计划"遇到了难以克服的困难。首先是没有足够的船只。其次是德军拥有明显的空中优势。再者，几十万大军在短期内从事没有经过充分准备的大规模撤退，骚乱和不守撤退秩序几乎不能够避免。还有，就算有足够的运输船只，敦刻尔克一个港口在短期内也无法吞吐几十万军队，占半数以上的军队得从海滩上船。可大型军舰和运兵船是靠近不了海滩的，士兵无法从海滩直接攀上军舰。

由于上述这些不可克服的巨大困难，从敦刻尔克完成几十万军队的撤退几乎是不可能的。当时英国战时内阁最乐观的估计是撤回4.5万人！

然而，英国的生死存亡就在此一举，再大的困难，也得撤！

5月26日夜间，当渡船不够的消息在英伦三岛传开后，居住在东南沿海的英国民众立即行动起来，自发地驾驶着自家的私人船只前往敦刻尔克。结果人类历史上最壮观的船队——"蚁式船队"出现在敦刻尔克附近的海面上。船队里既有中型运输船舶，也有数量众多的各种小型船只——渔船、游艇、渡船……连摇橹的小帆船也开来了。

"蚁式船队"面临的危险是巨大的：天上是震耳欲聋的德国轰炸机群，水下是德国潜艇的鱼雷和巨炮，海面是像山一样的滔天巨浪。蚁式船队没有任何武装防卫，赤裸裸地暴露在敌方火力的打击之下。但英国民众好像看不到这些，而是像视死如归的勇士一样，一往无前地驶向敦刻尔克，把海滩上等待撤退的英国远征军装载上船。大一点的船只直接驶回英国海岸，小一点的船只则把海滩上的士兵转移到停泊在远处水面的军舰上……为了挽救英国远征军，为了挽救英国的未来，英国人自发地把命豁出去了。这真是人类历史上最为可歌可泣的悲壮景观，人性的光辉在这里集中闪烁，把人类社会的未来照耀得通明透亮……前往敦刻尔克的救援船队在高峰期达到了860艘！

在敦刻尔克撤退回国的34万远征军中，有将近三分之一的部队是由这些私人船队自发冒着猛烈的空袭和炮火从海滩上装载回国的。

当"发电机计划"开始执行时，几十万等待撤退的英军并没有争先恐后地上船逃命，而是秩序井然地实施战略大转移。

那些实力最强的战斗师前去坚守阵地，抗击德军的围攻，在战斗中损失较大的部队率先登船撤离。

在前线担任掩护和警戒的部队在没有接到撤退命令之前，一直在用生命捍卫着那条最后的防线，不让德军前进一步，使预计两天就可突破的阵地一直坚持了九天！

与此同时，奉命驾机掩护英军撤退的英国皇家空军在遇到四倍于己的德国战斗机群时，英国空军毫无畏惧，一个个像拼命三郎一样冒死冲入德国机群，跟数量占绝对优势的德国战斗机死拼硬打。很多德军飞机在惊慌失措之际被击落，结果只有少数的德机逃过英国空军的截击前往英吉利海峡上空执行轰炸任务。

最后的结果是：从5月26日夜至6月4日凌晨的8个白昼和9个黑夜中，英国成功地从敦刻尔克撤退了34万军队！！！

敦刻尔克大撤退取得了辉煌的胜利，并作为战争史上的奇迹而载入人类史册。

◎**智慧解码**

人心齐，泰山移。敦刻尔克近34万英法联军在这里奇迹般地逃脱了德军的三面重围，回到英国本土，从而为英国后来的反攻保存了实力。英国人在关键时刻表现出来的高贵品质和爱国主义、集体主义精神挽救了英国远征军，挽救了英国，这是个同舟共济的杰作。

莫斯科保卫战和斯大林格勒战役，这两场战役的胜利在20世纪世界战争史上具有重大的政治和军事意义，它粉碎了希特勒闪击速胜的企图，在二战中使德军第一次遭到重大失败，为战争形势的根本扭转奠定了基础，从而成为20世纪"一个冬天的神话"。

莫斯科保卫战和斯大林格勒战役

寒冬地狱的曙光

　　1941年6月22日，纳粹德国与其盟友入侵苏联，使苏联及苏联红军领导层大吃一惊。德军以闪电战战术快速深入苏联领土。

　　9月中旬，希特勒决定以"台风"为代号向莫斯科发起进攻，并下令德军必须在10月12日攻下莫斯科。为此，德军统帅部集中了苏德战场上38%的步兵和64%的坦克。

　　莫斯科是苏联的首都，其军事意义与政治意义不言自明。强敌压境，国家危在旦夕，情况万分紧急。苏军也进行了大规模的准备工作。

　　9月30日，德军向莫斯科发起进攻。苏军与德军展开了生死决斗，使得德军未能在短期内攻克莫斯科。双方展开了拉锯战。随着天气的变冷，秋雨把道路变成泥沼，几乎瘫痪了德军的机械部队。德军于是被迫全线停止前进，以待大地封冻。德军暂时的停进使苏军赢得了宝贵的喘息时间。苏军将大量武器、弹药和军用物资从全国各地源源不断地运到了莫斯科。

　　为了提升国民及军队的士气，斯大林命令在11月7日于红场举行纪念十月革命的阅兵式。队伍在克里姆林宫前检阅，然后直接开赴前线。这大大地鼓舞了苏军士气。

12月8日，不想再过多地在此消耗兵力的希特勒不得不签署了在苏德战场全线包括莫斯科方向转入防御的训令。精疲力竭的德军撤退到离莫斯科100至250千米之外。

德军在莫斯科会战中损失兵力50多万，投降9万，丢失坦克1300辆，火炮2500门，汽车1.5万辆以及其他技术装备。这次战役彻底打击了德国法西斯的嚣张气焰，使德军再也无力在全线发动进攻。

1942年春天，德军向斯大林格勒进攻。

7月17日，苏德双方在斯大林格勒接近地展开了激烈的交战。

9月13日，德军开始攻城。双方逐街逐楼逐屋反复争夺。斯大林格勒变成了一片瓦砾场。苏军在一次反攻中，竟然在一天之内牺牲了1万名士兵。

经过3个月的血腥战斗，至11月初，德军终于缓慢地推进到了伏尔加河岸边，并且占领了整座城市的80%，将留守的苏联军队分割成两个狭长的口袋状，德军胜利在望。

此时，德军在苏联的战线全长已在2000英里以上，后方防守空虚。苏军最高统帅部自9月底就在准备大反攻，暗中调集了数倍于德军的军力，11月23日完成了对整个斯大林格勒的包围。

虽然德军殊死搏斗甚至是肉搏战，但饱受饥饿、寒冷、恐惧的威胁，筋疲力尽，最后实在支持不住，只好举手投降。

苏军取得了斯大林格勒会战的最后胜利。

这场战役持续199天，双方伤亡惨重。在持续200天的整个斯大林格勒战役过程中，法西斯共损失150万人，3500辆坦克和强击火炮，1.2万门大炮和迫击炮，3000架飞机。

斯大林格勒会战后，德军完全丧失了苏德战场的战略主动权。轴心国一方在这场战役中损失了其在东线战场的四分之一的兵力，并从此一蹶不振，直至最终溃败。对苏联一方而言，这场战役的胜利标志着收复沦陷领土的开始，并最终迎来了1945年5月对纳粹德国的最后胜利。

◎智慧解码

这两场战役，老天都站了苏军一边。对于希特勒来讲，确实是"天要亡我"。虽然德军装备精良，也足够勇猛顽强，但总是在最关键的时候，天气突冷，给了苏军喘息盘整的机会。希特勒在竭力避开苏联的冬天，但是，种种原因，却总让他的部队不得不战斗在东方的冬天里，并重演拿破仑攻战沙俄的悲剧。

"不可胜者，守也，可胜者，攻也……善守者，藏于九地之下，善攻者，动于九天之上，故能自保而全胜也。"《孙子兵法》里这些话，揭示了攻与守的关系及其运用，阐明了攻与守的条件、特点和作用。攻与守是战争运动的两种基本形式，两者既相互区别、相互矛盾又相互依存和转化，从而构成战争运动的统一体。这两场战役，都是在关键节点时，双方攻守发生了易位，天气起着决定性的作用。其实，当时的实力、士气和政治环境都不利于德军，攻守关系自然要发生变化。

历史上，实施围剿战的一般都是参战方中的强者。但这一次越军对法军的战争，却是弱者对强者进行围剿并歼灭，并且取得了绝对的胜利！——蚂蚁对大象的围歼。

奠边府战役
蚂蚁对大象的围歼

20世纪50年代初，在胡志明及越南劳动党的领导下，越南人民持续不断地发起反法国殖民统治的斗争。

1953年11月，驻印度支那法军总司令纳瓦尔为实施其18个月内歼灭越军盟军主力、夺回战场主动权、占领整个越南的作战计划，出动5000空降兵占领越西北战略要地莱州省的奠边府。奠边府处于越南北部，紧靠上寮，南北长约18千米，东西宽约6到8千米，是一个盆地平原。法军据点就在其上。东面与北面的山头及高地均有据点。西面和北面的据点位于平原，共49个据点，分作8个据点群，"中央""北方"和"南方"3个防御区。芝清中心分区是法军指挥机关所在地。每个据点都有多层火力配备，建有四通八达的交通壕。据点周围有40～200米的障碍区，内有多层铁丝网、电网。为了阻碍越军的前进，还有地雷区和无人区。

法军还不断集结兵力，将奠边府建成一个包括17个步兵营（含伞兵营）、3个炮兵部队（两个105毫米炮兵营、1个155毫米炮兵连）、1个独立坦克营、两个机场以及航空兵和工兵部队组成的防御枢纽部，总共约14500人。奠边府不远处还另驻有7000人的法军，以相互呼应。

法军以奠边府为基地，不断地派出军队打击越军，或进行闪电战式骚扰，对越南北部和中部解放区实施突击，越军伤亡沉重。同时，奠边府法军还切断越南、老挝抗法武装力量之间的联系，并为驻上寮的法军提供掩护。越军战略上处于十分危急的境地。

为粉碎法军企图，越军盟军决定对奠边府实施战略性进攻战役。越南盟军集中了有迫击炮和炮兵分队加强的4个步兵师及保障部队，总人数约5万人。

同时，应胡志明请求，毛泽东还秘密派出了"中国军事顾问团"进入越南，中国顾问团对奠边府战役作战方案提供了很多参考意见。

1954年1月底，越南盟军对奠边府紧缩包围圈。

3月13日，越军以5倍于法军的兵力对奠边府发动进攻。激战两天后，收降板桥据点，结束北区战斗。3月29日，越军又先后攻占了奠边府北区的法军支撑点。

3月30日晚，东线战役开始，一周后结束战斗，歼灭5个集团据点，控制东面高地。

4月初，机场被辅助部队所攻占，从而将奠边府的法军置于几乎完全断绝补给的困境。

法军指挥部从老挝实施突击以解奠边府守军之围的多次尝试均未奏效。处境孤立的法军被四面包围，防御区越来越小，但仍需食品供应，甚至战俘也离不开食品。前景一片黑暗，绝望的气氛笼罩着西贡和河内。法军决定组织救援部队。

胡志明也稳步地把堑壕挖至卡斯特里的司令部和法军主要防线附近，并从老挝和其他地方调来了新部队，训练营地的后备队也被调来充实部队，为下一步大举进攻做准备。胡志明请求中国提供720吨弹药和1个高射炮团。他计划投入3.5万名步兵，1.2万名炮兵、工兵、通信兵和其他小分队。奠边府防御部队掘壕固守，准备全力顶住即将来临的攻击。

4月底，法军被压缩在不到2平方千米的地域。越南盟军围而不打，使奠边府成了法国空降兵的坟墓。越军又将集团据点分割包围，并控制了奠边府一半的机场。

战斗的最后几天，雨季气候恶劣到极点，乌云压顶，大雨倾盆。情况日趋严重，但法国空军继续空投物资（5月6日空投196吨）。由于法军的地盘太小，大量的物资落入越盟手中，他们很快穿起法式军服或头戴美式钢盔，向法军进攻。

5月1日黄昏，越南盟军在猛烈的炮火掩护下向敌人工事发起总攻。8日凌晨，法军指挥官及士兵共12000余人投降，奠边府围攻战结束。

在奠边府反击战中，法军有7000人受伤，2000人死亡，另外7000人在5月8日被作为俘虏押走，损失惨重。这次战役，迫使法国政府进入和平谈判阶段，为越南后来签订《印度支那停战协定》打下了有利的基础。

◎智慧解码

越南盟军是一支兵力众多，愿为自由而献身的军队。奠边府战役总前委书记、总指挥武元甲快速多变、步步为营步步赢的战术才能，激励着他的军队表现出不可思议的持续作战能力和奋斗精神。

中国人民对越南人民的援助也是战役取胜的一大原因。武元甲曾说，毛泽东军事思想对于我党领导这场抗战有重大的贡献。此外，中国还为越南盟军提供了武器，并秘密派出了"中国军事顾问团"进入越南。

另外，狭小地区密集防空力量对法军空降部队的打击，也不可忽视。

1962年，加勒比海地区发生了一场震惊世界的古巴导弹危机。这场危机，差一点引发一场核战争，整个世界危在旦夕。最后以双方的妥协而告终，导弹危机，后来被称为"谁是懦夫"的博弈案例。

古巴导弹危机

"谁是懦夫"的博弈案例

美国于1961年策动的对古巴猪湾的入侵遭到可耻的失败，美国为此一直耿耿于怀，总想伺机对古巴进行干涉。与此同时，古巴同苏联的关系已是越来越密切，而美、苏之间的摩擦却日趋严重。

当时，美、苏两国导弹数量的比例是5∶1，力量对比美国的优势极其明显，苏联政府对此担忧不已。为了迫使美国从土耳其或靠近苏联的其他地区撤除导弹，赫鲁晓夫决定在古巴部署苏式导弹，并找了一个堂而皇之的理由：捍卫古巴革命成果。

1962年7月，古巴副总理造访了苏联。时隔不久，苏联就开始向古巴运送导弹。同年10月，美国的U-2侦察机发现了古巴境内的导弹基地，肯尼迪总统立即向苏联提出强烈抗议，要求马上拆除古巴境内的导弹发射设施，否则，美国将毫不犹豫地消灭这些直接威胁美国安全的导弹设施。

苏联方面对此的答复是：这些导弹基地纯粹是防御性质的。但美国却不依不饶，一口咬定从该基地发射的导弹足以摧毁美国各大城市。

10月16日，肯尼迪组成了国家安全委员会执行委员会，研究如何对付苏联。执委会成员们提出了众多方案，归纳起来主要有三个：一、空袭古巴导弹基地；二、对古巴实行封锁；三、诉诸联合国。

肯尼迪认为：如果美军空袭古巴导弹基地，必然会引起核大战，可能导致美、苏两败俱伤甚至同归于尽的恶果。而向联合国申诉，则只不过是使目前这种争吵不休的状态延续，无济于事。因此肯尼迪总统主张对古巴实行封锁，因为这样必定给赫鲁晓夫带来巨大的压力，并能有效地控制事态发展。

10月22日，肯尼迪发表电视演说，宣布美国将对古巴实行封锁。

10月23日，苏联政府发表声明，表示仍要按苏古协议继续使用武器"援助"古巴，"坚决拒绝"美国的拦截，对美国的威胁"将进行最激烈的回击"。

美国毫不退让。10月24日，一支由90艘战舰组成的庞大舰队，在68个空军中队和8艘航空母舰的护卫下，已经在古巴领海周围设置了警戒线，并开始拦截所有驶入封锁区的船只。在靠近古巴的美国佛罗里达州及邻近各州，美国已集结了一支庞大的登陆部队。在离古巴东部海岸约300千米的大特克岛上，设有巨大的美军导弹跟踪站，密切监视往古巴去的船只的一举一动。

10月25日，苏联作出了一个决定，以不携带武器的船只去考验封锁。10月26日，赫鲁晓夫给肯尼迪写了一封信。在信中，赫鲁晓夫说，如果美国作出不会入侵古巴、也不允许别人入侵的保证，并且，如果它撤回自己的舰队，不再搞隔离，这就会使一切马上改观。10月27日，就在肯尼迪答复赫鲁晓夫来信之前，又收到了苏联第二封来信，要求"美国如果将从土耳其撤出类似的武器，我们就可达成一项协议……"

白宫立即发表声明，指出土耳其与古巴危机毫不相干。

这两封信既反映出克里姆林宫内部意见的不一致，又使美国对苏联的意图更加捉摸不定，因而使局势又复杂化了。

此时，在全世界所有的美国核部队和常规部队都已经奉命准备随时行动，一支庞大的入侵部队也聚集在佛罗里达。双方剑拔弩张，战争一触即发。

美国官方普遍估计,古巴的几个发射场已处于发射状态,在这种情况下对导弹发射场的任何直接空袭都可能造成美国城市上空的热核爆炸。正当国家安全委员会执行委员会在激烈紧张地辩论应采取什么对策和一筹莫展的时候,肯尼迪灵机一动:"为什么不可以不理睬赫鲁晓夫的第二封信而只回答第一封信呢?"他向赫鲁晓夫发出了接受他10月26日星期五"提议"的信,但强调要在联合国的有效安排下,苏联停止在古巴进攻性导弹基地上施工,并使古巴一切可供进攻之用的武器系统都无法使用……

其实,肯尼迪并不打算真的发动一场战争,他只不过是想迫使赫鲁晓夫从古巴撤除导弹基地,所以他所做的一切都只是恫吓。肯尼迪一直努力不让赫鲁晓夫丢面子,不让苏联人感到其国家安全受到威胁而作出更强烈的反应,以避免危机升级。

同样,赫鲁晓夫的所谓"强烈反应",也不过是色厉内荏的把戏,他亦不敢贸然将事态一再扩大,毕竟苏联的实力比美国差得太远。

10月28日,赫鲁晓夫最后宣布,从古巴撤走导弹。而美国人也作出了不再入侵古巴的承诺。

一场战争危机终于过去了。这场苏、美之间的意志较量,最后以苏联失败落幕。

◎ **智慧解码**

古巴导弹危机被称为"谁是懦夫"的经典博弈案例。

肯尼迪对危机的处理一直是果断的、是不妥协的、是不偏不倚的。这背后是美国拥有核优势,而当时苏联在这方面实力不够。古巴导弹危机也使克里姆林宫下决心大力发展核武器,改变劣势,洗刷当年的"懦夫的耻辱",果真到了20世纪60年代末苏联赶上了美国,使苏联在全球竞争中慢慢由守势转为攻势。

每年的10月6日是穆斯林的斋月节，又是犹太教的赎罪日。斋月节里的阿拉伯人白天不吃饭，缩短工作时间，减少活动。赎罪日也是犹太人的绝对休息日，从日出至日落，不吃、不喝、不吸烟、不广播。

但是，1973年10月6日14时，苏伊士运河东岸以色列军事防御工事的沙垒中，突然发生两声巨响，埃及蛙人事先没入水下的两个炸药包爆炸了。紧接着，经过周密准备的埃及、叙利亚两国军队从西、北两线同时向以色列发起突然袭击。第四次中东战争的序幕揭开了。但是，以色列在一败涂地的状况中，竟然在两周内就扭转乾坤，打败了埃及和叙利亚。

"斋月战争"
以色列后发制人反败为胜

开战伊始，埃、叙的计划是收复1967年的"六·五战争"的失地，报仇雪恨。在飞机、防空军的掩护下，不到三天，埃军控制了运河东岸10至15千米地区。为配合正面作战，埃军伞兵和突击分队乘直升机在西奈半岛纵深地区大规模降落，破坏以军交通、通讯和补给。海军为牵制以军，封锁蒂朗海峡和曼德海峡，封锁亚喀巴湾和红海出口，并在沙姆沙伊赫地区进行海上登陆作战，袭击以军。

当埃军在西线发起攻击的同时，北线的叙利亚军队也于6日14时向戈兰高地发起猛攻，在空军和地空导弹部队的掩护下分三路向以军阵地发起进攻。7日晨，叙军突破1967年停火线约75千米，进到叙以边境太巴列湖附近。值得一提的是，很多阿拉伯国家都在军事上有预谋地进行了援助，埃、叙出动的攻击力量实际上是阿拉伯国家联军。

以色列一直认为，阿拉伯国家决不会在这一天对他们进攻。所以，那天，大多数官兵都留在营中，前沿士兵很少。不料，埃、叙就偏偏选择了这一天突袭，令以色列防不胜防！以色列受到了埃及和叙利亚的两线同时进攻，事先又没有任何的准备，所以以军节节失利持续败退，丢失了一大片土地。叙利亚和埃及取得了初期胜利。

埃军占领了运河东岸的部分地区，达到了预期目的。所以，从10日起，埃军在西奈半岛停止了进攻，着手调整部署巩固阵地。这给以军提供了喘息之机，以军利用这一短暂的间隙集中兵力，实施先北线后西线各个击破的战略方针。

10月10日，以军在北线集中了15个旅和1000辆坦克，在飞机的掩护下，突破叙军防御阵地后，又采取正面突击同迂回包围相结合的战术，分三路向叙军反击，很快突破了叙军防线，解除了库奈特拉之围。

当以军在北线反击时，埃军为增援叙利亚决定向以军发起进攻。但以军对埃军的进攻有了准备，进行了顽强抵抗，结果埃军的进攻没有达到预期效果。

12日，以军北线取得了胜利，以军越过1967年的停火线，深入叙利亚境内30千米左右。叙利亚的步兵和防空军被迫撤至首都大马士革等重要城市地区。以军在北线掌握主动后，随即将作战重点移至西奈半岛，使西奈战线从原来的4个旅增至3个师12个旅，并向西奈调去了大批飞机和坦克。至此，以军完全取得了战略上的主动权，开始化守为攻了。

10月16日，以军三个旅群向埃发动进攻。时任装甲师师长的沙龙根据美国侦察卫星提供的在大苦湖地区的埃军第2、3军团结合部有30千米间隙的情报，抓住埃军运河西岸兵力空虚之有利时机，让士兵穿上埃及军装，骗过埃及守军，从结合部潜入运河西岸，建立了桥头阵地，摧毁了埃军几个防空导弹阵地。以军借机迅速组织了5个旅的兵力，在空军的支援下，源源不断地渡过运河。

18日，突入西岸的以军大举进攻埃军阵地，不断袭击埃及公路、铁路和运河沿岸地区，以切断埃军2、3军团的退路。

22日，联合国安理会通过《338号决议案》，呼吁埃、以双方"就地停火"，埃及、以色列都表示接受停火，但以军的进攻却没有停止。

23日晚，以军占领苏伊士城郊外的炼油厂，切断了苏伊士城西南和南面第3军团部队的联系，基本完成了对埃军第3军团大部分部队的包围。切断了他们的所有补给，埃军第3军团成了以色列谈判中的人质筹码。

24日，以军才宣布停火。此后，参战方先后签署了两个在西奈脱离接触的协议。

通过这次战争，以色列新占运河西岸埃及领土1900余平方千米和叙利亚戈兰高地以东440平方千米的领土。第四次中东战争以以色列的全面胜利而落下帷幕。

207

◎智慧解码

埃及和叙利亚的突然袭击，打得以军难有招架之力。但之后，埃军因为占领了运河东岸的部分地区，达到了预期目的，所以停止了进攻，这种战略上的错误，给了以军喘息的机会，战局因此发生逆转。以军凭借有力的反攻和优良的武器，竟然反败为胜。

先发制人却没有笑到最后，"满足感"害了埃及和叙利亚军队。

自然篇

ZIRAN PIAN

自从人类诞生那一刻起，自然灾害就伴随左右。一部人类文明史，就是人类与灾难持续抗争的历史。从古巴比伦的《吉尔伽美什诗史》、古希腊的《荷马史诗》，到中国的女娲补天、后羿射日、大禹治水，可以说，世界上众多著名的史诗和传说，无不展示了惊心动魄的悠远记忆，表达了对先辈的由衷敬意。

自然危机的后果比战争更危险。一个国家可以从战争创伤中恢复起来，但没有一个国家能从环境灾难中迅速崛起。现在一些荒凉和贫困的地方，在古代曾繁荣一时；那些生活穷苦的人民，他们的祖先曾为人类文明作出重大贡献。从古至今，有多少人因灾害而丧生，又有多少城市因灾害而消失。从古埃及到中国楼兰，从巴比伦文明到中美洲玛雅文化，这些鲜活的故事，足以令后人警醒。

209

近代以来，随着工业文明的兴起，人类社会越来越繁荣，为自身提供了丰富的物质财富。但是，灾害并没有因此远离，相反，灾害的规模越来越大，种类越来越多，次数越来越频繁，造成的损失也越来越严重。人类对水、空气和土地的需求，已经消耗了地球近三分之一的可再生资源能力，但地球却不能及时补给，导致森林消失、土地沙化、空气和水源污染以及物种减少。人类在创造现代文明的同时，也引发了严重的自然灾害。

现代文明已经发展到一个很高层次，但我们还无法避免自然灾害发生。我们所能做的，就是充分认识和研究自然灾害，提高预警水平，健全应急机制，积极采取应对措施，科学地进行灾后重建，把损失尽可能降到最低程度。

中外历史启迪我们：生态兴则文明兴，生态衰则文明衰。我们要不断积累经验、吸取教训，从传统的"向自然宣战""征服自然"等理念向"人与自然和谐相处"的理念转变，从粗放型的以过度消耗能源资源、破坏生态环境为主的增长模式，向增强可持续发展能力、实现经济社会又好又快发展的模式转变，坚定不移地走可持续发展之路。良好的生态环境，人与自然和谐相处，才是减少和防止自然灾难的根本之策。

1998年的长江洪水，是继1931年和1954年两次洪水后，20世纪发生的又一次全流域性的特大洪水。为了应对它，到当年8月24日，全军和武警部队投入抗洪抢险兵力总计达27.6万人，这是自渡江战役以来在长江集结兵力最多的一次。

"九八长江抗洪"

万众一心挽狂澜

1998年，几年一度的厄尔尼诺现象和拉尼娜现象大发淫威，世界范围内天灾不断，幅员辽阔的中国也未能免受其害。这一年，江南的暴雨来得特别早，次数特别多，持续时间特别长。一场百年不遇的洪水呼啸而来，长江中下游部分河段和洞庭湖水位超过历史最高水位，防汛形势严峻。

6月底，长江进入了汛期。8万多名解放军、武警部队官兵以及近200万名民兵预备役人员被派往湖北、湖南的长江抗洪一线，国家防总、水利部也派出5个专家组赶赴长江，从技术上指导抗洪抢险。

7月2日和18日，长江上游分别出现第一次、第二次洪峰，恰逢武汉市降特大暴雨，创该市有雨量记录以来的最高纪录。这些不确定因素都增大了抗洪的难度。

22日，江泽民总书记打电话给国务院副总理、国家防汛抗旱总指挥部总指挥温家宝，要求沿长江各省市特别是武汉市作好迎战洪峰的准备，抓紧加固堤防，排除内涝，严防死守，做到三个确保：确保长江大堤安全，确保武汉等重要城市安全，确保人民生命财产安全。

23日，国家防总、水利部再次派出3个专家组赴湖北、湖南、江西、安徽四省，协助指导地方防汛抗洪工作。

24日，长江上游出现第三次洪峰。宜昌洪峰流量52000立方米每秒。温家宝副总理连夜主持召开国家防总全体会议，分析长江防汛形势，对迎战即将到来的第三次洪峰作出紧急部署。

26日零时，长江石首至武汉河段实施封航。江西、湖南两省依据《防洪法》，宣布进入紧急防汛期。紧接着，长江武汉至小池口河段实施封航。国家防总、水利部再次增派3个专家组到长江流域江西、安徽、江苏三省，增加技术力量。

果然，最担心的事情发生了。

8月7日13时50分，长江九江大堤发生决口！顿时大浪滔天，野兽般奔涌出堤外，九江的滨江路一带瞬间即被洪水淹没，市区也将很快被淹掉。

抗洪指挥部即令九江军分区等军队火速赶至各被淹民居处，营救居民。同时派遣专人负责安置灾民。其余部队一律至长江决口处抢险。

中央军委紧急调动部队进行堵口，南京军区、北京军区某集团军和福建、江西武警等联合作战。紧急集结的部队，或空中运输、或铁路输送、或摩托开进，千里跃进、昼夜兼程开赴抗洪前线。千军万马一夜之间集结到九江的长江两岸。

16时，温家宝副总理赶赴九江，指挥九江堵口抢险。

九江抢险部队紧急征用了十艘船只，采用沉船堵口的方案。由于船很大，决口被挡住了，水流也突然减小，时间宝贵，随后军民拼命地向决口中投石头，扔钢架。到了晚上某个时候，45号闸口被堵住，九江城区保住了。

1998年抗洪，最突出的特点是严防死守。除了少数有碍行洪的江洲民垸主动放弃之外，万里长堤，寸堤必争，不惜一切代价，固堤护堤、加筑子堤、查险排险、抢险堵口，抢筑一、二、三道防线……严防死守，尽可能减少淹没范围，减轻水灾损失。

之后，8月12日至31日间，长江上游又分别出现了第五次、第六次、第七次、第八次洪峰，但军民万众一心，有惊无险。特别是8月17日9时，湖北沙市出现洪峰水位45.22米，超过1954年的历史最高水位0.55米，超过荆江分洪上限水位0.22米。长江抗洪一线部队17.8万人全部上堤防守，所有官兵吃住睡都在堤坝上。8月24日，全军和武警部队投入抗洪抢险兵力总计已达27.6万人，这是自渡江战役以来在长江集结兵力最多的一次。

在迎战长江第六次洪峰过程中，葛洲坝枢纽以及隔河岩、漳河、丹江口等水库优化调度，拦蓄洪水，减轻了下游的防洪压力，为长江防汛抗洪也起到了分压作用。所以九江决口堵上后，算是一直平安。

值得一提的是，抗洪期间，江泽民总书记、李瑞环、朱镕基、温家宝等党和国家领导人先后多次到湖南、湖北、江西长江险要堤段指导、慰问和视察，极大地鼓舞了军民斗志。

9月2日，长江中下游干流水位开始全线回落。长江洪灾造成的危机终于解除了。

◎智慧解码

这是场百年未遇的特大洪涝灾害。在党中央和国务院的坚强领导下，全国军民万众一心，力挽狂澜，与洪水展开了一场生死搏斗，并取得了令人瞩目的成就，谱写了一首惊天动地的壮丽诗篇。

"九八抗洪"已形成了一种精神，那就是"万众一心、众志成城、不怕困难、顽强拼搏、坚忍不拔、敢于胜利"。正是在这种精神指引下，我们取得了抗洪胜利。

改革开放20年来积累的雄厚实力也是抗洪取得胜利的一个重要因素。中国政府和人民在此次抗洪中，其表现堪称完美与经典。

进出口各种野生动植物早已不是新鲜事。但在频繁的全球交流中，由此引发的"生物杀手"泛滥现象却给人类出了一道难题。我国于20世纪60年代引进的大米草就曾引起过一场不小的攻防战。

大米草引进中国

"害人草"与"摇钱树"的命运流变

滩涂互花米草俗称"大米草"，原产于北美大西洋沿岸。我国于1963年引进，初衷是打算对我国北方的裸堤海岸进行绿化及防风固堤，在南方海岸则还增加了作为饲料、发展畜牧业的预期。然而，大米草在中国海岸落户后，因其生存能力超强，既耐淹又耐盐，同时繁殖极快，除了根部能自行无性繁殖外，还可通过种子传播，一穗成熟的种子即可达到上百粒，种子随海水漂到哪，即能在哪落地发芽。如果任由其无节制地生长，一颗大米草在两年内就能长满一个足球场大的海岸泥滩。引入短短20年内，我国从南至北的沿海海滩，就基本上都有了大米草的覆盖。这种草密度极高，长起来如同一床厚毯，将整个海岸紧紧包裹住。

到90年代，大米草在我国已超过5000万亩，并且还以每年10%以上的速度扩展，已经到了难以控制的局面。大米草已摇身变成了一种害草。遭受大米草侵害最严重的是福建沿海的海滩，芦苇、蒲荻、艾蒿悉、红松林失其踪影，贝、蟹、藻、鱼类皆窒息而死，海带、紫菜、海藻类近海水产品和其他植物消亡殆尽。很多水产养殖网箱成了摆设。仅闽东一带，每年渔业因此造成的直接经济损失就达4.64亿元以上。

中央对此高度重视，牵头成立了大米草技术攻关小组，取得了重大进展。科学家发现大米草多糖含量高于一般植物，是提取活性多糖的最佳原料。两位专家即采用最新工艺，首次在大米草中提取多糖获得成功。据科学测定，每亩海岸滩涂可产2000斤大米草，35吨大米草可以提取一吨大米草多糖，生产一吨大米草多糖的成本费用约为30万元左右，而目前国际市场上每吨多糖报价约为人民币200万元，开发大米草多糖具有重要经济价值。认识到大米草的价值之后，一位江苏海门的企业家放弃了建筑行业，投入200多万元，正逐步将大米草多糖科技成果推向产业化之路，一个经济效益和社会效益双丰收的大米草产业正在形成。大米草变害为益了。

令人高兴的是，2007年，以物克物的方法也研制成功。

1999年，珠海沿岸原本近万亩种满红树林的滩涂竟然90％以上被大米草所覆盖。中国林科院热带林业研究所红树林课题组接受了这一保护和恢复红树林的任务。经研究，大米草本身也是喜光植物，底部根系发达，株高50厘米到1米之间。如果引入另一种与大米草类似强阳喜光而生长更快更霸道的植物，会不会因为竞争而遏制住大米草呢？专家试着从海南引进无瓣海桑和海桑两种红树进行培植。先把大米草捆扎起来，然后开出一片空旷带，种上无瓣海桑和海桑，一年内还要两次为小红树苗人工除草。等红树苗长到第二年，就已经有2米多高，完全摆脱了大米草的围剿，反过来因为无瓣海桑和海桑的树冠部较发达，枝叶密集，一旦郁蔽，底下的大米草便开始成片枯萎死去。经过长达八年的反复实验，大米草终被成功降伏。珠海淇澳岛的人工红树林面积已达到8000多亩，成为国内最大的人工连片红树林区，而岛上原先密成一片的大米草范围，已从90％降低到10％左右。

2007年，江苏东台沿海渔民扬长避短，变废为宝，利用大米草形成的天然景观，先后开发出草地听涛、草地观日、草地垂钓、草地猎奇、草地捉蟹、草地野炊等一系列"渔家乐"旅游项目，昔日的万亩"害人草"将真正成为当地渔民的"摇钱树"。

而由教育部科技发展中心主持的大米草气、电、热联供技术研究项目也在山东通过鉴定。这项技术的研究成功，可使有害植物大米草转化为电能。

由于科学家和渔民的共同努力，大米草的生长面积已经成功地得到了控制。但专家称，控制住就可以了，为了生物的多样性，不必全部赶尽杀绝。

◎ **智慧解码**

以物克物，大米草再坚强，也有其脆弱的一面。

变害为益，大米草再顽劣，也是天生我材必有用，也可以化害为利，为我所用。

在同大米草几十年的攻守战中，我们依靠科学和智慧，避免了大米草被完全围歼和彻底被"妖魔化"的命运。

2008年5月12日14时28分，四川汶川8级强震猝然袭来，大地颤抖，山河移位，满目疮痍，生离死别。地震重创约50万平方千米的中国大地！超过8万的死难者离世，受伤374643人，失踪17923人，成千上万的民居、学校、医院、住房、道路、桥梁和其他基础设施倒塌、损毁，大约500万人无家可归。四川大地震举世关注，地震强度之大、范围之广、破坏之重，在新中国成立以来还是头一回。

但是，灾难吓不倒中国人民，在废墟上升起的是不屈的民族之魂。

汶川大地震

灾后重生之旅

汶川地震后4分钟，国家地震应急救援预案立即启动。

震后不到一个小时，胡锦涛迅速指示灾区附近驻军和武警部队立即出动，协助地方党委、政府和人民群众抗震救灾，"救人最紧要"；温家宝总理坐上飞往灾区的专机。

军队应急机制全面启动，成都军区成立抗震救灾联合指挥部；十几万解放军和武警部队快速集结、日夜兼程赶赴抗震救灾第一线。成都空军派遣直升机赶赴灾区勘察灾情。当天，就有1.2万名解放军和武警部队官兵、民兵预备役、医疗卫生人员、国家地震救援队挺进重灾区展开救援。

5月13日，23架军用运输机和12架民用客机，不间断飞行78架次，将在洛阳、武汉、开封等地集结的10891名官兵及救灾装备运抵成都地区4个机场。截至当日晚上9点，武警部队已转移、疏散群众3万余人。

5月15日，中央军委再次调集61架军用直升机火速转场执行救灾任务，我军历史上最大规模的直升机行动在川西北展开；由绵竹至北川的105省道也于当日18时抢通，通往北川的救灾物资路线增加到两条，原由绵阳市经安县到北川的县道运输压力得到缓解。

3天时间内，中央军委连续两次大规模增兵。数日之间，先后投入的各军兵种和武警部队总兵力达13万多人，专业兵种包括地震救援、通信、工程、防化、医疗等20余个，涉及范围之广、配备力量之多、投入速度之快，均创我军抗灾历史纪录。全军担负抗震救灾任务的部队争分夺秒，挺进40个重灾乡镇的405个村庄，实施拉网式搜救……

5月16日上午，胡锦涛飞往四川地震灾区，慰问灾区干部群众，看望奋战在抗震救灾第一线的部队官兵、公安民警和医护人员，指导抗震救灾工作。不久，他又赶赴浙江省湖州市考察救灾帐篷生产情况，赴河北省廊坊实地考察救灾过渡安置房生产情况。

灾后恢复重建的投入巨大，资金总需求经测算约为1万亿元。为确保抗震救灾资金需要，2008年5月22日，吴邦国主持召开第十一届全国人大常委会第四次委员长会议，表示"一切从抗震救灾工作的实际情况出发，根据特事特办的原则，需要多少就给多少"。

震后一个月间，胡锦涛、吴邦国、温家宝等中央领导同志深入四川、陕西、甘肃、重庆地震灾区，慰问广大干部群众，指导抗震救灾工作。

"5·12"汶川特大地震导致400多万户1000多万人无家可归，他们的安置问题牵动着上上下下的心。震后第一时间，胡锦涛总书记对受灾群众的安置提出明确要求："要千方百计向灾区运送食品、饮用水、药品和帐篷、防寒衣被等救灾物资，确保灾区群众有饭吃、有衣穿、有干净水喝、有临时住处。"

同时，中国政府一直在努力通过中央财政、地方财政、对口支援、社会募集、国内银行贷款、资本市场融资、国外优惠紧急贷款、城乡居民自有和自筹资金、企业自有和自筹资金、创新融资等多种渠道筹集约1万亿元资金，用于汶川地震灾后恢复重建。

6月15日，汶川启动了受灾群众紧急避险安置大转移行动，中央要求在5天之内提前完成这次紧急避险的安置行动。6月18日晚上，汶川7万多名受灾群众全部转移到安全安置点。之后，灾区安置受灾群众人数又直线上升。灾区最急需遮风挡雨的帐篷！党中央、国务院紧急部署，1个月内，90万顶救命帐篷从全国各地汇往灾区。

四川省政府在不到两个月的时间内，完成了50余万套活动板房的设计、生产、运输、安装、验收、移交和入住工作，以及完成了场地选址、场平、水、电、路、通讯等室外大配套工作。

震后，四川各级民政部门立即采取多种措施妥善安置"三孤"人员，将他们就近安置到所属的社会福利机构或就近就便安置在灾民临时居住点，部分查找到亲属的由亲属代养，并发放了救灾补助金。中国人寿保险公司也向民政部承诺将给每个地震孤儿发放生活补助费，每月六百元，一直到孤儿满十八周岁。

震后100天的每个安置点，受灾群众有饭吃、有衣穿、有干净水喝、有板房住、有病能及时医治，生产生活秩序基本恢复；重灾区学校复课率达93%，325万中小学生在2008年9月1日走进"临时"课堂……

地震夺去了亲人、财产，但是夺不去人们的希望。在党中央的正确、有力的危机应对措施之下，全国各民族的爱国热情高涨，社会安定团结，千万灾区人民有条不紊地开辟着新的家园。

◎ **智慧解码**

2008年6月30日，胡锦涛在抗震救灾先进基层党组织和优秀共产党员代表座谈会上的讲话中指出：抗震救灾斗争能够迅速取得重大阶段性胜利有多方面的原因，其中最重要的一个原因就是党的坚强领导，各级党组织和广大共产党员发挥了中流砥柱作用。确实，正是有了社会主义制度，我们才能集中力量办大事；正是有了全国人民的万众一心，有了人民军队的舍生忘死，有了中国共产党的坚强领导，我们才取得抗震救灾的胜利。

从抢救到灾后安置，很多外电评论也给予了很高的评价，如有的说："真好像是一场战争。"

《纽约时报》评论说："关键时刻中国政府反应迅速。温总理对灾区群众高度关切的形象和他亲临第一线的鲜明姿态一次次出现在电视屏幕上，与其他一些国家发生灾害后政府的迟缓表现形成了鲜明对比。中国领导人的努力证明了在关键时刻中国政府能够做到反应迅速。"

美国《洛杉矶时报》评论说："越来越人性化的政府努力向民众提供精神安慰和国家支持。"

关东大震灾是20世纪世界最大的地震灾害之一。地震、地震次生灾害，特别是地震火灾的人员伤亡和财产损失是前所未有的。它使日本民族得到了血的惨痛教训，对日本的防灾工作产生了深远的影响。

关东大地震

仿佛恶魔从大地扫过

1923年9月1日近中午时分，日本关东突然发生了8.1级大地震，刹那间房倒屋塌，许多人来不及反应就被砸死在屋子内。紧接着，大地震又引发了次生灾害，地震、地裂、泥石流、大塌方，一个接一个倒塌的楼房，人们惊恐万状，惨相环生，目不忍睹。但比地震这种惨相更糟糕、更可怕的事情发生了。大地震破坏了关东地区的煤气管道，大火四处燃起。

由于大部分地区的房屋已在大火前差不多被地震夷平，所以大火可以畅行无阻。东京等地的消防队全部出动，准备同火魔搏斗，但由于地下自来水管道遭到破坏，根本找不到水源。消防队员自然无法赤手空拳灭火，加之倒塌的房屋已将各条街道堵塞，消防车根本无法通行。消防车进入火场后也寸步难行。面对大火和面对地震一样，人们差不多束手无策，任其肆虐。

因地震引发了海啸又将滔天的海水向灾难深重的日本关东地区袭来。地震、火灾、海啸，水火交加，把关东地区变成了人间地狱。大自然似乎彻底疯狂了。大火燃烧了3天，直至可烧的烧尽，肆虐的龙卷风才终于停息。东京和横滨市变成一片瓦砾。包括东京、神奈川、千叶、静冈、山梨等地的70万住家毁坏或严重受损，死亡人数总共达到15万，200多万人无家可归，财产损失300亿美元。

山本内阁发出了一连串的救灾命令，但由于音讯不通，最初的救济工作大都是自发去做的。当地的医护人员夜以继日地拯救了千千万万受伤难民。

东京陆军总部与大阪和其他地区间的通讯，全靠400只信鸽来维持。

35000名士兵奉命赶赴满目疮痍的首都，担负起市区巡逻、抢修通讯线路和运送粮食的重任，同时兼管治安。那些借灾后混乱之机抢劫的人很容易被发现。因为被烧死的人身上的金银珠宝，会发出一股强烈的刺鼻臭味。任何被发现带有这种特殊臭味的、值钱东西的人，都会被当场处死。

东京的多数市民，被安置在露天的避难区里，没过两天也都住进了搭起的帐篷和棚屋里。与家人离散的儿童，经当局收容的总共有好几千，其中大多数都与家人重新团聚，但也有好几百儿童的父母始终没有找到，只好把他们安置在孤儿院。

最令人心酸的是处理死者的尸体。市内的每个区都设立了太平间，凡面目可辨的尸体，就先停在那里放两天待领，无人认领就送到火葬场集体火葬。火葬连燃料都没有，只好从乡下抢运来大量的松木。

地震还导致霍乱流行。为此，东京都政府曾下令戒严，禁止人们进入这座城市，防止瘟疫流行。

大地震中，天灾也引发了人祸。地震后，"朝鲜人放火"，"朝鲜人要暴动"，"大地震还要来"等谣言引起人为恐慌，警察和军队中的一些人趁机消除异己，造成了社会的动乱。

当时还有传言称，政府将放弃这两座毁灭的城市，另辟新址。山本首相为澄清事实，特地请枢密院草拟一道诏书，宣布东京和横滨将在原址重建。重建计划也随之制定实施。

人类复生的本领是不可思议的，不久一座座崭新的建筑物再次崛起于废墟之上。地震的灾难过去了，但人们心底的伤痛却永难忘记。

关东大震灾对防灾工作产生了深远的影响。日本政府在后来的复兴计划和城市建设中，特别注意城市避难场所的设置、河川公园防火带的建设、各社区防灾据点的规划等，并且逐步形成了比较健全和完善的法制体系。1961年日本颁布《灾害对策基本法》，在《灾害对策基本法》中，从防灾基础设施的建立、水土保护工程、防灾教育和防灾训练等方面，对灾害的预防作了详细的规定。同时，日本对人民的地震防危教育也得到了加强，这对频发地震的日本起到了很好的防患作用。

◎ **智慧解码**

俗话说，前事不忘，后事之师。大地震对关东末日般的袭扰，留下的不全部是废墟和惨痛，关东大震灾对日本防灾工作产生了深远的影响，从此以后，日本从多方面加强防震防灾建设与教育，这对频发地震的日本来说，具有亡羊补牢般的效果，为人类应对类似灾难也提供了宝贵的经验和财富。

大多数地震是构成地壳的板块自然移动的结果，是不可避免的自然灾害。但有些地震可能是由于地壳内所存在的应力受到人为干扰而产生的结果，1967年印度戈伊纳所发生的地震就属于此类。

戈伊纳水库引发地震

科学改造消孽障

巨大的戈伊纳水库建于20世纪60年代初，它向孟买及其周边地区提供充足的水源和电源。

自从这个水库在1962年开始建成储水后，地震便开始在这个历史上无地震的区域发生了，且变得越来越强烈和频繁。终于，1967年12月10日，一次强烈的6.4级地震袭来，大地摇晃不止，附近的房屋纷纷倒塌。水库大坝也在颤动，很快就发出倒塌的巨响，洪水决堤而出，很快淹没了附近的村庄和田野，那些刚刚从倒塌的房屋中逃生出来的人们，不得不再次面临洪灾。这场灾难，使177人丧命，2300人受伤，大坝受到破坏性损坏，造成严重损失。

这个地区历史上从来没有发生过地震，难道地震与水库有关系？人们大惑不解。相关人员开始调研。

专家注意到：戈伊纳水库在1962年开始注水，当贮水量还没有达到总容量的一半时，这里的小地震就频繁出现，直到五年之后现在的这次地震，其间总共发生了约450次地震，震中位置大多在大坝以南3千米。

而且，地震与水库蓄水的过程好像也有着密切的联系，水库刚积水时，发生小震，水满后发生大震。以后几乎每次注水都会发生地震。地震的发生次数随着注水的增减而增减，注水停止后，地震现象也停止了。

原来，戈伊纳水库储水的重量会使下面的岩层内应力升高。较早发生的小地震就是这些应力变化的信号。一旦应力升高，不可避免地总有一天它们会释放出来，形成一次大地震。

专家据此判断，地震与水库有着直接的关系。

既然戈伊纳水库是罪魁祸首，那么，是拆了它，还是保留着，继续使用下去？拆了水库，以前耗时耗力耗财巨大的建设成本就要前功尽弃，更重要的是，周边地区农田灌溉和电力供应怎么办？水库已经成了和当地人息息相关的一项利益工程，不能轻易拆。保留着，继续使用，那地震还得经常发生。

水库负责人向科学求助了。"有没有两全其美的办法呢？"

专家们经过严密的科学计算后，得出结论："有，就是对大坝进行加固处理，也即改造。"水库负责人乐得将一切事宜全权交给专家处理。

戈伊纳水库枢纽建筑物主要包括大坝、地下厂房和引水发电系统。专家的招数是：包括对非溢流坝上、下游面出现的裂缝灌注环氧树脂；用预应力锚索将大坝顶部锚固于底部。永久性加固措施是加厚大坝。在大坝下游面的下部贴帮混凝土块，上部则设支墩式混凝土块。新老混凝土之间留有1.2米宽的宽缝。老混凝土面凿毛并插入钢筋，在新混凝土面上留有抗剪键槽。在新混凝土达到稳定温度后，在宽缝中回填混凝土。

1975年，戈伊纳水库完成了第三期工程，该期工程利用一、二期工程的尾水，利用水头125米，装机容量32万千瓦；第四期工程是另从戈伊纳大坝形成的水库取水，通过引水隧洞将水引入地下厂房发电，尾水流入三期工程的上游平衡水库。装机容量100万千瓦，并可使前几期工程的装机容量增加到92万千瓦。

这些措施，对地层深处的岩层起到了减压作用，使之内应力不再疯狂增高。

工程改造完成后，水库注水试工，地震却没有再发生。戈伊纳水库终于保住了。人们的水、电、土地灌溉等都得到了保障。

◎**智慧解码**

人们希望戈伊纳水库能储存足够的水以供应孟买市的需要，可没有人预料到它的存在会引发地震。这是大自然向人类的报复，但是人类在大自然的反扑面前也不会是完全的束手无策。戈伊纳水库的"新生"，就是人类运用科学，变害为利，实现了同大自然的第二次握手。

对于多数人来说，雪崩只是在电影或电视中看到。或许，你还为它的场面之壮观而感叹不已。然而，1970年的雪崩，对秘鲁人来说，更多的却是无尽的悲哀和痛楚。

秘鲁雪崩

"太阳的子孙"勇斗"白色死神"

1970年5月31日20时23分。秘鲁寒冷的山区安第斯山脉的瓦斯卡兰山静静而立。大多数人都沉睡于甜美的梦乡之中。

突然，从远处传来了山崩地裂的响声，震耳欲聋。一些人这才意识到地震灾祸已经降临。那些还未及逃离屋子的人们，都被压在倒塌下来的乱砖碎石之中。已逃生到室外的人们，还未站稳脚跟，又听见一阵惊雷似的响声由远至近，从瓦斯卡兰山峰方向传来。原来，由地震诱发的一次大规模的巨大雪崩爆发了。剧烈的震动，使山顶上的冰雪和岩石连续不断地崩塌。每崩塌一次，就升起一次蘑菇状的雪云。冰雪和碎石犹如巨大的瀑布，紧贴着悬崖峭壁倾泻而下，几乎以自由落体的速度塌落了900米之多。一股股强大的冰雪流夹杂着碎石、土体急驰而下，快速行进中的冰雪巨龙又向秘鲁中部的阳盖镇和潘拉赫城冲去，大批房屋、建筑物、人畜被掩埋，许多人窒息而死，将近三分之二的城镇被摧毁。冰雪巨龙扫荡了容加依城后，最后停滞在附近的一条河谷之中。巨大的冰雪体堵住了一条河流，使河水蓄积，造成了一定范围内的水灾，容加依城附近的农田被淹。

这场大雪崩所形成的冰雪巨流横扫了14.5千米的路程，受灾面积达23

平方千米，将瓦斯卡兰山下的容加依城全部摧毁，城外大部分农田、村庄也都毁于一旦。有2万居民死亡，10万人受伤，100多万人丧失家园，造成的经济损失竟达5亿零700万美元。

秘鲁政府对这次大雪崩十分重视。立即宣布上述受灾地区进入紧急状态，并陆续向灾区运送大批药品和其他救灾物资；帮助灾民转移到临时建筑中，并提供必要的生活必需品；派遣军队、警察进入灾区搜寻遇难者。秘鲁政府同时呼吁国际社会给予紧急援助，以助灾民恢复生产与生活。

在"白色死神"面前，秘鲁人不愧是"太阳的子孙"，他们不屈不挠地与灾难顽强地斗争。他们掩埋好在灾难中不幸死亡的人们的尸体，清理灾后的废墟，又开始重建自己的家园。

接着，秘鲁政府投入了大量的人力、物力、财力，进行雪崩的研究和防治，并积极采取了修建防灾工程的措施。如在公路、铁路通过的严重雪崩地区，以及对一些重要建筑物，采用石料或钢筋水泥，修建长廊，将雪流导开；采用堤坝、挡雪墙、挡雪网等，减轻雪崩的能量，降低雪崩造成的破坏。此外，他们还广泛地采取了人工控制大雪崩的各种方式。如人工触发雪崩，以免积雪过多，造成更大的危害。

最常用的是大炮轰击，造成人为雪崩，随崩随清，零打碎敲，防止积雪过厚。同时，他们还应用乙醛、亚磷酸盐等，进行化学预防，将它们喷洒在积雪上，以降低积雪的几率。因为乙醛能控制积雪变质，增强雪层的强度，亚磷酸盐则可以促进积雪融化。

另外，他们还广泛地种植树木，加强森林的保护。因为茂盛的森林是雪崩的天然屏障，它能有效地减轻雪崩的危害。

虽然雪崩是一种自然灾害，但是在这种自然灾害面前，人类并不是无能为力的。灾后的秘鲁努力做了这一系列预防工作后，大型的雪崩事件再也没有发生过，人们的安全得到了一定保障。

◎**智慧解码**

在很多合同中，都会有一句免责的话，大意是说，因"不可抗拒因素发生不能履行合同的事，合同自动解除"。地震、雪崩等一般也属于不可抗拒因素。在经济活动中人们也许可以向不可抗拒因素缴械，但是，在关系人类的生死命运面前，人类不可能完全向"不可抗拒因素"投降。秘鲁为应对"白色死神"所做的种种努力就是明证。

灾难频频光顾这个贫穷而不幸的小国。它拥有肥沃、平坦的冲积平原，拥有纵横密布的河道，但是洪灾与风灾却从来没有让这片土地上的人们安宁过。1970年，一个热带风暴，更是给这个国家带来了登"风"造极的伤害。

孟加拉1970年飓风

屋漏偏遇连夜雨

1970年11月12日，一个诞生于印度洋上的热带风暴，对孟加拉国进行了一次空前猛烈的袭击。在该国历史上最严重的风暴肆无忌惮的侵袭下，海水直扑孟加拉湾一带的喇叭状海岸地低人稠的海滨地带，吉大港遭到灭顶之灾，港口设施全部被毁，哈提亚岛屿被淹没，变成了水乡泽国。全国四分之一地区的铁路、公路、桥梁、机场、码头、发电厂、水厂、输变电站设施均告瘫痪，沿海与岛屿内的2500多个村镇、80多万套房屋被狂风和海啸夷为平地，430万英亩农作物全部被毁。很多受灾地区陷入停电状态，成千上万的人房屋被淹。这场热带风暴在一夜之间，使全国16个县沦为灾区，受灾人数1000万，死亡人数高达50多万，另有10万人受伤，100万人无家可归，28万头牲畜丧生，直接经济损失达30亿美元。

相关部门在灾后立即评估损失，同时向国际组织请求救援。

政府派出士兵协助当地官员和志愿者寻找失踪者并转移受灾民众。由于通往灾区的道路大多被毁坏，救援工作受到严重影响，灾区民众的生活境况令人忧虑。

救援人员向灾区发放大量食品、药品、帐篷等救灾物资。但由于很多地方仍被暴雨造成的大水淹没，投放必需品的直升机要寻找降落的地方都不容易。此外，许多道路也被大风刮倒的树木切断，救援人员很难到达一些重灾区，当局甚至动用大象来清理路障。

大量紧急救援物品已运达受灾村庄，但是仍然不能满足灾民的需求。尽管政府在竭尽全力救援，但由于交通不畅，不少灾区居民还是面临缺食缺水的窘境。到处都是残缺的房屋，到处都是在户外生火做饭的居民，在他们度过那些天当房、地当床的寒冷夜晚时，他们热切期待着家园能够早日重建。

这次灾难重创了孟加拉经济。而由于种种原因，政府的救援效率很低，恢复重建的资金基本上靠国际社会的外援。之后，孟加拉又发生了无数次风灾、海啸和洪灾，孟加拉人们的苦难似乎没有尽头，每一次灾难，都使得他们几乎要从零开始建立家园。孟加拉政府苦于科技和经济力量薄弱，没有更多的力量来避免这些灾难，孟加拉人民只能在无奈和伤感中互相搀扶着蹒跚前进。

◎**智慧解码**

在同灾难作战的时候，人类有时候也是一个"弱势群体"，人类之所以应对不力，有"硬伤"方面的因素，也有"软伤"方面的因素。在孟加拉国的这次飓风之灾中，孟加拉国的地势、气候等方面的特点，为飓风肆虐提供了舞台，但同时，在社会环境上，孟加拉国经济落后社会贫穷，基础设施建设落后，防灾设施建设滞后，导致灾难来临时不能有效减轻灾害程度。这是它的"软伤"，是抗灾中的又一块"短板"。

我国也是世界上台风风暴潮和温带气旋风暴潮发生频率较高的国家之一，孟国的极端事件或许能为我们提供一些警醒和反思。

这可能是世界近200多年来死伤最惨重的海啸灾难，给印尼、斯里兰卡、泰国、印度、马尔代夫等国造成巨大的人员伤亡和财产损失。人们在同情中关注，却遗憾地发现了诸多黑暗。

印度洋海啸

瞬间发生的浩劫

　　2004年年末，风景如画、温暖如春的印度洋海岸，世界各地的游客纷至沓来。12月26日早上8点刚过，印度洋突然发生里氏9.0级强烈地震并引发海啸，海啸带着10米高的巨浪以每小时800千米的速度冲向周围的海滩和岛屿，它用无坚不摧的惊人力量席卷了印尼、泰国、斯里兰卡等诸多印度洋沿岸国家。靠近海岸线的海滨城市瞬间便成为一片废墟，大量海滩上、村镇中、街市上来不及逃生的人被大浪卷走。一些原本是在海里重达数百吨的大渔船，在海啸时直接被抛到了市区街道上。在斯里兰卡西南著名古城加勒，整个市区都变成了一片汪洋，大批房屋和一些公共汽车被围困在海水中。一列客车被海浪打出轨并倾覆，伤亡1500多人。受灾地区交通、通讯中断，生活能源全部消失。斯里兰卡遇难者人数为3万，失踪者人数为5000；印尼则至少有10万人死亡，失踪人数为12万。马尔代夫、马来西亚、孟加拉国、缅甸、泰国等诸多沿岸国家，遇难者总人数逼近30万。无数家庭失去父母、兄弟和姐妹。一幕幕惨景，让所有亲历者不忍目睹。

　　海啸发生后，各国政府大多采取了紧急应对措施。

斯里兰卡政府呼吁国际社会帮助该国组织赈灾工作。

印尼政府官员通过电话、广播和电视等手段，通知仍然居住在海滩附近的居民紧急向内陆撤离，以免遭到后续海浪的袭击。但由于数以千计的公务员或死亡或失踪，亚齐的政府机构一度陷入瘫痪，甚至找不到官员来接收国际社会援助来的物资。大量救灾军队开往灾区，其中有许多肩挎冲锋枪的军人，由于连年内战，他们不得不加倍小心。政府系统效率低下，运输已成为整个救灾行动的瓶颈。海啸发生三天之后，才调来了5个营、大约3000人左右的兵力至苏门答腊岛救灾。在政府的重点抢救下，班达到亚齐总医院迅速从一摊淤泥中恢复功能，担负起救死扶伤的重任。灾后4个月，印尼外交部涉嫌利用海啸救灾款海外购房一事被印尼国会宣布调查。

泰国总理他信当即下令撤出泰国南部三个府遭受海啸袭击地区的受灾人员。泰国外交部、内政部迅即成立救灾中心。内政部长菩钦赶赴灾区数小时后，他信也中断泰北考察之行，亲临普吉第一线指挥救灾行动。泰国海军出动直升机和舰艇，出海营救受围困的人员。为了救援海啸灾民和恢复当地经济，泰国政府投入了200亿铢的资金。海啸过后一个月，泰国技术和金融公司发了警告，呼吁人们要警惕那些利用海啸危机作掩护以骗取捐款者机密财务信息的网站。这些网站在获得捐款者的机密财务信息后就可以对他们的银行账户进行黑客攻击，一些当地官员甚至建立了一些假的救助中心来骗取政府救济物资。

海啸发生的国家均较贫穷，由于一些国家政府本身的原因，大量贫民因所居住房屋太简陋，在海啸发生前就没被政府登记造册，因此，海啸过后，这些赤贫者更难领到应得的住房、食品和医疗救济，生活陷入更加绝望当中；另外，海啸污染了饮用水源，虽然许多地区得到了医护救援，但灾民仍然面临着清洁饮用水缺乏的困境。由于各国政府在短期内难以满足难民们生活的需求，政府纷纷鼓励难民投靠亲友以暂度时艰。大部分受灾国家本身的力量相对有限，于是纷纷向国际社会请求支援。世界各地人民也积极响应，为灾民慷慨解囊或派出支援小组。

斯里兰卡一些海啸灾区发生了官员侵吞救援物资、向灾民索取贿赂以及工作时酗酒等现象，斯政府决定成立一个受理灾民投诉的委员会来遏制腐败问题，一些涉嫌腐败的官员已被停职。斯里兰卡重建基础设施约需17亿美元的资金，而重建受损房屋也需要大约3亿美元。总统库马拉通加夫人指示："为了完成国家重建，政府要对腐败官员采取更加严厉的措施。"

总之，印度洋大海啸令不少国家损失惨重，有的政府甚至失去了救助社会的能力。海啸过后，各国政府和人民重建家园，他们力图让这场悲剧的阴影从视野里尽快走远，但却遇到了很多内外客观环境中难以克服的困难，使得很多救援工作受阻。这次海啸，也促使受灾国加强了建立海啸预警体系，印尼投资270万美元着手建立这一系统。

◎**智慧解码**

2004年初联合国开发计划署发表报告《减少灾难的危险》指出，自然灾害并不是真正的杀手，贫穷才是。报告说，在全球暴露在自然灾害的人当中，贫穷国家只占11%；但在死于灾害的人中，贫穷国家占53%。报告指出，在过去20年，全球有150万人死于自然灾害，平均每天有184人死亡，大多是贫穷国家的人民。

确实，印度、斯里兰卡等国作为天灾频发的国家，每逢自然灾害，政府无一例外地"日子难过"。在这次海啸灾难的救援当中，一些国家的贫穷与长期战乱造成的愈加贫穷现象使得救援、重建工作效率一再降低，也是不可忽视的因素。

这是一场百年未遇的灾难，死亡人数逾13万人，流离失所者逾百万之众，损失难以估计。家园，满目疮痍；心灵，阴霾笼罩。但是，缅甸却拒绝外界的帮助。一切，都源于"政治安全"这个难解的结。

缅甸热带风暴大灾难

拒绝外援引发人道质疑

2008年的5月2日，对于缅甸来讲，无疑是一场噩梦。一场名叫"纳尔吉斯"的强热带风暴突然登陆缅甸，以超过190公里的最高时速横扫缅甸三角洲地区，穿过伊洛瓦底省、孟邦、克伦邦、勃固省和仰光省。风暴将多个城镇几乎抹为平地，多处医院、学校、民居的屋顶被掀翻，并使缅甸最大城市仰光的电力供应中断。机场、公路等交通瘫痪，水电供应停顿，通讯中断，死亡人数不计其数，上百万的灾民无避难场所，也没有饮用水和食物。整个缅甸犹如"战场"。

灾难发生后，缅甸成立以总理为首的中央防灾救灾委员会，并组成了10个工作组。

3日，缅甸政府宣布："仰光省、伊洛瓦底省、勃固省、孟邦和克伦邦为灾区，由于受灾地区通讯中断，与外界联系困难，财产损失和人员伤亡情况难以调查。估计死亡的人数为351人。"

而在随后的救灾过程中，政府出动的军警，处理了剩余的无主尸体。

此时，缅甸政府已经为救援行动投入了超过200亿缅币（约合1810万美元），并为灾民建立了21所救援营地。但由于人手少、设备差，仍有一些遭风暴袭击的地区有关部门官员无法进入救援，在仍被洪水覆盖的地区，直升机无法降落，只能将救灾物资空投下去。

灾难发生后，联合国向缅甸政府提出了救援行动申请，欧盟也向缅甸风暴灾民提供300万美元的紧急人道主义援助，联合国机构和独立人道主义组织也正紧急采取行动以向灾民提供援助，但却迟迟得不到缅甸政府的正式批准。缅甸称："缅甸自己足以应付这场灾难。受害者不需要外国提供的'巧克力棒'，吃青蛙和鱼也能活下去。"

原来，缅甸政府经济实力弱，国防设施也较差，国内还有派系问题，政府很担心某些强国会趁救灾之机进入缅甸，挑起事端或采取不良行动以威胁缅甸安全。另外，缅甸政府还认为，这场灾难造成的伤亡，是一场家丑，不可外扬。因此，政府一方面拒绝他国深入接触缅甸，另一方面实行对外报道限制，封锁不利消息。

9日，死亡人数仍不可遏止地上升到了10万人之巨，有百万人无家可归！令人心惊肉跳。国际社会纷纷指责缅甸政府没有人道主义，视民众生命为草芥。布什甚至直接向缅甸政府喊话施压："我们准备调动美国海军帮助搜寻遇难者、失踪者，帮助稳定局势。"布什扬言要强行救援，甚至要对缅甸进行道义上的"接管"。

但缅甸重申可以接受任何国家的救灾援助，但不接受外国人前往灾区。

10日下午，当地政府才在仰光市区开始利用洒水车给市民免费供水。但缅甸救灾活动的组织者称，救援人员仍然无法向数十万没有食物或安全饮用水的缅甸灾区灾民提供帮助。

14日，随着救灾工作的推进，死亡人数还在继续上升，救灾难度确实十分巨大。缅甸政府不准外国人进入灾区的规定开始打破，表示可以有条件地妥协，同意对外界表示出灵活姿态。缅甸政府向来自联合国、非政府组织的外国工作者及个人共发放了1670份签证，其中有一半获得签证的人都是在遭风暴袭击的灾区进行救援工作，而更多的外国志愿者被拒签。

至此，一些外国的救援人员进入了缅甸，缅甸政府"明显比以前动作快了，措施也得力一些"。但死亡人数仍不可遏止地上升到了13.3万人之巨！

◎**智慧解码**

以人为本应该是救灾工作中坚持的首要原则，但是缅甸政府却称："缅甸自己足以应付这场灾难。受害者不需要外国提供的'巧克力棒'，吃青蛙和鱼也能活下去。"

缅甸政府的官僚作风妨碍了救援工作，一直胶着于政治利益和所谓的国家形象，使缅甸错过了最佳的抢救时机，加重了缅甸人民的损失，也使缅甸政府承受着诚信和可信度的巨大质疑。

企业篇

QIYE PIAN

在市场经济竞争环境下，企业面临的经营风险比以往任何时候都大。有人对《财富》杂志排名前500强的大企业负责人做调查，80%的被调查者认为，现代企业面对危机，就如同人们必然面对死亡一样，已成为不可避免的事情。其中14%的人承认，曾经受到过严重危机的挑战。

当危机迎面侵袭而来，企业如同人患重病，免疫系统在第一时间被摧毁。各种小道消息如病毒一般，以裂变方式高速传播。如果不及时加以应对，将产生多米诺骨牌效应，对消费者信心产生重大影响，同时严重损害企业品牌形象，引发公众舆论和监管部门的全面介入，危机就有可能成为企业的生死劫。

如何化解企业危机，是当代企业家必须考虑的重要课题。危机来临时，选择"观望"或不作为，企业将面临"兵败如山倒"的困境。优秀的企业家，应当以社会公众和消费者利益为重，利用宝贵时间，迅速作出反应，及时采取补救措施。面对危机，企业采取什么态度和方法，对维护企业形象将会产生"差之毫厘，谬以千里"的效果。危急时刻，是对企业综合实力和整体素质的重要考验。

诺曼·奥古斯丁认为："每一次危机本身既包含导致失败的根源，也孕育着成功的种子。"危机是风险与机遇的混合体。发现、培育进而收获这个潜在的成功机会，是企业危机管理的精髓。如果以危机事件为契机，变坏事为好事，因势利导，借题发挥，这样不但可以恢复企业的信誉，而且可以扩大企业的知名度和美誉度。从当年的海尔砸冰箱事件，到康泰克跨越PPA，都让我们感受到了企业危机处理的最高境界。

比尔·盖茨说："微软离破产永远只有18个月。"海尔总裁张瑞敏说："我每天的心情都是如履薄冰，如临深渊。"这让我们领会到，企业危机无时不在，无处不在。既然无可选择、无法逃避，与其心怀侥幸，不如勇于面对、做好准备。每一家企业都应树立危机理念，营造危机氛围，使企业员工时刻充满危机感、保持警惕性。还须建立高度灵敏、及时准确的预警系统，随时搜集各方面信息，及时加以分析和处理，将危机预防作为日常工作的组成部分。这是帮助企业化解危机的变之道，也是企业永固长城的赢之道。

"有个云寂和尚，到了垂暮之年，他知道自己时日不多，遂将两个弟子一寂、二寂召到方丈室，交两袋谷种给他们，要他们去播种插秧，到谷熟的季节再来见他，谁收的谷子多就可做住持。谷熟时，一寂挑了一担沉沉的谷子来见师父，而二寂却两手空空。云寂便指定二寂为未来的住持……"李嘉诚在创业之初，曾因为诚信和质量问题，使企业陷入危机中，在他焦头烂额的时候，他的母亲用这样一则故事开导他，使他豁然开朗，并一直以此保持了事业的长青。

长江厂质量危机

诚信成为李嘉诚一生事业的基石

李嘉诚刚创立长江厂时，正遇塑胶热，他接了一大批生产订单。在利润的驱使下，他想借机快速生产。他购买了大量二手设备，招聘了大批工人，经过短暂培训甚至根本没经培训就让他们单独上岗。长江厂实行三班倒，开足马力昼夜不停地出货。正当李嘉诚春风得意之时，遇到了意想不到的风浪。由于生产过于急迫，忽视了质量问题，很多客户宣称长江厂的塑胶制品质量粗劣，要求退货和赔偿损失。仓库里很快就堆满了退回的次品。一些新客户上门考察生产规模和产品质量，见这情形扭头就走。产品积压，没有流动资金，原料商仍按契约上门催交原料货款，而长江厂已经捉襟见肘，付不出货款。原料商威胁要停止供应原料，并要到同业中张扬李嘉诚"赖货款的丑闻"。墙倒众人推。银行得知长江厂陷入危机，提前派职员来催还贷款。长江厂濒临破产。焦头烂额的李嘉诚遭遇到了前所未有的困难。

事业的航船，刚刚起航，就遇到惊涛骇浪。

李嘉诚回到家里，强作欢颜，担心母亲为他的事寝食不安。知儿者，莫过其母。母亲从嘉诚憔悴的脸色，布满血丝的双眼，洞察出长江厂遇到了麻烦。母亲不懂经营，但懂得为人处世的常理。母亲平静地讲述道：有个云寂和尚，到了垂暮之年，他知道自己时日不多，遂将两个弟子一寂、二寂召到方丈室，交两袋谷种给他们，要他们去播种插秧，到谷熟的季节再来见他，谁收的谷子多就可做住持。谷熟时，一寂挑了一担沉沉的谷子来见师父，而二寂却两手空空。云寂便指定二寂为未来的住持。一寂不服。云寂说，我给你俩的谷种都是煮过的。

李嘉诚悟出母亲话中的玄机——诚实是做人处世之本，是战胜一切的不二法门。

翌日，李嘉诚回到仍笼罩在愁云惨雾中的厂里。他召集员工开会，坦承自己经营错误，不仅拖垮了工厂，损害了工厂的信誉，还连累了员工。他向这些天被他无端训斥的员工赔礼道歉，并表示，经营一有转机，辞退的员工都可回来上班，如果找到更好的去处，也不勉强。从今后，保证与员工同舟共济，绝不损及员工的利益而保全自己。此举得到了员工的谅解。

紧接着，李嘉诚一一拜访银行、原料商、客户，向他们认错道歉，祈求原谅，并保证在放宽的限期内一定偿还欠款，对该赔偿的罚款，一定如数付账。李嘉诚丝毫不隐瞒工厂面临的空前危机——随时都有倒闭的可能，恳切地向对方请教拯救危机的对策。李嘉诚的诚实，得到他们中大多数人的谅解，他们都是业务伙伴，长江塑胶厂倒闭，对他们同样不利。

李嘉诚的"负荆拜访"，达到初步目的。他却不敢松一口气，银行、原料商和客户，只给了他十分有限的回旋余地，事态仍很严峻。

长江厂只有半数产品尚未出现质量问题。李嘉诚发挥出自己的推销特长，马不停蹄到各处推销。他把有瑕疵的产品打上次品的标签，全部以极低廉的价格，卖给专营旧货次品的批发商，同时，把生产出的正品也以次品的价格卖掉一部分。终于，货款一点点地回笼了。李嘉诚强吞了这次的苦果，也更加深刻地认识到了诚信的宝贵和重要。

之后，长江厂在生产过程中严格把好质量关，不让任何一个次品出厂。

李嘉诚一系列成功举措使自己在商界站稳了脚跟，不久，就赢得了"塑胶大王"的称号。李嘉诚将诚实的种子播在他人心中，也把自己造就成香港首富。

◎智慧解码

诚信是生存和发展的法宝，是不可以用金钱来估量的。在当前人心浮动特别是以追求利润为最高目标的商业圈中，企业掌舵人的诚实守信尤为可贵。用诚信来解决企业的公关危机，用诚信做企业的脸，无疑是一条不错的出路。

就如李嘉诚现在所言："我现在就算再有多十倍的资金，也不足以应付那么多的生意，而且很多都是别人主动来找我的。这些都是为人守信的结果。"

 张瑞敏主政海尔的前身青岛电冰箱厂时，发现库房里的400多台电冰箱中共有76台存在各种各样的缺陷。张瑞敏当场宣布，这些冰箱要全部砸掉，谁干的谁来砸，并抡起大锤亲手砸了第一锤！正是这一砸，砸出了一个"海尔"，砸出了中国企业管理史上的一个"神话"。

张瑞敏怒砸问题冰箱

"零容忍"成就质量金奖

1984年12月，张瑞敏来到了海尔的前身青岛电冰箱厂。

那是怎样的一个烂摊子啊！欢迎他这位新厂长到来的是53份请调报告；整个电冰箱厂散乱、清冷、破败不堪。到厂里就只有一条烂泥路，下雨必须要用绳子把鞋绑起来，不然鞋子就会被烂泥粘走；更可怕的是，工人们8点钟来上班，9点钟就走的现象屡见不鲜。人心涣散到即使10点钟时随便往大院里扔一个手榴弹，也绝对炸不着人。这是一家已经接近崩溃的企业。要想拯救这样的一家厂子，比创业还要难得多。但是，从今天开始，这里必须要好起来！他暗下决心。

头把火，是全面进行整顿！一听说新厂长要整顿，厂里人就立刻搬出过去订的足有一人高的规章制度。但是张瑞敏看都没看这些，他没让管理人员多订条文，只制订了13条，最主要的一条就是：不准在车间随地大小便。他认为，员工们如果连这些最基本的都做不到，其他的规章制度订多少条也都是空的，整个白纸一张。

其次是决定退出洗衣机市场而转产电冰箱，限定一个星期内处理掉过去的积压产品，好腾出地方上新产品。厂里原来那些根本就用不上的东西都减价处理给职工，让员工拣拣便宜。一些员工见状，不免嚷嚷道："这小子恐怕还不如前几任，厂里的东西都被他分光、卖光了，简直就是一个败家子！"但不管人们怎么说，工厂还是开始转产电冰箱。

再一个是抓产品质量。1985年的一天，张瑞敏的一位朋友要买一台冰箱，结果到厂里挑了很多台都不满意，不是有这样的毛病，就是有那样的毛病，最后不得已才勉强拉走了一台。张瑞敏马上派人把库房里的400多台冰箱全部检查了一遍，发现共有76台存在各种各样的缺陷。他把职工们都叫到车间，问大家怎么办。当时多数人都没有意识到问题的严重，大家还满不在乎地提议：反正也不影响使用，便宜点儿处理给职工算了。

张瑞敏毅然决然地说："不行！处理给职工也等于是卖了。我要是允许把这76台冰箱卖了，就等于允许你们明天再生产760台这样的冰箱！这么办吧，你们检查部门搞一个劣质工作、劣质产品展览会。"于是，两个大展室搞起来了，里面摆放了那些劣质零部件和劣质的76台冰箱，通知全厂职工都来参观。

员工们参观完以后，张瑞敏把生产这些冰箱的责任者和中层领导留下，就问他们，你们看怎么办。结果大多数人的意见还是比较一致，都是说最后处理掉算了。

张瑞敏当场宣布，这些冰箱要全部砸掉，谁干的谁来砸，并抡起大锤亲手砸了第一锤！

沉重的一铁锤砸下去，在场的工人们都默默地落下了眼泪。要知道，冰箱在当时属于高档消费品，一台冰箱的价格800多元，相当于一名职工两年的工资；而一台冰箱的出产，要经过一百五十多道工序，要由五百多人承担责任，更是浸透了不少工人的汗水啊！

但让人流泪的还不是这些，不是因为多日的辛劳全部白费，不是因为几万元的产品化为乌有，而是因为每个人的内心都感受到了前所未有的沉重，这就是忽视质量的代价和教训啊！

当年张瑞敏把积压的洗衣机都处理给职工时，很多人都说他是"败家子"；但今天他把76台价值几万元的冰箱砸成废铁时，却没有人再说他败家。

每个职工的内心此时都受到了巨大的震撼，人们对"有缺陷的产品就是废品"有了刻骨铭心的理解与记忆，对"品牌"与"饭碗"之间的关系有了更切身的感受。

当然，在这个事件中，张瑞敏带头扣掉了自己当月的工资，以示警戒。在接下来的一个多月里，张瑞敏发动和主持了一个又一个会议，讨论的主题非常集中："如何从我做起，提高产品质量。"

每个人都要问自己："我这个岗位有质量隐患吗？我的工作会对质量造成什么影响？我的工作会影响谁？谁的工作会影响我？从我做起，从现在做起，应该如何提高质量？"

三年以后，海尔人捧回了我国冰箱行业的第一块国家质量金奖。

今天的海尔，已成功创造了逾千亿人民币的年收入，打造出了国际品牌！

245

◎智慧解码

一场"砸冰箱"事件，挽救了海尔，震撼了海尔全体员工，也确立了张瑞敏在海尔绝对的领导地位。一把锤子，砸醒了海尔沉睡的质量意识，将海尔从死亡的悬崖边上拉了回来，也走出了海尔创业史的第一步。

谁生产了不合格的产品，谁就是不合格的员工。一旦树立这种观念，员工们的生产责任心会迅速增强，"精细化，零缺陷"变成了全体员工发自内心的心愿和行动，从而使企业奠定了扎实的质量管理基础。

格兰仕曾经遭受过一场"水淹七军"式的灾难，上千万的高精密电机、仪器因被水浸泡几乎变成了废铜烂铁，数千万元的羽绒制品和各种原料被洪水无情吞噬。在被灾难"打回原形"的时候，格兰仕没有一蹶不振，反而是在灾后仅3个月，企业就全面恢复生产。年底，格兰仕微波炉产销量跻身行业第一。这其中的奥妙何在？

格兰仕遭遇洪灾

低迷时刻需要横刀立马的将军

1994年6月18日，一场灾难降临在格兰仕头上，汹涌泛滥的珠江洪水一夜之间使得格兰仕厂区之内一片汪洋，水深达2.8米。而格兰仕所有的机器都在一楼，那上千万的高精密电机、仪器连续被水浸泡几乎变成了废铜烂铁，数千万元的羽绒制品和各种原料被洪水无情吞噬。一切都是那么地惨不忍睹！看到辛辛苦苦十几年创下的家业就这么被淹在水里，格兰仕全体人员都流泪了！

灾难时刻，领头人必须要做出表率。

为了排掉厂区内深深的积水，总经理梁庆德第一个跳入水中进行分流和疏导。对于一个年近六十的老人而言，这意味着一种信念，意味着一种力量。全厂所有的人都感动和震动了，没有一个离开工厂。大家擦干眼泪，重建家园。奇迹就这样诞生了，在洪灾后的第三天，从水里"捞"出来的部分厂房就已经恢复生产。

但是，此时的格兰仕刚刚在5月份转了制，微波炉项目也刚上马不久，资金正极度紧张。这一场洪水又一下子损毁了很多设备。当时几乎无人相信格兰仕能够翻身——"格兰仕要垮台啦！""可能连工资也发不出去了！""大家要另谋出路了！"这些流言蜚语依然传遍了企业内外。

为了让那些被击溃了信心的员工重新站起来，梁庆德做出了第一个决定：借钱给每位员工发足两个月的工资，让他们自由选择，愿意留下的人就一起抗洪，不愿留下就先回家去等工厂复工。这大大地稳定了军心。谁都知道，梁庆德的这个决定面临着很大的风险：如果格兰仕不能撑过这一关，不但格兰仕倒闭，梁庆德本人还要负上巨额债务。关键时刻，没有一个人离开，大家一致要求实行两班倒，每天工作12小时，机器24小时运转。梁庆德将企业"置之死地而后生"的摧枯拉朽之力激发出来了。

梁庆德下了另一道命令："业务不要停，销售部门的同事全部出去，该跟客户洽谈的还要洽谈！"他清醒地指挥着，"越是在这种困难的时候，我们的产品越不要受影响。能够尽量争取到客户支持的，就争取客户支持。其余的人员全部要投入一线上，抢险救灾，尽快全部恢复生产。"走出去的业务部员工，很快便带着收回的货款回来了。有些销售代理商甚至提前打款过来。资金回笼，被洪水损毁了的硬件设施的修复或购买便不成问题。

灾后3个月，企业全面恢复生产。年底，奇迹出现了——格兰仕微波炉产销量突破10万台，跻身行业第一。

从洪灾后稀软的滩涂上，梁庆德重建了中国坚硬的民营企业。

◎智慧解码

一场比猛兽还要惨烈的洪水，几乎摧毁了格兰仕。但在灾难面前，在人心惶惶的严峻情势下，领头人没有气馁，而是用自己的人格魅力，给企业注入了强大动力，让格兰仕在洪水的考验中重新崛起。

当年，毛泽东曾赋诗一首说："谁敢横刀立马，唯我彭大将军。"关键时刻，需要灵魂人物出现，他的出现就是主心骨的出现。正如梁庆德之于遭遇洪灾时的格兰仕。

"时光容易把人抛，红了樱桃，绿了芭蕉。"曾几何时，一些企业在喧闹和亢奋后，旋即变成迷失与低沉，有的淡出了人们的视野，有的已被人遗忘，而修正却一枝独秀。究其缘由，是因为修正选择了"良心"，用"良心"作则，将"良心"作为其走出商战困局的第一把利器。

修正药业起家

一个企业的"仁、义、礼、智、信"

修正药业的前身是通化市医药工业研究所制药厂，坐落于素有我国天然中药材宝库之称的长白山麓医药名城——通化，是一家建于20世纪90年代的颇具规模的药厂。在它风风光光地走过了两年的安稳路后，竟然被体制改革的春风一下子吹得找不着北。

于是宣告停产。此时通化市医药工业研究所制药厂的固定资产是20万元，负债400万元。两扇破破烂烂的大门，破旧的厂房，简单落后的设备，厂区内杂草丛生。一个小厂总共50来号人，管理人员就将近40人，一线的工人却只有20来人。最要命的是，厂里已经有7个月没有发出工资了。

通化医药局不甘就此任其毁灭，他们开始设法挽救这个濒临破产的厂。停产一年后的1995年，医药局长物色上了交警修涞贵，认为这个人口碑不错，可担任厂长重任。面对重重危困，修涞贵毅然脱下了警服，成了这个厂的厂长。

新官上任三把火。第一把火是让大伙儿树立起信心。

修涞贵慷慨激昂地发表了就职演讲："我死也要死在这条奋斗的路上，我肯定跟大家一起干了！"

之后，修涞贵简单地作了劳动分工——清理厂内垃圾、调试机器、准备开工生产、跑银行申请贷款、找买主推销厂里的积压产品……

第二把火，是把所有管理人员包括自己的工资调到200元，工资向一线工人倾斜。

修涞贵将工资倾斜是为了激励一线的工人，使他们更服从管理，生产出更好的产品。

第三把火是研究产销方向。这是修涞贵的重头戏。

许多老员工建议应该推出工艺简单、造价低廉的天麻丸，这对尽快恢复企业的生产和销售都能起到推动作用。既然天麻丸造价低，为什么厂里原来不生产，却要现在推出？

员工的回答是：市场上所卖的天麻丸里都不含天麻。原因是天麻太贵了，市场上每公斤70元、80元、110元。而天麻丸成品只有两种价：1.6元和1.8元。如果加进天麻，每盒销售价至少要2.5元才够本。修涞贵的决断是：不同意生产没有天麻的天麻丸，品质一定要有保证，价格也要降下来。

修涞贵将含有天麻的天麻丸价格定在1.8元，每盒以成本计算净赔0.6元。他计划等以后卖好了，再提价。

第一批货很快销售一空。第二批天麻丸又销售出去。市场反馈的消息让人鼓舞，许多患者反映，这里生产的天麻丸疗效最好。订货的、等货的都拥在厂门口，要求发货的订单络绎不绝。

审时度势，修涞贵及时报请物价局提高药价，天麻丸每盒2.8元。这是当年天麻丸在全国的最高价格。尽管如此，天麻丸依然供不应求。

修涞贵深感质量是药厂生存的基础。国家规定的中药天麻丸标准中，只要能检测到含有天麻的成分，就算是合格的天麻丸，而不论这个丸中天麻成分的占有比重，更不论这个天麻是野生还是种植的，是一年生草本还是三年生草本。而实际上，这些不同因素都会极大地影响到药性效果。为了保证天麻质量，他反复叮嘱采购员要收购最好的天麻，甚至他还常常要自己亲自验货后才放心。

半年时间里，修正药业不仅工人工资照发，还补齐了前几个月欠发的工资，且利润略有盈余。更重要的是，在各大药材、药品经销商和消费者的心目中，"修正做的都是良心药"的口碑建立起来了，修涞贵做良心药的精神品格也同时像长了翅膀一样在同行中传颂开来。

在修涞贵的成功举措下，小药厂以"仁、义、礼、智、信"为核心，融会现代管理理念，再通过企业精神渗透到各个岗位，践行"在修正中成长，在成长中修正"，极大地提高了企业的凝聚力，增强了员工的历史使命感和社会责任感。小药厂很快就发展成为修正药业集团，集中成药、化学制药、生物制药的科研生产营销、药品连锁经营、中药材标准栽培于一体的大型现代化民营制药企业。集团下辖35个全资子公司，有员工30000余人，资产总额42亿元。自2000年起，连续6年在吉林省医药企业综合排序中位居榜首，2004年在全国中药企业利润排序中跃升为第一名。是吉林省药业龙头和民营企业第一纳税大户。先后获"全国守合同重信用企业""全国诚信守法乡镇企业"等数十项荣誉。

◎ 智慧解码

俯瞰当今之世界，红尘繁杂，物欲横流。如此大环境下，企业要把握住自己的底线还要快速地成长，的确很不容易。要能够坚守住良心与社会责任感、做不暗室欺人的个人或企业，确实很难。修正的良心药，不容易。

在天麻丸的质量与价格之间的那一道藩篱，是被藩篱困死还是冲破藩篱，这不仅是对修涞贵智商的检验，更是对修涞贵良心的检验。

"炮制虽繁必不敢省人工，品味虽贵必不敢减物力。""修合无人见，存心有天知。"这就是修正药业的品格写照。"做药就是做良心！"此语可谓一字千钧。

从"世界点火枪大王"到创立飞翔集团，从"方太旋风"到子承父业的大讨论，茅理翔的每一步都透出独特的精明。在茅理翔的一生中，"定位""换位"一词不断地出现，但不同阶段的含义却明显不同。作为老一代以理论结合实践的杰出企业家，他在方太突围时换位思考的见解令人深思。

方太成功突围
"换位"思考换来成功

　　方太前身是慈溪无线电九厂，由方太第一代掌门人茅理翔一手创办，它以电子点火枪逐步打开了外销局面，在最辉煌的时候曾创下全球销售第一的成绩，创立者茅理翔也因此有了"世界点火枪大王"的美誉。无线电九厂发展成为飞翔集团，产品获得了浙江省名特优新产品"金鹰奖"。就在茅理翔春风得意的时候，同行蜂拥而入，展开了恶性竞争，行业利润越来越薄。不久，电子点火枪的价格从最初的单价1.2美元，一直降到0.3美元，整个行业都在微利和亏损的临界点挣扎。无序的价格大战使飞翔重新陷入困境。

　　市场的残酷变化，使这位"世界点火枪大王"意识到：如果不想死，就必须突围。

　　为了寻找突围的方向，茅理翔放弃了别人眼中的点火枪这个香饽饽，开始兵分几路到全国各地调研，发现厨房用品有热销的趋势。

　　当时较有潜力的产品有微波炉和吸油烟机。限于资金情况，茅理翔只能择其一而上。为了这一决策，茅理翔足足调查了6个月，思考了3个月。考虑到中国人还不太习惯用微波炉，故选取吸油烟机。"油烟机可以说是人们的厨房必备用品。中国传统的饮食习惯是猛火爆炒，厨房自然是布满了油烟，很容易沉积灰尘。因为对中国的烹饪习惯不了解，国外厨具企业成功的不多，虽然有介入的但都因为不适合中国的市场需求而被迫退出，竞争力相对也较小，适合做突围路线。"

茅理翔毅然投资3000万元上了吸油烟机项目。

品牌化经营。考虑到曾经遭遇的价格大战，茅理翔决心走品牌路线，产品未做，品牌先行，立即成立方太厨具公司，将"方太"注册为品牌商标。

产品方向找着了，公司、品牌也有了，接下来的问题是产品如何定位。其实1995年的油烟机市场竞争也很激烈，已基本形成帅康、玉立、老板三强鼎立的局面，要想取而代之也很困难。于是茅理翔进行了第二轮更深度的调研，这次调研发现吸油烟机经常遇到造型单一、滴油、漏油、擦洗不便、电线外露、噪音大、吸力弱等七大缺点。而当时的竞争对手过多地考虑在市场上的攻城略地，多用价格手段冲击市场，真正静下心来在产品上下功夫的还不是很多。

茅理翔喜出望外，这就是市场空白点，属于自己的机会就在这里。别人走中低档路线，茅理翔就走高端路线。

他以市场为导向，指挥人员精心设计研发高端产品。事实证明方太的选择是正确的，因而弥补了市场空缺，1996年方太一炮打响，半年就卖了5万台，销售额将近3000万，掀起了市场上的第一次"方太旋风"。

茅理翔不停地寻找商机。有一次，从报纸上看到有人被煤气熏倒中毒身亡的消息，心里一动，就指挥技术人员针对吸油烟机的安全问题研发生产出了一款带有自动报警能自动排除煤气的吸油烟机。新产品一出来，马上就被一抢而空。之后，方太一直致力于人性化、个性化、高端化的产品，虽然他的产品比别人贵好几百元，却仍能保持很畅销的势头。

独特的设计使方太尝到了甜头，方太的销量也扶摇直上，方太在全国的知名度、销售量大幅度提高，1999年突破3个亿，一直保持着全国销量第二的水平。

◎**智慧解码**

对于方太成功突围并遥遥领先的秘诀，茅理翔总结说："一定要站在顾客的立场上考虑问题，顾客想到的我们一定要想到，顾客没想到的，我们也要为顾客想到、做到。只有这样，才能设计出让顾客满意的产品"。

世界是买方的，站在买方的位置上思考问题，赢得买方的认同，这就是方太的成功之处。茅理翔曾骄傲宣称："我们不仅创造了一种新的需求，而且创造了一个新的市场。"老一辈企业家的长远、朴实的眼光，屡次在市场得到了验证。

他曾作为一代年轻人的偶像，他曾成功，也曾落魄，但总是满身光环。他败走麦城后又在短短的一年内重新崛起，几乎让所有的人都站在了欣赏、赞赏他的一边。

史玉柱的传奇，突显出"执着与毅力"的魅力与价值。史玉柱个人与他所取得的商业成就，一定程度上浓缩了改革开放以来中国人、中国企业、中国经济的错综复杂、悲欢离合。

成功就是站起比倒下多一次

1996年，由于巨人大厦的扩建过大过快，巨人集团资金屡屡告急。1997年初，只完成了相当于三层楼高的首层大堂的巨人大厦停工，各方债主纷纷上门，巨人现金流彻底断裂。媒体"地毯式"报道了巨人财务危机，那上千篇的报道铺天盖地地演绎了从天堂到地狱的现实版本，赞美和欢呼突然变成了气势汹汹的质问和指责。《福布斯》"大陆富豪排行榜"排名第八的史玉柱，陡然背负了2.5亿元债务，黯然离开广东。

此时，几乎所有人都以为：史玉柱完了，再也爬不起来了。

幸运的是，受到重创的史玉柱，除了缺钱，似乎什么都不缺。

人才也不缺。史玉柱拿起电话一个个打过去，将巨人公司管理团队的20多名精英重新召集到身边，共同出谋划策，开创新事业。令人感动的是，在最困难的时候，同伴们对他依然不离不弃，没有一个人离开。

优势项目不缺。史玉柱手上已经有两个项目可供选择，一个是保健品脑白金，另外一个是他赖以起家的软件。

史玉柱仔细地算了一笔账，软件虽然利润很高，但市场相对有限，如果要还清2亿元，估计要10年，保健品不仅市场大而且刚起步，做脑白金最多5年。

万事俱备，现在就差钱了。1998年，山穷水尽的史玉柱找朋友借了50万元，开始运作脑白金。

接着是选地点。再次创业的根据地选哪比较好呢？手中只有区区50万元，已容不得史玉柱再像以往那样高举高打，大鸣大放。最终，他把江阴作为东山再起的根据地。江阴是江苏省的一个县级市，地处苏南，购买力强，离上海、南京都很近。在江阴启动，投入的广告成本不会超过10万元，而10万元在上海不够做一个版的广告费用。

启动江阴市场之前，史玉柱首先作了一次"江阴调查"。他戴着墨镜走村串镇，挨家挨户寻访。白天在家的都是老头老太太，史玉柱搬个板凳去跟他们聊天。在聊天中，这些老人都会告诉史玉柱："你说的这种产品我想吃，但我舍不得买。我等着我儿子买呐！"史玉柱敏感地意识到其中大有名堂。

255

搞保健品，宣传是不可少的。根据市场调查所得，史玉柱因势利导，推出了家喻户晓的广告"今年过节不收礼，收礼只收脑白金"，效果出奇地好。这则广告无疑是中国广告史上的一个传奇，尽管后来无数次被人诟病为功利和俗气，但却被整整播放了10年，带来了100多亿元的销售额，这两点的任何一个都足以让它难觅敌手。

2000年，这是一个丰收年。公司创造了13亿元的销售奇迹，成为保健品的状元，并在全国拥有200多个销售点的庞大销售网络，规模超过了鼎盛时期的巨人。这一年，他悄悄还了所欠的全部债务。

史玉柱的成功重生令所有人都惊讶。他曾用不咸不淡的广东话为巨人的成功重生作了总结——1997年前那场"著名的失败"是他人生中最宝贵的财富。第一次创业给他的启示就是：没有那么大的头，不要戴那么大的帽。巨人事件让他学会了不打无把握之仗，"不冒进"，第一个项目稳定了、安全了，再做第二个项目。不追求销售额，追求利润。他认为自己是个胆子最小的人。他投一个产业，有几个条件：首先判断它是否为朝阳产业；其次人才储备够不够；还有现金是否够；如果失败了是否还要添钱，如果要添钱是否准备得足够多。"我宁可错过100次机会，不瞎投一个项目。这可能是我人生中的最后一次创业。所以，我必须更加珍惜，更加专注。"

今天的他全身充满了成功者的奇迹。脑白金的一炮走红并没有让史玉柱沉迷，赢利后的他很快就卖掉了脑白金，然后开始琢磨另外一个产品——"黄金搭档"。在史玉柱纯熟的广告策略和成熟的销路推动下，黄金搭档很快走红全国市场。之后，史玉柱又开始挨个做他人生下半场的其他事——资本布局、网游、黄金酒……

◎**智慧解码**

成功更偏爱那些勇于坚持的人们。假如说成功的事业是那一颗颗明亮耀眼的珍珠，那么，沉着、智慧便是将它们串成项链的金线！

史玉柱靠着沉着、智慧与矢志不渝，一再地从平庸中崛起，从失利与逆境中重新奋起。

在民营企业家命运沉浮变幻的序列中，史玉柱再次崛起，向我们生动地展示了一连串关于危局与突破危局的故事，在他身上，我们看到了一种不屈的、顽强的精神在熠熠生辉，这就是中国人的创业精神——财富创造和经济发展的原动力。

涂建民，屡创奇迹的钢铁骄子，在中国钢铁行业中享有盛誉的企业家。他以敏锐的眼光洞察市场，以科学的管理驾驭企业，他不断地冲破思想观念的藩篱，使一个濒临绝境的企业成为一面红旗，屹立在大浪的潮头中不倒。

萍钢绝地逢生

一位船长和一艘舰船的航向

萍乡钢铁公司创建于1954年，曾经风光过一段时间，但随着中国经济的改革，国有企业普遍存在的困难在萍钢亦显露无遗：资产负债多，到1997年初，累计亏损3.06亿元，资产负债率高达115％；冗员多，劳动生产率低，1997年一季度人均产钢量仅有26.56吨；社会负担重，每年的开支高达2000多万元；技术经济指标低下，主要技术经济指标在全国钢铁企业排名中列倒数五位之内。此时的萍钢，就像一艘陷入泥泞中的战舰，锈迹斑斑，老态龙钟。1996年，在上级有关部门列出的企业"自生自灭"的黑名单中，萍乡钢铁公司赫然在目。

1997年4月，涂建民临危受命、走马上任了。面对着人心惶惶、满目疮痍的企业，涂建民以非凡的勇气和智慧、旺盛的斗志、常人难以想象的毅力开始了他的大刀阔斧之旅。

他"先开渠后放水"，精简人员和机构。涂建民的妻子周菊英恰好是萍钢职工，涂建民便先动员妻子写了辞职报告。他的以身作则赢得了人心，裁减工作很顺利，萍钢一次性减员6000多人。同时，涂建民对下属十几个经济单位实行剥离，医院、学校、公安等社会职能逐步剥离到地方，原生产辅助、生活后勤等单位改制成独立的法人企业，让他们自负盈亏，自谋生路。涂建民就在人们观望、新奇和疑惑的表情中，重新开动了萍钢这艘大船。

他雷厉风行，又趁热打铁地采取了一系列的措施：18辆小车被公开拍卖，厂长、书记和大家一起挤公交车，拍卖的车款用来补发拖欠的职工工资；所有厂领导停用手机，电话费、招待费、差旅费在厂电视台节目中统统公开；全厂午餐明令禁酒，不论何方来客，班子成员不陪餐。

为了调动干部职工的积极性，涂建民大刀阔斧改革分配制度，将全厂资金向炼铁、炼钢、轧钢等生产主体倾斜。这些生产主体的职工人数仅占全厂的30%，所得的工资收入却占全厂的70%。关键岗位和苦脏累岗位收入最高，工龄相同而岗位不同的收入相差最大的有10倍。能打开局面的管理人员、有突出成就的科技人员、有绝活的工人，被涂建民称为"三大能人"，收入高于普通职工一大截。

在干部管理上，他采用的措施也很务实：完善监督制约机制，科职以上干部每年都要进行一次民主评议，并实行黄牌警告、末名淘汰；在干部队伍中积极引入竞争机制，采取公开招聘、民主选举等方式竞争上岗。将竞争机制引入干部队伍，增强了干部的责任心，也使许多懂经营、善管理、员工信任的年轻人走上领导岗位。"兵熊熊一个，将熊熊一窝。"涂建民经常用这句话激励萍钢的领导班子。

在涂建民和新班子身体力行的带动下，萍钢职工们从困惑中看到了希望，濒临绝望的心又开始跳动起来。萍钢过去生产上不去，大家习惯找客观原因，涂建民却不这看，他认为要把功夫下在自己身上。

人心凝聚后，涂建民又不断降低内部成本，在技术上进行创新。他提出一个三年目标，其中一条就是要把高炉利用系数提高到2.214。此言一出，人们惊诧莫名。因为萍钢炼铁40多年，高炉系数一直徘徊在1.5左右，从没突破1.7。为了表明决心，涂建民让人在厂办门口树了一块牌子，上面白底红字写着生产指标。仅仅两个月，萍钢高炉系数达到2.0，最高达到3.109，进入全国50多家行业企业前列。

两年后，萍钢迅速扭亏为盈。销售收入年均增长5亿元，利润年均增长1亿元，税收年均增长5000万元。

2000年，国家实施钢铁总量控制政策，这对大多数钢铁企业无疑是当头一棒。涂建民迅速作出反应："实施出口战略。"产品出口与国内销售价格相差300元／吨，从来没有产品出过口的萍钢以此为压力，倒逼各项管理工作，使产品质量、成本跃上一个新台阶，全年出口量达到12％，当年实现利润1.2亿元。

2002年，涂建民设想对萍钢进行"整体改制"。一万多名员工对此进行"全民公决"，结果得到89.39%员工的赞同。涂建民在萍钢，已然是一呼百应了。2005年，萍钢摇身变成了一家大型民营企业，在册职工15602人。

1996年至2005年间，萍钢的钢产量从35万吨发展到337万吨，销售收入由6.4亿元增长到100亿元，税收由3300万元增长到7.13亿元。

2006年11月，全国工商联经济部、中国证券市场研究设计中心联合公布了《2005年度全国上规模民营企业调研报告》，萍钢以2005年上缴税收7亿多元位居全国上规模民营企业缴税额第12名。

2008年，受国际金融危机的影响，全国70%的钢厂不同程度限产甚至是停产，而萍钢却满负荷生产，并大张旗鼓地招工和给员工加工资。当年，萍钢实现全年200亿元销售收入，月度盈利7000万元。年底，公司董事长兼总经理涂建民在职工代表大会上激动地宣告："萍钢率先从钢铁危机中走出来了。"

◎智慧解码

萍钢先天不足，萍钢搞不好有太多的理由。涂建民从对市场经济的深刻理解和对萍钢的充分了解出发，带领全体干部员工以解放思想为先导，以改革为动力，以管理为保障，以技术进步为依托，眼睛向内，不等不靠，创造了令世人惊叹的"比深圳速度还快的萍钢速度"，企业面貌发生了翻天覆地的变化。

涂建民的改革既抓住了重点，又环环相扣，拳不落空，所以才能收到一气呵成的效果。

1998年传销风暴来临，国家一项规定使雅芳公司最具竞争优势的直销模式无法进入。但没有路也得走，雅芳多年来严守的决不踏进零售业一步的界线（基于可能和它的销售代表形成竞争的担忧），裂开了一道口子。雅芳在中国市场采取了传统的渠道方式，构建了其相应的经营网络和策略。当直销敞开合法之门时，雅芳再次毅然决然地跨身进去。雅芳的转型，痛并快乐着。

雅芳转型

唯一不变的是变化本身

雅芳是一家有着117年历史的化妆品公司，是现代直销业的"鼻祖"，其优质产品与良好服务深受中国人喜爱。然而笑容可掬的"雅芳小姐"却曾在中国市场一度无法现身。

雅芳1990年进入中国市场，是最早的外资直销企业，业绩颇佳。但随着国际性直销公司鱼贯进入中国，一些打着直销旗号的金字塔诈骗公司亦纷纷涌现。导致这种被国外称为"老鼠会""金字塔形销售"的传销违法犯罪活动在全国风行，引起经济秩序混乱，给国家和人民造成了巨大的经济损失。国务院于1998年4月颁布了《关于禁止传销经营活动的通知》，全面封杀了中国的直销经营，规定所有从事直销业的公司必须开设店铺。

摆在雅芳面前的路只有两条：要么转型，要么卷铺盖离开中国。而转型又谈何容易。雅芳这家以直销著称于世的企业，从来没有开展过店铺经营，从人才到管理到销售渠道到租赁商铺，都要从零开始，基本上相当于重新创业。而且，中国数十万计的雅芳直销小姐全部转型成店员的话，这种投资风险系数之高，绝非常人可想象。

如果卷铺盖离开中国，那么，雅芳苦心经营八年的所有市场都将毁于一旦，股市的震荡和冲击也将难以想象。

雅芳面临着是去是留、是死是活的问题！

面对风暴，雅芳选择了完全转型的模式。堪称"救火队员"的中国总裁高寿康推出一系列高度创新的销售模式——美容专柜、专卖店、零售店和推销员四种渠道同时启动。此后雅芳在华的经营几乎和传统的零售无异，6300多家专卖店以及1700多个商店专柜在全国遍地开花，每年业绩增长近40%，2004年在华的销售额接近20亿元。

如何提升在专柜渠道和大卖场渠道的开发力度，并且根本上改善雅芳的品牌下滑窘境，成为雅芳需要直面的难题。就在此时，宝洁、欧莱雅公司的各个品牌在百货商店专柜、大卖场不停地进行护柜行动和形象宣传，经验不足的雅芳表现更加幼稚，其专柜形象也远远落后于对手。

在这种环境下，雅芳公司的经典广告语"比女人更了解女人"显得空泛而找不到任何利益支撑。因此，与宝洁、安利等公司在中国市场上百亿元的销售业绩相比，雅芳20多亿元的销售额显得有点凄凉。

雅芳不可避免地要牺牲现在的业绩来争取将来复兴的可能。从这点来看雅芳的亏损似乎具有战略意义。

2005年8月10日，根据世贸组织协议，国务院常务会议审议并原则通过了《直销管理条例（草案）》，这意味着直销行业从此将在法律上被政府正式认可，直销行业的经营模式也会在被允许的范围内合法化。

雅芳又一次自救的契机来了。但是，5000家经销商的反抗很快就来了，因为直销员会与店铺、专柜抢占市场，而店铺、专柜的投资人不是雅芳而是经销商。在经销商的压力下，雅芳中国公司是沿袭公司的百年传统，还是放弃直销，借助已经树立的化妆品品牌形象趁热打铁，努力成为化妆品品牌巨头？雅芳陷入了两难的境地。但很快，这家巨头公司就毅然地下了决心，迅速申请直销牌照。

4月8日，雅芳高调宣布成为首个直销试点，顿时引发直销界的"海啸"。在雅芳自身和安利等对手公司都激起"千层浪"。4月19日，雅芳正式对外宣布直销试点方案。原计划每年在中国开500家专卖店的雅芳公司随即改变了原来的发展方案，变成了大量招募合格的直销员。这直接导致了雅芳经销商蜂拥至广州总部要求退货。

转型的一年半里，雅芳损失了很多销售，"不过没有关系，因为我们看长远的未来，我们觉得是非常地光明，因为我们已经走过痛苦的转型时期"。

果不其然，2007年后，雅芳的业绩开始回升。雅芳走过了转型之痛，终于看到了阳光!

既成的事实是，雅芳在中国市场建成了数量庞大的专卖店，由此成功地在三、四级市场制造了一个能抵御假货而又能顺利地做深度分销的专卖店渠道，这也是几年前雅芳转型的最大收获。"不论是店铺销售还是推销员销售，都是商品到达顾客的渠道，他们面对着同一个消费群体，生存在同一个竞争激烈的化妆品市场。"

雅芳不断作出调整，如采用"手机订单"技术，全面升级订单系统，整合全国性"呼叫中心"，引入了国际领先的快速分拣系统，缩减产品直达配送时间至48小时等等。

2008年10月，雅芳推出了新的直销员信用政策，将直销员的贷款额度提高了一倍，以吸引更多的直销员享受低门槛创业优惠。

◎智慧解码

唯一不变的是变化本身，雅芳作为一家百年老店，本来可以按着自己的节奏前进，但是进入中国的情势变化和水土不服迫使它必须寻求改革，转型是痛苦的，但也是快乐的。

"福兮祸所伏，祸兮福所倚。"在经历了转型中渠道冲突的阵痛之后，雅芳深谙渠道中时刻隐伏的危机，并熟练于寻求有效的管理手段，进而打造出一个健康的雅芳直销帝国。

2001年9月，临近中秋节。各地的月饼厂家都欢快地忙碌起来，收获的季节就要到了。突然，中央电视台《新闻30分》投下一颗重型炸弹——南京冠生园在2000年中秋过后将当年尚未销售出去的月饼从各地悄悄回收并冷冻储存。2001年中秋前再将陈馅从冷藏中"鱼贯而出"，经过剥皮、搅拌、炒制、冷藏这几道程序后，已发霉的陈馅摇身一变成新贵，准备再次突围2001年中秋月饼市场。

就是这则消息，使冠生园的"冬天"提前到来了。

出水之后才知谁两只脚上沾满泥巴

新闻披露了南京冠生园总经理吴震中与记者就有关陈馅月饼问题的一段对话，大意是：全国范围这是一种普遍现象，全国所有厂家都用陈馅做新馅，而卫生防疫法里的保质日期也没有明确规定，所以生产日期是一个可以模糊的空间。

群情哗然。冠生园公司接连受到广大媒体穷追猛打、消费者的投诉和经销商的退货。

同时，南京冠生园还后院起火，腹背受敌。由于这位老总出场的头一句话就把全行业的人都得罪了，甚至在没有证据的情况下，指名道姓地提起其他厂家的名称，更加招致同行的不满。报道一出，就有三家企业表示要起诉南京冠生园。

又一句"日期在整个食品行业中有一个模糊的空间"，如此言论，既降低了冠生园这个知名品牌的标准，又愚弄了广大的消费者，导致失去了消费者支持的最后一块阵地。

一时之间，南京冠生园成了众矢之的，消费者倾向于它的心理天平骤然倾斜，避之唯恐不及。

曝光两小时之后，江苏省和南京市卫生防疫部门、技术监督部门即组成调查组进驻该厂。南京卫生监督所到冠生园进行了采样，采集了十多种月饼进行化验。该厂的成品库、馅料库全部被卫生监督部门查封，各类月饼2.6万个及馅料500多桶被封存。

9月6日，南京冠生园被有关部门责令全面停产整顿。

9月18日，南京冠生园在媒体上作出声明，大概意思是：一、中央电视台的报道完全失实。二、记者时隔一年才报道完全是别有用心，其意图就是破坏冠生园的名誉。三、南京冠生园绝对没有做过这种事情。同时表示：对毁损公司声誉的部门和个人，公司将依法保留诉讼的权利。

一波未平，一波又起。其后不久，冠生园的一位老师傅又向媒体透露了南京冠生园用冬瓜假充凤梨的内情。原来自1993年冠生园合资后就用冬瓜假冒凤梨，被曝光前，厂里每天有一二十位职工专职削冬瓜皮，切成条后加糖腌制，再加上凤梨味香精，批发价仅两角一斤的冬瓜就变为一元左右的凤梨。

一时举国哗然，各界齐声痛斥其无信之举。南京冠生园在公众眼里彻底失去了信用。其月饼顿时无人问津，很快被各地商家们撤下柜台，时值月饼销售旺季，其销售却一下子跌入冰点。许多商家甚至向消费者承诺：已经售出的冠生园月饼无条件退货。

尽管有关部门后来通知商家南京冠生园的月饼经检测"合格"，可以重新上柜，但心存疑虑的消费者对其产品避之唯恐不及，冠生园月饼再也销不动了。信誉的缺失使多年来一直以月饼为主要产品的南京冠生园被逐出了月饼市场，公司的其他产品如元宵、糕点等也很快受到"株连"，没

人敢要。南京冠生园从此一蹶不振。

在空前的危机面前，冠生园这个具有88年悠久历史的著名品牌砰然倒下。2002年2月1日，春节即将到来之际，南京冠生园以"经营不善，管理混乱，资不抵债"为由向南京市中级人民法院申请宣告破产。

◎ **智慧解码**

"灭六国者，六国也，非秦也。族秦者，秦也，非天下也。"灭南京冠生园者，非央视也，是南京冠生园自己。经济学家于光远说过："名牌战略的内容就是创名牌、保名牌、再创名牌。"南京冠生园偏偏反其道而行，"吃名牌、毁名牌、亡名牌"。以次充好，不讲质量，欺骗顾客，毁了老字号，也毁了前程。

股神巴菲特说，潮水退了之后，才知道谁在裸泳。欺于暗室，不管开始做得多隐蔽，最终赔上的还是自己的一切。

在央视二套的一期"财富人物"节目中，新东方灵魂人物俞敏洪成为该节目的主角。节目中，主持人王小丫爆了一个料说："我们听说，俞校长在做新东方的历史上，曾经得过一场大病，几乎到了死亡的边缘。这时候，新东方请来了一位医生，把病给治好了。今天我们也把这位神秘的医生请来了节目的现场。"当神秘嘉宾王明夫走上台时，观众才明白，他是一家咨询管理公司的负责人，曾经为新东方进行过一次危机管理咨询，挽救了新东方一次前进中的危机。

新东方组织再造

脚大了鞋子也要跟着大

　　2000年前后的新东方学校已经是中国民营教育最具影响力的品牌之一。1999年，新东方学校一年培训学生10万人次，2000年15万人次，2001年25万人次。其实，在这个过程中新东方一直潜伏着乱局和危机。问题之一是纠缠着复杂和痛苦的人际旋涡和公司政治，剪不断、理还乱。其中的关键事主是新东方"三巨头"——校长俞敏洪、副校长徐小平和王强。王强是俞敏洪北大时候的同班同学，徐小平是俞敏洪上世纪80年代在北大念书期间的青年教师。三人在北大的时候就相知相熟。后来徐、王留学北美洲，分别在加拿大和美国安家立业。1995年，国内创业将近5年而且初成气候的俞敏洪专飞北美洲，以机会、梦想和激情力邀徐、王回国加盟新东方。从此，新东方"三驾马车"齐拉共跑，带领新东方走出了一段狂奔突进的崛起和欢歌岁月！

时间走到2000年前后，大家共事的蜜月期和高潮期结束了。新东方已然做大了，但"新东方是谁的"一直没有解决。"民办公有"的新东方学校产权状况，像是一个挥之不去的阴影笼罩着新东方的创业功臣们。

问题之二是，其时新东方的总体格局是：大牌子底下的一群个体户，各显神通。新东方牌子下面聚合了一批心高气盛、才华横溢的能人，而且他们大多是有着狂放气质的北大骄子。他们依据"分封割据、收入提成"的方式各自把持一块业务，然而，各路"诸侯"自种自收、各自为战的这种局面，走到2000年，已经难以为继。

首先是"领地"有肥瘠，据守贫瘠领地的人想方设法染指和入侵肥沃的领地；而据守肥沃领地的人，则想方设法防范、阻止和抗议入侵者，由此引发的纷争、指责和相互攻击，几无宁日。其次是在自种自收的体制下，大家都先顾自己收益的最大化和落袋为安，而把新东方整体的品牌信誉置后考虑。滥用和"搭便车"新东方品牌的现象呈失控趋势。

灵魂人物兼管理者俞敏洪顾头难顾尾，使出浑身解数化解是非纷争、平衡各方利益，但每每是吃力不讨好，安抚了这个、得罪了那个。三番五次下来，俞敏洪的管理权威和公信度受到全面挑战。

管理乱局和政治危机在发酵，新东方请来和君咨询公司以求帮助。和君咨询以"专家"身份给出了新东方走出乱局的三点建议：

首先，大家必须确立起看待问题的正确立场和态度。通过历史分析大家可以看清楚：乱局是在新东方长大的过程中一步步地形成的；问题的出现是历史上"分封聚众、坐地分银"模式的必然结果，而与谁谁谁的道德和人格无关。其次，从"义"的方面重新燃烧起新东方事业的理想主义光芒。再次，从"利"的方面描绘未来新东方的价值。

他具体提出一些措施：1. 在"学校的旁边"构建一个规范的公司化运作主体，注册成立新东方公司。2. 创新和明确股东（创业元老和关键人物）的盈利模式，追求企业价值最大化，直取50亿元目标。3. 根据资本增值最大化的要求来进行整体布局、资源调配和工作分工，将个人能力和资源纳入到公司的组织功能体系之中，各就各位地扮演自己的角色和发挥自己的岗位职能。4. 彻底变革"分封割据、自种自收"的运营模式，建立现代法人治理结构，发育和建设统一的、能够惠及和约束全员的组织功能体系……

新东方以前的种种分封割据、合作崩裂的情况消失了，新东方平稳地化解了治理危机、走出了混乱局面、重建了管理秩序。新东方生存下来了。

2006年9月7日，作为中国最大的私立教育机构，新东方教育科技集团在美国纽约证券交易所成功上市，开创了中国民办教育发展的新模式。

◎智慧解码

力在则聚，力亡则散！这个"力"，对于新东方来讲，是动力，是亲和力，是凝聚力，是能力，是组织中每个成员的快乐与和谐。"力"在，才能众志成城，才能合力成一座山，才能将目标凝聚成一轮太阳，才能在人力资源、集体优势以及配合等方面体现出其优势。

一句话：所谓新东方用于解决危机的法宝"组织再造"，其实就是用一个共同的远大理想，把各种已经散了的力设法凝聚成团，然后聚沙成塔，再创辉煌。

新东方的情形与当年梁山宋江他们的情况有相似之处。108个好汉个个身怀绝技又个性特强，用什么方法将他们团结在一面旗帜下呢？宋江想出的是一个"义"字，以"义"为纽带把那些兄弟团结在一块。同时，又假借天意排定了108将座次，使大家各安其位。现代企业管理当然不能学那一套，但是，两者的"病"其实是差不多的。

2004年搜狐一度被中移动处罚后，股票大跌，用户信心受损，搜狐进退维谷之际，董事长张朝阳公布了一封鼓励信，巧妙地向内向外传达了自己的声音，以图挽救这场危机。事情真有那么容易吗？

搜狐遭罚

一封信稳不住华尔街

曾经，许多小网站借各大门户网站的"短信联盟"蜂拥而上，一时间不良信息泛滥。中国移动要求SP（网络服务提供商）停止和个人网站的一切短信或彩信平台的利益往来，并限期整改。2004年8月10日，中国移动重拳出击，宣布了对包括搜狐在内的六家SP的彩信业务的处罚措施，其中，搜狐公司被以"违约"为由罚暂停彩信业务一年，并停止六个月申报新业务。根据中国移动致各SP的通知显示，搜狐的违约情况是：在未经移动公司许可的情况下，该公司技术人员擅自在四川地区群发WAP PUSH广告1374条，用户点击WAP PUSH的同时，系统默认为直接订购上彩信搜狐我要图业务（10元/月），已经发现23个用户因此被强制订购该业务，给用户造成较为恶劣的影响。

搜狐的市场动荡接踵而来。8月13日，搜狐股票在纳斯达克大跌1.78美元，跌幅超过10%。面对危机，搜狐立即向纳斯达克申请停牌并获得批准。所以美国时间周五（十三日）搜狐交易停了半天待披露完成后方复牌。

但之后，搜狐公司非但不坦陈自己的过失，反而通过网络传媒，公开地表现出不服。

搜狐管理层认为这一处罚过重，尤其是在搜狐昔日通过彩信上珠峰及搜狐彩信小姐重大活动对彩信品牌推广作出过很大贡献的情况下，"这一处罚让我们感到非常遗憾，而搜狐在SP横向比较中算是运作比较规范的公司"。

搜狐对这一业务是十分倚重的。张朝阳早已将WAP和彩信视作下一个增长引擎。搜狐第二季度无线业务收入的20%来源于2.5G产品（彩信和WAP）业务，其余80%来源于短信业务。2004年上半年花费巨资选拔搜狐彩信小姐，将彩信作为主要市场推广活动。而面临奥运商机，搜狐与中新社签订了奥运新闻图片的独家"无线合作伙伴"协议，正要借奥运提升无线增值业务，没想到就出了这等意外之事！在竞争激烈的彩信市场上被停止一年，所丢失的先机可想而知。受中移动给予处罚的影响，搜狐不仅将预期收入调低，就连目前其他潜在的向中国移动业务的申请计划也将被迫暂停。这也难怪张朝阳要全力"救火"。

然而，搜狐股票再次下跌。

于是，搜狐再次抛出许诺："我们要进一步推进多元化均衡发展的策略，形成搜狐自身持久的核心竞争力。我们今年在网络广告、搜索、在线游戏电子商务方面已经取得了突出的进展，这才仅仅是开始，搜狐是一个坚韧不拔的公司，其爆发力将在一个较长的时间里逐渐展现。我们将进一步发扬搜狐文化精神，尊重每个人并给每个人创造尽可能的发展空间，继续市场导向，加强技术产品驱动，追求务实，证明其卓越。我相信，有搜狐一千名优秀员工拧成一股绳，焕发二次创业的激情，胜利终归属于我们。"有心人很明显就看得出，这里头没有实质上的东西。

搜狐高层张朝阳又开始了另一种"公关"。他写了一封"张朝阳致搜狐员工的公开信"，说："我最近刚刚获得'管理学会'2004年年度杰出企业家奖，这是世界最权威的，有64年历史的管理学会第一次将此年度大奖发给一个中国人，往年的获奖者包括柯达CEO，Intel CEO Andy Grove

等。这是管理学会对正在崛起的中国的关注的明证，也是对我及搜狐公司对中国互联网发展的贡献及管理实践的成绩的肯定，这一荣誉属于我，更属于搜狐的团队。"

搜狐通过各种渠道将自己的上述几条观点传播了出去，他们希望通过这一系列的举措来挽救自己的颓势，但事与愿违。纳斯达克股市并没有上涨的动静。看来，股民并不十分认同这封信。从2004年第三季度财报看，搜狐第三季度收入为2590万美元，与其他门户网站相比，搜狐的表现并不出色。

对于华尔街的不买账，搜狐还是没有警醒，张朝阳依然信心十足地向媒体表达搜狐的强硬："中国互联网企业被中国用户接受和被美国资本市场接受，这是两回事。""我们不会跟着华尔街的指挥棒转，我们要考虑公司三五年后的竞争力。产品、技术、公司的文化和凝聚力、有战斗力的团队，这些是三五年之内能否笑到最后，成为最成功的互联网企业的保证。"搜狐这是在用"远景"来打气。

搜狐一系列的危机应对中，都容易给公众"拒不认错"的负面印象。搜狐明明知道自己错了，又不想当一个被打后的理亏者，可能是搜狐担心认错后短期内品牌难以修复，股民、员工及其他客、用户的信心也必将受到严重打击，股票市场受到的损失会很大。但现实给出的答案是：做错了就要诚心诚意认错，除此之外其他的应对方法都是错误的。

◎智慧解码

搜狐在此次事件中锋芒外露，强硬却又无力，最终落了个败局。企业也要有企业的格调，能否脱困避危，凭的是自身的声誉和经济增长点，否则企业形象必定难以树立。

一个企业的成败，虽然不能说完全取决于管理者能否在任何时候都考虑周全，但有一点我们必须牢记：企业的生存，永远不能忽略各方，特别是他人的情感与利益，更不能虚张声势，否则可能会满盘皆输。

松下幸之助是日本著名跨国公司"松下电器"的创始人，被人称为"经营之神"——"事业部""终身雇佣制""年功序列"等日本企业的管理制度都由他首创。

松下幸之助一生中经历了无数次大风大浪，但每一次危机都让松下幸之助巧妙地化解过去，且危机之后的松下公司如同一棵常青树般再次充满生机与活力。

松下幸之助三次危机

勇敢地跟灾难握手

松下电器产业株式会社创建于1918年，创始人是被誉为"经营之神"的松下幸之助先生。创立之初是由3人组成的小作坊，经过几代人的努力，如今已经成为世界著名的国际综合性电子技术企业集团。

松下幸之助常说的一句话是："人没有永远的失败，一时的失败并不足惧。"他传奇的一生，曾经历过三次重大危机。

第一次危机是1929年9月，世界性的经济危机席卷日本，而当时日本刚刚在两年前经历了金融危机，整个市场一片萧条，松下企业的产品销量锐减，库存激增，经营步入困境。

在其他企业一片裁员风中，松下幸之助决定，生产减半，工时减半，但不解雇任何一名员工，员工薪金还按全天上班时间照发。同时鼓励员工上半天工作，下半天可根据自愿原则，选择出去帮助公司推销库存。

松下的对策使员工陡生风雨同舟之感，他们焕发出前所未有的创造力，员工都牺牲了休假，不但对分内的工作全力以赴，而且努力推销库存产品。短短两个月，原来堆积如山的库存产品就销售一空，工厂也恢复了正常生产。在经济萧条时期，甚至还得拼命赶工，唯恐供不应求。

松下幸之助这种生产减半而不减薪、不裁员的方法，虽然牺牲了企业短期经济利益，却促进了企业伦理水平的提升和长期收益的增加，为企业带来了意想不到的收获。尽管国内经济节节衰退，但松下电器公司取得了平稳的进步。

第二次是1937年后，日本对外发动战争，松下企业被迫接受制作木船和木制飞机的任务，企业大量贷款生产而收益甚微。而当1945年日本战败后，国民经济崩溃，松下不但要偿还大量负债，同时要缴纳财产税，使他辛苦挣来的2000万元资产荡然无存，反而欠下700万元高额债务。同时，美军司令部将松下公司定为财阀，依据相关规定，一旦被定财阀，松下就有可能失去他的公司。

松下不下50次地去美军司令部进行交涉，却没有什么效果。松下遭受到了几乎致命的打击，事业和人生均陷入低谷。

面对危机，松下虽苦不堪言，但他决心"拿出勇气来，从头再来"！再次创业，而且是从零开始创业，这对于一个已经50岁的人来说是十分不容易的。但松下别无他法，他认为：把战争对企业的创伤抛开，估计这是企业重新站起来的唯一出路。

松下写出了下一步的创业方案，并向银行申请贷款。在他刚想将厂牌摘走时，幸运的是，由于民众集体抗议，公司被定为非财阀。

第三次是1973年，世界石油危机中，使严重依赖海外资源的日本企业几乎无力应对，赤字如瘟疫般在日本企业蔓延。松下企业也陷入严重的困境之中。

松下幸之助冷静地分析，沉着地调整各种经营方略，挖掘内部潜力，运用自来水精神——将世界上最好的电子产品拿过来模仿，并比别人做得更精、更好。之后，他用仿造生产的产品成功地打入市场，挽救了濒临倒闭的厂子。

松下再次渡过了危机，并以更大的气魄进军美国市场，最终形成傲立世界企业之林的超强企业。松下幸之助本人的命运亦在跌宕起伏中强劲地上扬。

◎**智慧解码**

松下公司的纲领是：彻底尽到产业人的本分，为谋求社会生活的改善和向上，为世界文化的发展而做出贡献。

以上这句话，读来平淡，实则蕴意深远，绝非常人所能做到。

松下还说，是因为公司有信仰，才能撑到今天。

信仰属于宗教和道德领域，表面看来与经营无关，但松下从其人生观出发，把自己和全公司的信仰与经营联系起来，他的这种认识对我们有很深的启发意义。

联邦快递公司的故事充满了理想、冲动、资本、冒险和成长。

在美国企业的发展史上，联邦快递公司是一个奇迹，是20世纪下半叶伟大的创业传奇故事之一。它杀出重围的招数繁多，令人眼花缭乱，但最后总是以成功收场。

联邦快递脱困

永不止步的传奇

1971年6月，弗雷德·史密斯投入巨资成立"联邦快递"公司，宣称以"隔夜快递"服务为立足之本。他把购来的飞机改装成货机以适用于运送包裹。

但此豪举并不被外界看好，因为当时的货运业利润很差。弗雷德的朋友、竞争对手和传播媒介都认为他简直是疯了。"如果这种快递服务有市场，主要的航空公司或许早已经这么做了。"

的确，当时的货运业很不好做，像联合航空公司货运部就是在连续赔掉了近2000万美元之后才放弃了货运而转向能够赚钱的客运业。很多老牌企业，不仅没有参与隔夜快递服务的创立，而且断言，弗雷德·史密斯一定会失败。

为了消除外界的质疑和悲观，弗雷德积极努力地争取第一个大客户，寻求与美国联邦储备系统签订服务合约。为了这第一笔业务，他使尽了浑身解数，在纽约与华盛顿之间跑了无数个来回，拿出几百个小时与那些

"官方的人"解释、沟通、协调，总之他是志在必得。可是，几周以后，他得到的却是联邦储备系统拒绝接受"隔夜快递"服务的消息。

初战失利，用飞机为联邦储备系统快递票据的计划彻底失败了，特地购买的两架飞机被闲置在机库里动弹不得，刚刚建立起来的联邦快递公司和年仅26岁的弗雷德面临着首战失利的沉重打击。所有人都以为，联邦快递死定了。

外界更是一片铺天盖地的怜悯及嘲笑。但弗雷德不甘心。

弗雷德投资75000美元组成了一个高级顾问小组，再次深入地进行市场调查。他们发现，随着新兴技术的兴起，现在托运的东西多倾向于小件包裹，且比以前更讲究时效。

弗雷德根据调查的市场情况，重新制定了营业计划，新的营业计划比原来的计划复杂得多，所需资金投入量也很大，首先要有一定数量的运输工具——飞机和汽车，还要在全国建立服务网、开通多条航空线，但这一切都需要庞大的资金来做底钱。

弗雷德毅然决定把自己全部家产850万美元孤注一掷地投入联邦快递公司，但钱仍旧不够。

弗雷德开始竭尽全力对华尔街那些大银行家、大投资商进行游说。弗雷德对快递公司市场精辟、独到的分析以及他的努力、他的自信、他的非凡领导能力，特别是他破釜沉舟地把全部家产投在联邦快递公司的勇气和冒险精神，给这些私人投资家留下了极为深刻的印象。很快，他筹集到了9600万美元，创下了美国企业界有史以来单项投入资本的最高纪录。

弗雷德再次购买了33架达索尔特鹰飞机，因为这种飞机体积小，不需要向民用航空委员会申请执照，咨询公司还向他提供了一大批熟悉空运业务的管理人员。

1973年4月，联邦快递公司正式开始营业，计划面向25个城市提供服务。但令人失望的是，第一天夜里运送的包裹只有186件。在开始营业的26个月里，联邦快递公司亏损2930万美元，欠债主4900万美元。联邦快递再次处在随时破产的险境，公司的早期支持者打起了退堂鼓，不肯继续投资。

弗雷德现在要做的唯一一件事就是争取发展时机。为得到美国邮政总局的合约，他把价格杀得很低，并在西部开辟了6条航线，以至使人怀疑是否还有利润。确实，虽然这笔业务并没有很高的利润，却可以用来充当公司的门面，这样做不仅让投资者放心，还可以争取更多的用户。

也可能真的是"天道酬勤"，机会来了。首先是政府解除了对航空运输业的限制，极大地增加了货运行业的运输量。另外一个好运气是，由于联合包裹运输公司的员工长期罢工，终于使铁路快运公司破产。这就为联邦快递提供了重大的市场缺口，业务量很快增长。

1975年，公司的经营状况开始好转。1977年年度经营收入突破1亿美元，获纯利820万美元。联邦快递公司终于走出困境，并创造了奇迹。

随着公司快递业务的不断增加，弗雷德为了保证业务量较大航线的需要，决定购买一批载重量达4.2万磅的波音727型飞机。购买波音727型飞机，公司需要筹集到更多的资金。

弗雷德决定，让联邦公司的股票公开上市，面向社会融资。

1978年4月，联邦快递公司在纽约证券交易所正式挂牌，公开出售第一批股票。

联邦快递公司股票的发行，不仅筹集到了购买飞机的巨资，而且使公司的早期投资者得到了回报。联邦快递公司的路越走越宽，公司的年度营业收入以每年大约40%的速度增长，并逐渐将触角伸向全世界。

◎智慧解码

联邦快递公司是美国最富市场战斗力的公司之一，是美国企业开拓进取、敢于创新的代表。

弗雷德·史密斯曾这么评价自己杀出重围的感觉："我认为，大多数时候，一个企业家要面对的最大风险是内在的。他们必须决定，这件事是他们想花毕生时间和精力去做的，而不是其他的事情，因许多新观点的确会遇到重大的阻力。有时阻力来自市场，有时来自资金，有时来自劲敌。但这需要狂热的工作才能将深思熟虑的观点一步步变为成功的现实。有许多人最初成功了，但却不能保持下去。因此，我觉得，如果有人想成为一个企业家，他必须首先过这个难关，这个企业家必须向灵魂自省：'我是不是日复一日、月复一月、坚持不懈地来使得这个观点变为成功？'这不是所有人都能做到的。"

三十多年来，AMD（超威半导体）在桑德斯领导下几经沉浮，以其出色的市场销售能力把AMD从一个办公室设在卧室里的小公司发展成为销售额超过20多亿美元的国际大公司，和英特尔公司、国家半导体公司相抗衡，创下了企业界的奇迹。这个比现实生活中更具高大形象的桑德斯，使AMD也显得比实际更高大。

桑德斯迎战英特尔

坚持就是胜利

AMD创办于1969年，曾进入过《财富》杂志500强。它的主要业务是为其他公司重新设计产品，提高它们的速度和效率，并以"第二供应商"的方式向市场提供这些产品。1984年AMD的股票在纽约股票交易所上市，公司已雇佣了2000人，销售额为4亿美元。AMD的创业者兼总裁桑德斯自豪地说道："我们是一家真正的公司，有几千名员工，还有数百万平方米的厂房和产品。"

好景不长。竞争对手英特尔推出了8086处理器，桑德斯只好选择了Z 8000作为和英特尔一竞天下的武器，但技术上看起来相当诱人的Z 8000在正式推出后却是一个失败的产品。Z 8000的兼容性非常差劲，而公司已经为它花了大量的金钱和力气，包括改造生产线和全球性的宣传。AMD走到了一个生死关口，当时甚至有的经济分析家已经判了AMD死刑。

1986年，变革大潮开始席卷整个行业。日本半导体厂商逐渐在内存市场中占据了主导地位，而这个市场一直是AMD业务的主要支柱。同时，一场严重的经济衰退冲击了整个计算机市场，限制了人们对于各种芯片的需求。AMD面临着巨大的危机，进入了艰难发展的阶段。

英特尔断然放弃了存储器业务，将全部力量转移到微处理器，成功开发出386处理器，这成了英特尔再次腾飞的里程碑。AMD从此被英特尔远远地甩在了后面。

步履维艰的AMD不得不进行了10多年来的首次大裁员。1989年，桑德斯将整个公司转移到新的市场，比英特尔晚了好几年。此时，AMD每股价格跌落到4美元。在以后的17年间，AMD一直在低谷中徘徊。其间AMD总共有8次获利，7次出现赤字，这期间的净盈余为16.6亿美元，其中有9.83亿美元是2000年的成绩。相较之下，英特尔仅两个季度就能赚进14亿美元的盈余。在英特尔的市场打压下，ADM经受着严峻的考验，差点宣布破产。很多华尔街人都预言它必倒无疑。

281

不甘待毙的桑德斯开始改革：改组整个公司，以求在新的市场中赢得竞争优势，以求突破英特尔设下的市场瓶颈。AMD开始通过设立亚微米研发中心，加强自己的亚微米制造能力。他要求公司研制、生产的产品比别人更先进。但此时的英特尔已然是一代巨人，拥有了任何公司都难以将其撼动的市场力量。挑战英特尔不是那么容易的。

1991年，AMD推出了它的386处理器AM386，打破了英特尔公司在PC微处理器上的垄断地位。但之后的路果然并不顺畅。1994年，AMD企图对英特尔奔腾处理器的挑战遭到重大失败。K5处理器姗姗来迟地推出，效能却不若预期的理想。K5处理器的计划未能成功。

胜利总是那么遥远。而桑德斯却发誓"在哪里栽倒在哪里爬起"。在K5处理器饱受批评之中，他收购了一家小处理器公司Next Gen，同时在德州Austin建了Fab25晶圆厂。

华尔街的分析师们开始担心：若AMD无法赶快推出另一款芯片设计，势必面临重大财务危机。但事实证明，桑德斯买下Next Gen果然是明智之举，因为Next Gen的小组很快就接连推出K6与K6-2，向英特尔的奔腾家族发起了最强大的挑战。K6处理器和相同频率的奔腾Ⅱ代处理器的速度不相上下，可价格要比英特尔低25％，这使得英特尔在1998年第一季度出现巨大亏损。国际数据公司的半导体分析专家凯利·亨利说："K6是AMD打翻身仗的产品，使英特尔确实感到威胁，AMD也因而被人刮目相看。"

之后，AMD大量引用外来的技术与工程师，例如Athlon芯片中所使用的总线原先是用在迪吉多Alpha处理器上，而该芯片的铜制程则是与摩托罗拉联手设计；最新Hammer芯片则含有IBM的SOI硅绝缘层技术；另外，Alpha芯片始祖Dirk Meyer则担任AMD处理器部门大头。

1999年，AMD又推出了K7。华尔街开始重新审视这家曾被他们判了死刑的AMD。

2000年2月，AMD先于英特尔推出了当时运算速度最快的850兆赫芯片。公司士气大振，仅仅一个月之后，AMD再拔头筹，推出1000兆赫的芯片，两次大捷让投资者备受鼓舞，AMD股价大涨，AMD"速龙"芯片的知名度也在一天天扩大，市场占有率稳中有升。

在2000年前9个月时间里，AMD的股票回报率超过100％。在每股80美元价位时，AMD公司宣布分股，这是这家公司在经历17年的沉寂之后，头一回实实在在地给投资者一个最好的报答。美国所有财经频道和报纸都把AMD的动态作为热点新闻加以报道。

胜利姗姗来迟。AMD终于成功地摆脱了倒闭的阴影，它站起来了。

◎ **智慧解码**

他就像希腊神话中的西西弗斯，把那块巨石不断推起，不知疲倦。AMD一次次被英特尔打得落花流水时，桑德斯依然不改初衷。

坚持理想、具有冒险的勇气和创新的魄力，使得桑德斯一直被硅谷视为才华横溢的领袖人物，而桑德斯也认为自己是改造世界的人物。正是他这种勇于抗争的精神，才使得AMD一次次地走过泥潭，也使得他永远成为AMD的精神标杆。

这是20世纪最富传奇色彩的企业神话故事。克莱斯勒身患绝症，艾柯卡勇猛顽强，紧急拯救克莱斯勒。他几把火烧过去，克莱斯勒竟然凤凰涅槃绝地逢生，在烈火中再现出异彩！震惊底特律！

克莱斯勒火中涅槃

大刀阔斧起死回生

克莱斯勒是美国著名汽车公司，自1919年诞生伊始，就跻身于美国汽车行业的前列，与著名的福特、通用汽车公司鼎足而立。它生产的车因性能优越而驰誉汽车市场，人们美其名为"车中凤凰"。然而，到了20世纪中期，克莱斯勒公司却因经营不善、盲目发展，已连续三个季度亏损，亏损额高达1.6亿美元。克莱斯勒有史以来从没这么糟糕过，它陷入了绝境，昔日的"凤凰"已容衰体弱，奄奄一息了。

无计可施的克莱斯勒董事长李嘉图只好来请著名企业家艾柯卡救难。

艾柯卡提出了一个条件："克莱斯勒公司必须让我放开手脚去干。这不仅仅是财政方面，我要求的是要按我的主张办一切事。"

"这个公司只能有一个老板。如果你跟我们一起干，那就是你。"李嘉图很痛快。

艾柯卡上任了，担任克莱斯勒公司董事长。

当艾柯卡着手了解公司内部存在的问题时，事情糟糕的程度超过了他的预料。那里秩序混乱，纪律松散；现金周转不灵；副总经理不称职；没有人指挥调度；车型失去吸引力；车辆不安全等等，积重难返。特别是公司的副总经理竟有35人之多，每个人都有一块小地盘，每个人都是一个独立的小王国。公司上下左右之间不存在明确的隶属、咨询关系。令艾柯卡最为恼火的，是公司内根本不存在一个可以信赖的信息收集和传输系统，根本无法依据输送上来的信息作出正确的判断与决策。

艾柯卡清楚地意识到，挽救克莱斯勒公司的头等大事，莫过于建立一个有效的领导班子和重振员工的斗志。在董事会的支持下，艾柯卡在公司内外采取了一系列令人瞠目结舌的措施。

首先，他在公司的管理机构上点了一把大火，在3年之内，他把35位副总经理解雇了33位，同时又从外面招聘了一批他所熟识的、精明强干的人物。艾柯卡请来的都是些在逆境中敢于迎接挑战的人，他们是一批只要认准了方向，在任何艰难困苦中都不会屈服的人，因此在公司中起到了中流砥柱的作用。

艾柯卡制定了一个制造K型车的计划，它像是无尽长夜中的一线曙光。这种车能让乘客非常舒服，只需4个缸就能跑得很好。虽是小型车，但是破天荒地能进6个人，而且体积小，线条美。K型车的推出，使克莱斯勒起死回生，使这家公司名副其实地成为在美国仅次于通用汽车公司、福特汽车公司的第三大汽车公司。

但计划没有变化快。1979年1月16日，"石油危机"爆发，汽油价格暴涨，整个美国一头栽进了经济衰退的深渊。这使得本来不堪一击的克莱斯勒公司如同雪上加霜，顿时陷入困境。克莱斯勒公司是生产娱乐车辆及住房车辆的最大厂家。"石油危机"的灾难一来，这些巨大的"油老虎"首先遭殃。半年了，他们给娱乐车厂家生产的底盘及发动机几乎一台也没有卖出去。这对于拥有14万多雇员、开支巨大的克莱斯勒公司来讲，面临的问题已经很简单了，不是什么建立新厂家、研制新车型，而是如何闯过这"生死存亡"的难关了。

作为公司最高统帅的艾柯卡，他意识到自己只能是一名奔波于前沿阵地上的军医，只能在有限的时间内选择几个救活率最大的伤员来治疗。他决定对克莱斯勒公司全面大动手术。

他关闭或出卖了一批已成为公司包袱的工厂。从上到下进行大裁员。仅两次大裁员，就使公司每年减少近5亿美元的花销。

为了激励广大员工的斗志，艾柯卡又宣布最高管理层各级人员减薪百分之十，而他自己年薪只是象征性的一美元。榜样的力量是无穷的。他感动了工会主席和几十万员工，使他们自觉地为拯救公司而"勒紧腰带"，努力工作。

与此同时，艾柯卡"还在处理缺勤者方面得到了工会的支持。有些人从来不上班但照样拿工资。在工会协助下强制执行了一些处罚长期缺勤者的规定"。他还把工会主席杜格·弗雷泽请进了董事会，让工会主席"从经营管理的角度直接了解克莱斯勒公司的情况"，使之既为工人着想，又为企业分忧，指导公司如何最大限度地减少混乱和损失。

经过如此艰苦卓绝的3年奋斗后，克莱斯勒公司终于起死回生，召回了已被解雇的工人，甚至吞并了属于福特公司的一些市场。

1983年，艾柯卡把他生平仅见的面额高达8亿1348万多美元的支票，交给银行代表手里。至此，克莱斯勒还清了所有债务。公司的经营纯利便达9.25亿美元，创造了克莱斯勒有史以来的最高纪录。1984年，克莱斯勒公司赚取24亿美元利润，比这家公司前60年的总和还多。克莱斯勒这只"凤凰"，经过烈火的洗礼，终于获得了新生，焕发出更加绚丽夺目的风采。

◎**智慧解码**

沉疴需猛药。

艾柯卡大刀阔斧改革成功的要点即在于此，他或将克莱斯勒管理班子来个大换血，注入新鲜空气；或整合资源，抛却不良资产；或裁员减薪……数年间，终使克莱斯勒起死回生，再度辉煌。

正像红药水治不了骨折一样，改革力度和深度有时就决定了改革成败，叶公好龙式的改革有时反而画虎不成反类猫。

285

作为世界上第二大比萨饼连锁集团——达美乐比萨饼连锁集团，曾经被银行要求申请破产。在背水一战中，达美乐重新调整经营模式，不料果然扭亏为盈起死回生。这个危机大转折对于所有的债权人来讲，确实是个天大的意外。

达美乐低谷反弹
一招鲜吃遍天

家境贫寒的莫纳汉向银行借了500美元买下了一家濒临倒闭的比萨饼店。他希望小店能像它的名字"Dominos"（骨牌）一样，形成骨牌效应，开成连锁店。几经努力后，莫纳汉于1969年已经有12家连锁店。此时，他的雄心已经超越了资金的限制，他决心进行大扩展，把连锁店从12家扩展到44家。

急速的扩张让莫纳汉的资金流通出现了很大的问题，在莫纳汉还没有意识到这一点的时候，达美乐已经是负债累累，拖欠1500名债主150万美元，其中有的人甚至对他提起了100多起连锁债诉讼。此外，还有银行的借贷和巨额的税务。

最终，银行接手了达美乐的管理权，但由于一时找不到合适人选，因此继续让莫纳汉管理。一年之后，银行认为达美乐已经无药可救，要求莫纳汉申请破产，这应该是对他最有利的事情了，只要申请破产，就可以免去债务的苦恼。

可莫纳汉不同意，他不甘心就这样放弃，他宁愿负债累累，也不愿意让这个新生的牌子倒掉。他相信：一定有一种最合适的赢利模式，能够拯救达美乐。

他记下所有债主的账单，记住他们所有人的地址，发誓将来会一分不少地还给他们。这个壮举感动了所有的人，在这个商业社会，已经很难见到像他这样把信誉当作生命来维护的人了。而事实上这笔巨额债务直到1977年才还清，同时在无形中为达美乐后来的形象宣传打下了美好的基础。

莫纳汉开始重新思考达美乐每一个经营管理环节，希望能够从中找到突破口。1973年时达美乐的连锁店有75家，但跟拥有3000多家连锁店的龙头"必胜客"相比，达美乐只不过是个小孩子，比连锁网络、比名气、比市场，都不如人。那么，达美乐应该在什么地方改进并超越对手呢？

思考良久，莫纳汉认为首先应该改进比萨饼的质量。他开始重新设置，并尽量使比萨的菜单简单化，同时限制比萨饼尺寸。此外，他不断试验奶酪和加了配料的生面团，直到烤制出一种独特的达美乐式的比萨饼。同时，他还专门请来营养师，调配好热量表，让自己的比萨在营养学上符合要求。

287

食物质量上的准备工作完成得差不多了，莫纳汉又开始琢磨其他。当思考到服务环节时，他突然想：如果我能提供送货上门的服务，把热乎乎的比萨饼送到顾客的手中，我的生意会不会好起来？这一想法让他兴奋不已。

根据实际情况，他很快制定出了"30分钟送达"的服务标准：30分钟保证将比萨饼送到顾客手中，如果送不到，顾客有权拒绝付款。

这个消息一出，所有的人都为之震惊。当时，几乎所有人都对此表示怀疑。这样的标准，就算是大型的连锁店也未必能做到，更何况是一个濒临倒闭的小店呢。这是哪个小店，竟敢夸下这么大的海口？有的人抱着好玩的心理，有的人则是为了那份可能"免费"的比萨，有的人是为了挑衅，有的人是隔岸观火。但事实证明，莫纳汉是个讲究信誉的人，达美乐的比萨一叫就到，并且真的是在30分钟之内——莫纳汉要求员工尽力在一分钟内下好订单，在3分钟内从烤箱中取出比萨，9到15分钟内走出店门，20分钟内把比萨送到客户家中。他把送外卖的范围限制在9分钟到达或9英里内，一般情况下他会安排足够的外卖司机去应对特殊的情况，以确保每次只送一份比萨；莫纳汉并不担心他的司机会迷路，因为卫星导航系统是非常有用的；莫纳汉在POS系统中装有一种软件，如果司机输入他不熟悉的地址，它就能打印一个该地址的区域地图，这个地图将会提供出一个往返最快捷的路线；莫纳汉设计出将比萨放在达美乐保温盒中保温，在送递的过程中被安置在一个热垫上，一般都是乙烯基与棉花绝缘材料，比萨出烤箱时都是170度，在送递过程中也能保持在100度以上；莫纳汉还组建了一个由外卖司机组成的联盟，这个联盟是以兼职形式存在于达美乐公司中的。

时间一长，消费者都发现达美乐不但信守承诺，而且服务态度非常好。于是，很多人都成了达美乐忠实的顾客。

同时，莫纳汉再接再厉，为了让顾客吃到准时到达而又热气腾腾的比萨，他继续创新，发明了生面团盘、比萨饼瓦楞箱、隔热纸袋、比萨饼隔板和送货烤箱。

渐渐地，达美乐走出了冬天的阴影。

莫纳汉再一次扩张自己的比萨店，但不再是盲目的扩张，而是有意识、有目的了。他把扩张的重点放在大学城镇和军事城镇，那是有大量集体宿舍的年轻人的地方，他们是最大的比萨饼订户，而且也是未来最大的市场。

达美乐从此起死回生并快速成长，成为世界第二大比萨饼连锁集团。

◎智慧解码

拥有理想的赢利模式，企业才能存活下去。

同样一家企业，同样是莫纳汉在经营，同样是连锁模式，却出现前后一亏一赢两种完全不同的局势，令人感慨。其中起着翻云覆雨变化的，竟然只是增加了那么一个微小的"送外卖"的点子！而恰恰是这一小点子，让达美乐在生死关头找到了最佳的赢利模式，并迅速扭转了亏损局面。冬去春来，达美乐在危难当中迎来了快速发展。

可以说，莫纳汉准确地把握了当时的方向，70年代的人更注重享乐，更注重自我，这是一个讲求快捷、速度的年代，所以，快餐是符合潮流，而莫纳汉就是要在"快"字上做文章。也正是这个字，让他赢得了市场，赢得了顾客，赢得了财富。

这是一家历史显赫的英国老牌贵族银行，它在国际金融领域曾获得过巨大的成功，连世界上最富有的女人——伊丽莎白女王也信赖它的理财水准，并是它的长期客户。但谁能想象，仅仅因为一名小小的交易员手中的一个账号，就让这间著名银行顷刻崩溃。

一只老鼠坏了一锅汤

1992年，巴林银行派遣"天才交易员"里森到新加坡分行成立期货与期权交易部门，并出任总经理。

作为一名交易员，里森本来的工作只是代巴林客户买卖衍生性商品，并替巴林从事套利这两种工作，基本上是没有太大的风险。因为代客操作，风险由客户自己承担，交易员只是赚取佣金，而套利行为亦只赚取市场间的差价。

一般银行都准许交易员持有一定额度的风险头寸。但为防止交易员将其所属银行暴露在过多的风险中，这种许可额度通常定得相当有限。而通过清算部门每天的结算工作，银行对其交易员和风险头寸的情况也可予以有效了解并掌握。但不幸的是，里森却一人身兼交易与清算二职。

巴林银行原本有一个账号为"99905"的"错误账号"，专门处理交易过程中因疏忽所造成的错误。这原是一个金融体系运作过程中正常的错误账户。1992年夏天，伦敦总部给里森打了一个电话，要求里森另设立一个"错误账户"，记录较小的错误，并自行在新加坡处理，以免麻烦伦敦总部的工作，于是"88888"的"错误账户"便诞生了。几周之后，伦敦总部又打来电话，总部配置了新的电脑，要求新加坡分行按老规矩行事，所有的错误记录仍由"99905"账户直接向伦敦报告。"88888"错误账户刚刚建立就被搁置不用了，但它却成为一个真正的"错误账户"存于电脑之中。这为里森提供了日后制造假账的机会。

1992年7月17日，里森手下一名交易员犯了一个错误：当客户要求买进20份日经指数期货合约时，交易员误为卖出20份，被里森当天晚上进行清算工作时发现。欲纠正此项错误，须买回40份合约，表示至当日的收盘价计算，其损失为2万英镑。并应报告伦敦总公司。但思前想后之下，里森决定利用错误账户"88888"，承接了40份日经指数期货空头合约，以掩盖这个失误。然而，如此一来，里森所进行的交易便成了"业主交易"，使巴林银行的这个账户暴露为风险头寸。数天之后，更由于日经指数上升200点，此空头部位的损失便由2万英镑增为6万英镑了（注：里森当时年薪还不到5万英镑）。此时里森更不敢将此失误向上呈报。

为了赚回足够的钱来补偿所有损失，里森开始从事大量跨式头寸交易，且在一段时日内做得还极顺手。到1993年7月，他已将"88888"号账户亏损的600万英镑转为略有盈余，如果里森就此打住，那么，巴林的历史也会改变。

但历史没有如果。在1993年7月下旬，接连几天，每天市场价格破纪录地飞涨1000多点，用于清算记录的电脑屏幕故障频繁，无数笔的交易入账工作都积压起来。因为系统无法正常工作，交易记录都靠人力，等到发现各种错误时，里森在一天之内的损失便已高达将近170万美元。在无路可走的情况下，里森决定继续隐瞒这些失误。"88888"号账户的损失，由2000万到3000万到4000万英镑……损失额在不断攀升。

1995年1月18日，日本神户大地震，其后数日东京日经指数大幅度下跌，一方面"88888"遭受更大的损失，另一方面里森购买更庞大数量的日经指数期货合约。为了影响市场走向，自1月30日起，里森以每天1000

万英镑的速度向伦敦要求获得资金，他已买进了3万份日经指数期货，并卖空日本政府债券。他希望日经指数会奇迹上涨，但总是事与愿违。

账户上的交易，里森以其兼任清查之职权予以隐瞒，但追加保证金所需的资金却是无法隐藏的。里森以各种借口继续转账。巴林银行这种松散的程度，实在令人难以置信。要知道，巴林银行全部的股份资金只有47000万英镑。

当损失达到5000万英镑时，巴林银行曾派人调查里森的账目。里森假造花旗银行有5000万英镑存款，但这5000万已被挪用来补偿"88888"号账户中的损失了。查了一个月的账，却没有人去查花旗银行的账目，以致没有人发现花旗银行账户中并没有5000万英镑的存款。此时的伦敦总部仍然没有警惕到其内部控管的松散及疏忽。

1995年2月23日，在巴林期货的最后一日，里森影响市场走向的努力彻底失败。日经股价收盘降到17885点，而里森的日经期货多头风险头寸已达6万余份合约；其日本政府债券在价格一路上扬之际，其空头风险头寸亦已达26000份合约。

2月24日，当日经指数再次加速暴跌后，里森所在的巴林期货公司的头寸损失，已接近其整个巴林银行集团资本和储备之和。融资已无渠道，亏损已无法挽回，里森畏罪潜逃。

10天后，这家拥有233年历史的银行以1英镑的象征性价格被荷兰国际集团收购，巴林银行彻底倒闭。

◎ **智慧解码**

一个人断然不会引发如此之大的银行丑闻，因此，这跟银行整个系统的管理松散有关。如果说巴林的管理阶层直到破产之前仍然对"88888"账户的事一无所知，我们只能说他们一直在逃避事实。

里森说："有一群人本来可以揭穿并阻止我的把戏，但他们没有这么做。我不知道他们的疏忽与罪犯级的疏忽之间界限何在，也不清楚他们是否对我负有什么责任。但如果是在任何其他一家银行，我是不会有机会开始这项犯罪的。"

　　庞大的金融集团，须有严格的监督制度，才能保证其业务的正常运营。失去了这一点，再小的疏漏也会导致万吨巨轮的倾没。

泰诺药片中毒事件

要抬头必须先低头

1982年9月，美国芝加哥地区发生有人服用含氰化物的泰诺药片而中毒死亡的严重事故，一开始死亡人数只有3人，后来却传说全美各地死亡人数高达250人。其影响迅速扩散到全国各地，"泰诺"胶囊的消费者十分恐慌，94%的服药者表示绝不再服用此药。医院、药店纷纷拒绝销售泰诺。

事故发生前，泰诺在美国成人止痛药市场中占有35%的份额，年销售额高达4.5亿美元，占强生公司总利润的15%。事故发生后，泰诺的市场份额迅速下降。

事件发生后，在首席执行官吉姆·博克（Jim Burke）的领导下，强生公司迅速采取了一系列有效措施。

首先在全国范围内立即收回价值近1亿美元的全部"泰诺"止痛胶囊，并投入50万美元在最短时间内向有关医院、诊所、药店、医生和经销商发出警告，要求停止销售。

对此《华尔街日报》报道说："强生公司选择了一种自己承担巨大损失而使他人免受伤害的做法。如果昧着良心干，强生将会遇到很大的麻烦。"泰诺案例成功的关键是因为强生公司有一个"做最坏打算的危机管理方案"。该计划的重点是首先考虑公众和消费者利益，这一信条最终拯救了强生公司的信誉。此举赢得了公众和舆论的支持与理解。

其次，进行新闻发布工作，迅速地传播各种真实消息，无论是对企业有利的消息，还是不利的消息。

当强生公司得知事态已稳定，并且向药片投毒的疯子已被拘留时，并没有将产品马上投入市场。其时，美国政府和芝加哥等地的地方政府正在制定新的药品安全法，要求药品生产企业采用"无污染包装"。

强生公司看准了这一机会，立即率先响应新规定，为"泰诺"止痛药设计防污染的新式包装，重返市场。

11月11日，强生公司举行大规模的记者招待会。公司董事长伯克亲自主持会议。他首先感谢新闻界公正地对待"泰诺"事件，然后介绍该公司率先实施"药品安全包装新规定"，推出"泰诺"止痛胶囊防污染新包装，并现场播放了新包装药品生产过程录像。美国各电视网、地方电视台、电台和报刊就"泰诺"胶囊重返市场的消息进行了广泛报道。结果，强生在价值12亿美元的止痛片市场上挤走了它的竞争对手，仅用5个月的时间就夺回了原市场份额的70%，占据了市场的领先地位，再次赢得了公众的信任，树立了强生公司对社会和公众负责的企业形象。

强生处理这一危机的做法成功地向公众传达了企业的社会责任感，受到了消费者的欢迎和认可。强生还因此获得了美国公关协会颁发的银钻奖。原本一场"灭顶之灾"竟然奇迹般地为强生赢来了更高的声誉，这归功于强生在危机管理中高超的技巧及真诚的态度。

◎**智慧解码**

有时，危机的来临并不取决于企业自身。它常常是不请自来，并且时刻都可能敲你的门。这绝不是危言耸听。

危机袭来，信誉扫地，再强大的企业也往往不堪一击。不过，遭遇泰诺中毒事件的强生公司并没有消失。诚信和牺牲，让泰诺再次成为销售龙头，赢得了公众和舆论的广泛同情，在危机管理历史中被传为佳话。

美籍华人王安是个电脑奇才。在20世纪80年代，王安电脑公司的知名度极大，王安本人的个人资产也曾达到数十亿美元。但随着电脑业的迅猛发展，出现了一大批诸如比尔·盖茨这样的后起之秀，竞争日趋激烈。凭借王安的实力与知名度，要战胜后来者当不在话下，但王安却没有深刻思考时代的变迁，将自己的经营理念作相应的调整，而错误地认为自己创业时积累的经验是颠扑不破的真理。

王安没落悲剧

最大的敌人是自己

　　王安公司曾是世界办公室用电脑的先驱，它生产的对数电脑、小型商用电脑、文字处理机以及其他办公室自动化设备都走在时代的前列。

　　1986年前后，王安公司达到了它的鼎盛时期，年收入达30亿美元，在美国《幸福》杂志所排列的500家大企业中名列第146位，在世界各地雇佣了3.15万员工。而王安本人，也以20亿美元的个人财富跻身美国十大富豪之列。

　　但此时，个人用电脑已销势渐旺，受到客户越来越多的青睐。客户从使用方便出发，要求厂家保证电脑具有某些技术标准，以便在不同机种和资料处理系统之间易于交换资料或交互操作。不少公司为适应顾客这一要求，纷纷推出与IBM微机相容的个人电脑。此时正是王安决定"兴兵讨伐"IBM的时候，审时度势的结果，却作出"不与IBM的PC机兼容"的决策，目的是从战略上孤立IBM。王安是绝不会随大流去承认IBM的通用标准的，否则，将来两者之间一旦展开实质性竞争，王安就会吃亏。

青年乃至中年的王安，雄心勃勃，有胆有识。他作为一个电脑博士，有常人难以比拟的创造性。而这种独到的创新能力对电脑这个日新月异的行业来说是必不可少的。这个阶段的王安公司也因此以惊人的速度崛起了。晚年的王安脱离市场，不但失去了敏锐的判断力，而且故步自封，刚愎自用，成为事业发展的障碍。以他的天才，居然没有发现向更廉价和多功能化方向发展的个人电脑，必将淘汰他的功能单一的文字处理机和大体型的微机。

王安的固执使他在1985年作出了致命的决策——坚持发展高价且不能与IBM电脑兼容的产品。这种"志气"，不但违背电脑系统化及软件标准化的趋势，无法吸引新客户，而且因独立开发新产品成本太高导致产品及售后服务索价太高，令老顾客起疑心而转用其他电脑。

有下属将调查报告呈上来，希望公司紧跟潮流，致力个人电脑的研究，王安却不听下属劝告，拒绝开发这类产品。当电脑行业向更开放、更工业化、标准化的方向发展时，王安却还在坚持自己那老一套的生产线。

此外，王安公司衰落的另一重要原因是背离了现代化企业"专家集团控制"，不顾众多董事和部属的反对，任命36岁的儿子王烈为公司总裁。其实王烈出掌研究部门时就表现不佳，1983年他宣布推出的10余种产品无一兑现。由于他才识平庸，缺乏父辈的雄风，加之不很了解公司业务，令董事会大失所望，一些追随王安多年的高层管理人员愤然离去，公司元气大伤。

还有，在最后关键性的3年中，公司决策羁于优柔寡断，没有作出坚决的选择，迅速降低产品成本。他们没有生产出为更多客户所期待的新产品，反而通过对已售出产品的维修，软件换代和其他附加费从顾客兜里榨取钱。无论谁购买了王安公司的大型微机，都必须支付5000美元的费用，而以前这项费用只需1000美元。公司还向有特别要求的客户出售特制的王安电脑系统。当这些公司因为技术方面的问题用电话询问王安公司的工程师时，竟要每次收费175美元。这种只顾眼前利益、损伤公司形象、销蚀"上帝"信任的做法，也必然会将公司推向末路。

在80年代末期，几乎与王安患上绝症的同时，王安公司也由于一连串的战略失误，由兴盛走向衰退。幸运并非总是眷顾着王安公司，危机真的降临了！王安公司失去了战斗的最佳方向，他看不清自己的敌人到底是谁。到底何去何从，王安公司陷入了迷茫状态。

而IBM和众多兼容机厂商众星捧月，PC机和软件标准化已成大势所趋，不可逆转。当电脑网络热潮席卷而来时，王安电脑却因不兼容被排斥于各种网络之外。王安公司欲哭无泪。此时，公司早已是风雨飘摇危机四伏，亏损额高达4亿美元。

至1992年6月30日，王安公司的年终盈利降至19亿美元，比过去4年总收入额下降了16.6亿美元。同时，王安公司的市场价值也从56亿美元跌至不足1亿美元。4年前，鼎盛时期的王安公司雇员达3.15万人，现在却减至8000人。正如十几年前王安公司神奇的崛起一般，它又以惊人的速度衰败了。

这真是"一着不慎，满盘皆输"。

1990年王安逝世，米勒接任行政总裁。他致力于消减成本，提高经营效率并偿还5.75亿美元的债务，3年来苦心经营，终因现有资源及流动资金不足以完成改组，被迫申请破产保护。

◎ **智慧解码**

是什么使一个强大而繁荣的年轻电脑帝国在短短的五六年中崩溃了呢？

原因是多方面的。但是根本的一点也许是王安没有把握好"势"，没有与时俱进，比时代慢了半拍，这对电脑行业来说尤其是危险的。

长江后浪推前浪，前浪死在沙滩上。这就是王安的悲剧所在。

英国塞勒菲尔德核反应厂发生的泄漏事故对公司造成了很大的破坏，尽管事故没有对工厂的工人和周围的公众造成放射性危害，但他们的怠慢与松散作风，却极大地损坏了英国核燃料公司的声誉，并引起了社会的广泛关注。

塞勒菲尔德事件

怠慢比事故本身更坏

1986年2月5日，英国核燃料公司塞勒菲尔德核反应厂发生了一次非常严重的事故。液态钚储藏的压缩空气受到重压，一些雾状钚从罐中泄漏了出来。工厂多年以来第一次亮起了琥珀色的警报，大约30多名非必要人员撤离了危险区，当时只留下了40人来处理泄漏事故，以维护工厂其他部分的安全。泄漏事故发生在上午10：45～11：45之间。毫无疑问，媒介很快就报道了所发生的事故，因为从工厂蜂拥出来的工人和琥珀色的警报，人们一眼就能看出工厂出了问题，事故的消息随后就传开了。

不利信息开始充斥报纸，塞勒菲尔德的企业形象出现了危机。但英国核燃料公司在宣布泄漏事故之后，接下来的行动却令人费解。

工厂根本就不重视这件事。

英国广播公司的电视记者中午给工厂打电话，发现工厂的新闻办公室还没有做好发布事故消息的准备，所得到的回答只是些站不住脚的许愿，媒体的记者一直提心吊胆地等待着。英国核燃料公司的新闻办公室则在正常工作时间后停止办公，完全是一副没事人的样子。当探听消息的记者们在晚间给公司新闻办公室打去电话时，电话总机告知，请留下电话号码，等新闻发布人上班后再回电。

厂里也没有安排新闻发布会，也没有安排统一的口径来应付外界打来的询问电话。

记者们想要采访公司相关人员，必须单独联系该人。由于来访的媒体非常多，所以必须排队等候。而且，每家媒体采访问题的深浅、角度不一样，工厂负责人只好问一句答一句。这造成了各家媒体发布新闻的态度完全不统一，给公众的感觉是工厂每天像挤牙膏一样一点一点地报出消息。人们看不到整个事件的全面报道。这加剧了人们的恐惧。公司一方面向公众表示，要最大可能地让公众了解事实真相，但却没有切实的落实措施。这使得每一条消息都使记者有借口得以进行连续报道，加上八卦般的想象和推测，致使各种传闻越来越多，信息越来越乱。

很显然，英国燃料公司并没有把核泄漏当成一回事。塞勒菲尔德核反应厂根本没有安排专人来处理媒体危机。

英国燃料公司这种不负责的行为令公众愤怒。不确定的因素滋生了人们的不安情绪，整个英国的百姓都开始关注并焦虑。民众开始指责，并很快上纲上线，从"责任"上升到"道德败坏""轻视法律""危害民众身心健康和安全""破坏环境，污染了土地和空气""必须赔偿各种损失""负责生态复原"等等。

最后，在各方压力下，英国核燃料公司不得不开始收集有关信息。他们花费了高达200万英镑的巨额费用进行广告宣传活动，邀请公众参观塞勒菲尔德展览中心。经过差不多长达一年的努力，才逐渐消除了不良影响。英国燃料公司为他曾经的不负责的方式和态度付出了沉重的代价。

◎智慧解码

处理危机事件的公关宗旨是"真实传播，挽回影响"。当事件发生后，与该事件有关的人们出于趋利避害的本能，强烈要求了解事件的状况及与自身的关系，如果缺乏可靠的信任，则往往作出最坏的设想来作为自已行动的根据。此时，只有把握舆论的主动权，才可能变不利因素为有利因素，尽快恢复组织机构的社会声誉。对外封闭，不但会失去公众支持，而且容易引起公众争论，最后受伤的仍然是公司本身。

英国核燃料公司在危机到来之时，因为它的麻木、冷漠和怠慢造成了比事故本身更坏的影响。

迪斯尼公司首席执行官迈克尔·艾斯纳用他的铁腕力挽狂澜地把迪斯尼从衰落中振兴起来。1984年，当他踏进迪斯尼的城堡时，这家多年低迷不振的企业正处于群龙无首的混乱状态中，主题公园逐渐失去生气，米老鼠和唐老鸭几乎成了久远的记忆。艾斯纳如同唤醒迪斯尼这位睡美人的王子，他拯救了魔幻王国。

迪斯尼起死回生

艾斯纳杀出新血路

　　迪斯尼是世界娱乐业的巨头，经过数十年的发展，公司从一个家庭作坊式的小公司发展成为屹立于世界娱乐行业之巅的跨国公司。主要业务包括娱乐节目制作、主题公园、玩具、图书、电子游戏和传媒网络。点金石电影公司、Miramax电影、好莱坞电影公司、博伟音像制品、ESPN体育、ABC电视网都是其旗下的公司或品牌。屡屡进入世界500强企业排名。

　　但是，1983年前后，这个文化娱乐王国一度陷入了危机。这间公司高层正上演着窝里斗，这在客观上打击了公司员工的进取精神。公司利润直线下滑，由1980年的1.35亿美元收缩到1983年的9300万美元；比这些苍白的数字更糟的是，随着庞大的电视网和巨额投资的好莱坞大片的出现，迪斯尼公司开始出现衰退，曾代表着迪斯尼公司的创造性火花早已熄灭的事实，曾经是好莱坞首屈一指的迪斯尼退居到二等制片商的位置，仅占有好莱坞票房收入的4%。而更为严重的是迪斯尼公司陷入了纽约著名金融家索尔·斯坦伯格、厄温·杰克伯斯等人的收购网中。

迪斯尼公司在内忧外患的重重打击下摇摇欲坠。公司董事会不得不礼聘46岁的娱乐界管理奇才迈克尔·艾斯纳主持大局。

艾斯纳被聘为迪斯尼公司的董事会主席，上任后的第一件工作就是向其他公司挖角，招聘了不少娱乐界的精英，其中包括派拉蒙公司的制作部经理杰弗里·卡扎堡。

艾斯纳与卡扎堡拟定了公司的制作原则：节省制片开销，不以大明星为号召，每一分钱都要用得恰当。

艾斯纳的另一种与人不同的经营方法是：与演员签约，让他们分别在好几部电影中演出。如，米德尔为迪斯尼拍了好几部电影，包括《无情人》（卖座收入7200万美元）和《发大财》（收入5300万美元）。理查德·赖弗斯后来也为迪斯尼拍了好几部电影，其中《盯梢》与《锡匠》的卖座收入分别为6600万美元与2600万美元。

迪斯尼电影每部制作成本平均为1200万美元（其他电影公司则需1650万美元）。1987年迪斯尼推出的23部电影，其中22部赚了钱，这是美国电影界少见的现象，因为一般电影公司制作的10部电影，能赚钱的平均只有3部。

艾斯纳又在1984年招募了新管理班子，这些管理层成员个个都精明能干，是公司扭亏为盈的催化剂。

艾斯纳定下了迪斯尼的长期发展计划之一——继续拍摄动画片。1988年夏天推出一部动画电影《谁陷害了罗杰白兔》，对迪斯尼公司来说，这部电影的风险不小，因为全部制作费将近3800万美元。

除了制作电影与电视剧，迪斯尼还投下资金，经营录像带业务，把过去60年里该公司所拍的部分电影制成录像带在市面推销。1987年这一方面的营业收入超过1.7亿美元，此外迪斯尼的有线电视台发展迅速，订户从1983年前的72万户增至1987年的400万户，成为美国成长率最快的有线电视台。

尽管电影部门的发展如此迅速，迪斯尼的三家游乐场仍是该公司的主要收入，占全部收入的62%。1987年该公司的利润，其中70%来自游乐场，这个比例相当大。其中一个原因是，不久前，它在美国的两家游乐场提高了门券售价：佛罗里达的"迪斯尼世界"的成人入场券从过去的18元增至28元，加州的"迪斯尼乐园"门票从14元加到21.5元。尽管如此，这两家游乐场的入场游客不但没有减少，反而急剧增加，售出的门票超过3800万张。

艾斯纳为游乐场拟定了多项发展计划，其中之一是争取老客人，也就是说不断增加新颖娱乐设施，吸引曾经到过的游客入场。

迪斯尼又聘请了娱乐界的才俊，替公司设计新奇、刺激的娱乐节目与游戏设备。

迪斯尼还投资1700万美元，聘请名歌星迈克尔·杰克逊拍一部长17分钟的音乐片，在游乐场的电影院放映，效果非常出色，获得游客一致赞赏。

由于大部分入场游客是别的州的居民，为了争取更多的收入，迪斯尼正展开一项野心勃勃的发展计划：在游乐场内兴建两座价值3.7亿美元的旅馆。建筑物的外貌古色古香，置身其中，犹如生活在童话世界。

此外，迪斯尼又大举发展玩偶消费品。这类商品的外形以米老鼠、唐老鸭等为号召，以圆领衫、手表、玩具等方式推出，每年营业额超过10亿美元，为迪斯尼带来接近1亿美元的利润。

总之，艾斯纳一直在让迪斯尼努力生产适销对路的娱乐产品。他的一系列动作，将迪斯尼推向了成功的巅峰，它的收益一年更胜一年。1997年，迪斯尼公司创收225亿美元，这个数字几乎是1995年的两倍。艾斯纳振兴了迪斯尼公司，他让迪斯尼重新放出了光彩，并为其后续增长奠定了基础。

◎ 智慧解码

迪斯尼曾一度被认作是一个虽然伟大但已经失去光辉的企业。然而，自1984年迈克尔·艾斯纳成为迪斯尼的CEO以后，公司发展让人刮目相看——连续14年20％的年增长率和每年18.5％的资产报酬率。迪斯尼能够起死回生，主要得力于艾斯纳独特的经营之道：节约成本、激励、产品利润最大化、娱乐产品新奇化、以身作则。这些经营窍门实用、高效，与迪斯尼的风格极其吻合。

不管后来的迪斯尼高层控制战如何硝烟滚滚，但是，我们无可否认，没有艾斯纳，就没有迪斯尼今天的辉煌。

因为信奉"利益高于一切",有很多企业前赴后继不顾一切,甚至完全打破了道德与法规的界限,结果往往给企业招来灾祸。所罗门兄弟公司走到悬崖边缘,就是因为纵情坐在了"利"字马车上狂奔的结果。

巴菲特拯救所罗门
先抢救声誉要紧

20世纪80年代,美国财政部曾经允许大公司最多一次竞拍发行量一半的国债,这让以做债券起家的所罗门兄弟公司有机可乘。他们大量囤积美国国债,然后发垄断财。后来,美国财政部修订了竞拍规则,要求每家公司最多购买不能超过35%的国债。但作风强悍的所罗门兄弟并不把政府决策当回事。从1990年开始,所罗门兄弟发行部门的负责人保罗·莫泽多次超过竞标数额限制购买国债,然后又大举逼空,操纵市场谋利,公然和美国财政部对抗。

美国财政部和纽约联储曾数次对该公司提出警告,但公司管理层根本就没重视这件事情,既没有处理当事人,也没有上报,甚至一封来自纽约联储的警告信被悄无声息地压下了,直到很久以后才发现。恼怒的美国财政部决定全面停止所罗门兄弟的竞购权,监管部门亦开始对之大规模调查。这对一家依靠债券发家的巨无霸来说,和宣布破产基本上没有什么区别。所罗门公司的"不正当和违规行为"很快就演变成为世界性公司丑闻。

所罗门的生死悬于一线。

这时候，董事长约翰·古弗兰急忙向巴菲特求救。在这之前的1987年，巴菲特已经充当过一次所罗门兄弟的白衣骑士：购入7亿美元的优先股，避免了另外一家公司的收购。

于是，巴菲特来到了华尔街。此时，所罗门兄弟的不少交易对手已经开始挤兑，一旦美国财政部的命令正式下达，所罗门兄弟的破产就是注定的了。

危难关头，巴菲特的强悍爆发出来了：他一方面打电话给美国财长，威胁如果财政部不收回成命，他将拒绝出任临时董事长。要知道这是所罗门兄弟当时唯一的撒手锏：美国财政部也害怕"太大而不能倒闭"。另一方面，他又把法律顾问召到纽约，彻查到底发生了什么。

美国财政部在股市开盘前的一小时内收回了部分命令，允许所罗门兄弟自己竞购国债，但不能替客户竞拍。

巴菲特随后出任临时董事长。接下来，他要展现的是一个成功拯救者的作为：让这家唯利是图的公司改变用赚钱多少来衡量人的作风。

整顿在所罗门兄弟内部随即展开。董事长约翰·古弗兰已经在此之前辞去了职务，最终巴菲特没让他拿走一分补偿金。闯祸者莫泽银铛入狱，终身不能从事金融业。巴菲特辞退了35名公司高管，取消了所罗门兄弟内部奢侈的高管待遇。巴菲特出面和美国财政部谈恢复所罗门地位的问题，在国会做证说所罗门会改正错误。甚至，为了赢回市场声誉，巴菲特还在《华尔街日报》上登了整版广告，宣传所罗门的当前状态是如何健康。华尔街日报考虑到维护广告主利益的问题，开始为所罗门做一些正面宣传，这对于营造所罗门重新赢得外界肯定、培植良好的外部经营环境起到了促进作用；而最大的整顿则是对这个充满谎言的公司进行诚信教育。巴菲特给所有的员工写了一封信，信中称"我们要以最好的方式做最好的事情"，要求大家将所有违反法律和道德的事情都上报给他，为此他留下自己家里的电话。

一些违规报销的错误最终得到了原谅。

与此同时，在巴菲特的斡旋下，最后所罗门兄弟公司只被监管部门罚款2.9亿美元了事。

一年后，所罗门兄弟公司业务恢复正常，巴菲特把临时董事长职务让了出来。

◎**智慧解码**

巴菲特眼中，名誉就是一切，要救企业，必先救荣誉。

出于对诚实和正直的追求，巴菲特后来屡屡出言批评华尔街的行径。这一点他在回忆录中说得很清楚："如果让公司亏钱了，我还能理解，但是如果让公司名誉受损，那我将毫不留情。"在充满了巨大金钱诱惑的市场中，做到这一点并不是那么容易。

1996年，美国西部地区和加拿大突然发生了多起食物中毒事件，有一名儿童在饮用了果汁之后死亡，六十多人生病。10月20日，华盛顿州健康署的官员们通知欧德瓦拉公司：他们发现几起0157：H7型大肠杆菌中毒事件与欧德瓦拉公司生产的一种苹果汁饮料有关。欧德瓦拉公司一下进入了战时状态：危机发生的24小时之内，欧德瓦拉公司建立了一个官方的网站（公司的第一家网站）；48小时内共计召回了价值650万美金的产品……

欧德瓦拉大肠杆菌危机

用速度表明态度

欧德瓦拉公司是一家有着20年历史的健康果汁饮料公司。公司成立之初，正遇着了果汁机榨新鲜橙汁的流行年代，大街上人手一杯。欧德瓦拉公司增长迅速，年均营业额增长率为30%，市值达到9000万美元。公司凭借强大的客户忠诚度创造了一个强势的品牌。

天有不测风云，1996年，美国西部地区和加拿大突然发生了多起食物中毒事件，有一名儿童在饮用了果汁之后死亡，60多人生病。

10月20日，华盛顿州健康署的官员们通知欧德瓦拉公司：他们发现几起0157：H7型大肠杆菌中毒事件与欧德瓦拉公司生产的一种苹果汁饮料有关。

销售额直降90%，欧德瓦拉的股价下跌34%。20多名顾客起诉了公司，公司看起来就要倒闭了。

欧德瓦拉公司的反应非常迅速。尽管在事件刚刚发生的时候，他们首先注意到这个关联的关系并不是非常确定。

CEO斯蒂芬·威廉姆森发出了对全部包含苹果汁和胡萝卜汁的产品的召回决定。这次召回涉及7个州的4600多家零售商，48小时内共计召回了价值650万美金的产品。

公司内部成立了专门的项目小组。

欧德瓦拉公司完全没有回避自己的责任。在所有的媒体采访中，威廉姆森表达了对所有受害者的同情和歉意，并承诺公司会支付所有的医疗费用。这一点，再加上前面迅速的召回，公司竭尽自己所能的做法使消费者感到满意。

内部的沟通很关键。威廉姆森定期根据每天情况的发展，在公司范围内召开电话会议，给员工们问问题的机会，并使他们能获得最新的消息。这种定期举行电话会议的方法被证明是非常受欢迎的，能稳住公司内部的大局。

外部的沟通也很重要。危机发生的24小时之内，欧德瓦拉公司建立了一个官方的网站（公司的第一家网站）。这个网站在48小时内的点击就达到了2万多次。

公司通过电视和直接在网页上刊登广告的方式与舆论进行沟通。他们使用所有的尝试来提供及时的和正确的信息。

下一步是找出污染物的原因。公司从前的制作方法是建立在未经高温处理的新鲜果汁的基础之上的，因为只有没有经过防腐处理的果汁的味道才是最可口的。欧德瓦拉公司很快就发现这种方法不正确。公司迅速引入了一种叫作"瞬间高温防腐处理"的新生产过程，这种生产方法既可以保证完全去除大肠杆菌，也可以保证果汁的美味可口。

最终，欧德瓦拉公司还是付出了巨大的代价——由于出售被污染的苹果汁而被罚款150万美元——这是美国食品药品管理协会开出的有史以来最大的一张罚单。

12月5日，公司停止苹果汁的生产。

危机发生的几个月之内，公司已经重新成为一些专家口中的"果汁生产行业中最全面的质量控制和安全系统"中的一员。

欧德瓦拉恢复得相当迅速。许多对它的美好祝愿和信任使得公司生存了下来。销售额再次迅速回升。

欧德瓦拉公司正是因为做了应当做的事情，才赢得了这一切。例如，在最困难的那些日子里，公司拒绝解雇任何一名负责货运的员工。他们被送去进行客户关系维护——这种处理方法不仅赢得了员工们的忠诚，也维护了公司与客户之间的关系。

甚至连这次危机中最悲伤的受害人也投给了欧德瓦拉公司信任票。那个死去的女孩的父亲说："我不想责备这家公司，因为他们已经做了能做的一切。"

◎智慧解码

威廉姆森关于公司如何找到解决问题的方法的话很有教育意义。"我们当时没有忽视危机管理过程，因此我完全遵循了我们的声明和我们企业的核心价值观——诚实、正直和包容。我们最关心的问题是那些喝了我们生产的果汁的顾客们的安全和健康。"

所以，欧德瓦拉在事发后的反应速度之快，表现之坚决，态度之诚恳，处理之彻底干脆，是极其少有的，而正是他们这种态度和速度使他们将危机的损害度降到最低。

通常，危机发生之后，企业必须在公众面前展现出公开诚实和勇于承担责任的形象，以博得公众谅解。如果反其道而行，结果将如何？可口可乐公司曾经斗胆试过一回，结果，这件事很快就成为很多MBA教材上的经典反面案例。

可口可乐中毒事件
傲慢和迟钝让消费者"乐"不起来

1999年6月9日，比利时120人（其中有40人是学生）在饮用可口可乐之后发生中毒，呕吐、头痛头昏及眼花，法国也有80人出现同样症状。已经拥有113年历史的可口可乐公司遭遇了历史上罕见的重大危机。比利时和法国政府坚持要求可口可乐公司收回所有产品。

在现代传媒十分发达的今天，企业发生的危机可以在很短的时间内迅速而广泛地传播，其负面作用可想而知。

可口可乐公司着手调查中毒原因、中毒人数，同时只是部分地收回某些品牌的可口可乐产品。一周后中毒原因基本查清，比利时的中毒事件是在安特卫普的工厂发现包装瓶内有二氧化碳，法国的中毒事件是因为敦刻尔克工厂的杀真菌剂洒在了储藏室的木托盘上而造成污染。

但问题是，从一开始，这一事件就由美国亚特兰大的公司总部来负责对外沟通。近一个星期，亚特兰大公司总部得到的消息都是因为气味不好而引起的呕吐及其他不良反应，公司认为这对公众健康没有任何危险，因而并没有启动危机管理方案，只是在公司网站上粘贴了一份相关报道，报道中充斥着没人看得懂的专业词汇，也没有任何一个公司高层管理人员出面表示对此事及中毒者的关切。

在中毒原因调查清楚之后，可口可乐公司更是坚持只收回部分产品，拒绝收回全部产品。这其中最大的失误是没有使比利时和法国的分公司管理层充分参与该事件的沟通并且及时作出反应。公司总部的负责人员根本不知道就在中毒事件前几天，比利时发生了一系列肉类、蛋类及其他日常生活产品中发现了致癌物质的事件，比利时政府因此受到公众批评，正在诚惶诚恐地急于向全体选民表明政府对食品安全问题非常重视，可口可乐事件正好撞在枪口上，迫使其收回全部产品正是政府表现的好机会。而在法国，政府同样急于表明对食品安全问题的关心，并紧跟比利时政府采取了相应措施。在这起事件中，政府扮演了白脸，而可口可乐公司无疑是黑脸。

此举触怒了公众，结果，消费者认为可口可乐公司没有人情味。很快消费者不再购买可口可乐软饮料；竞争对手百事可乐抓住这一机会填补了可口可乐此时货架的空白，并向可口可乐公司49%的市场份额挑战。

公司这才意识到问题的严重性。事发之后十几天，可口可乐公司董事会主席和首席执行官道格拉斯·伊维斯特从美国赶到比利时首都布鲁塞尔举行记者招待会，并随后展开了强大的弥补性宣传攻势。

可口可乐召开了记者招待会。会场的每个座位前都摆放着一瓶可口可乐。在回答记者的提问时，伊维斯特开始反复强调，尽管出现了眼下的事件，但可口可乐仍然是世界一流的公司，它还要继续为消费者生产一流的饮料。有趣的是，绝大多数记者没有饮用那瓶摆放在面前的可乐。

记者招待会的第二天，可口可乐公司花巨资在比利时各家报纸上刊登了由伊维斯特亲笔签名的致消费者的公开信。信中详细解释了事故的原因，并作出种种保证，提出要向比利时每户家庭赠送一瓶可乐，以表示可口可乐公司的歉意。总之，在后来的弥补性宣传过程中，可口可乐公司牢牢把握信息的发布源（当然是要花巨资的），防止危机信息的错误扩散，将企业品牌损失降低到最小，其目的都是要"重振公司声誉"。但是，这所有的措施都已经为时过晚。企业不负责的形象已经在消费者心中先入为主了。

尽管可口可乐公司花了大量的精力来宣传和说明，但可口可乐的形象与品牌信誉依然受到一定打击，其无形资产遭贬值，企业的生存和发展一度受到冲击：1999年底，公司宣布利润减少31%，总损失达到1.3亿美元，几乎是最初预计的两倍；全球共裁员5200人；董事会主席兼首席执行官道格拉斯·伊维斯特被迫辞职。

◎**智慧解码**

本来，世界上最有价值的品牌企业在危机发生后应该保护其最有价值的资产——品牌，但是可口可乐公司采取的措施却令人大跌眼镜。也许，如中国一句古话说的"店大欺客"，可口可乐公司的傲慢很难让消费者"乐"起来。同时，"总公司更知道"综合征使这个庞大的国际公司就像章鱼一样，所有的运作都分布在各地的"触角"顶端，从而让上下脱节，不能及时"止血"，危机也就慢慢扩散，并最终给公司带来巨大损失。

315

在中国，差点倒下去又站起来的企业并不多见，中美史克创造了一个较为完美的危机转化特例。对待暂停令后市场大地震，公司临危不乱，保持了应有的冷静和积极，表现了一个成熟企业的态度与风度。

康泰克遭遇PPA噩梦

危机中快速寻找转机

　　康泰克是药界中西合璧的一段佳话。自1989年进入中国以来，至2000年在中国市场累积销售量超过50亿粒，而广告"早一粒，晚一粒，远离感冒困扰"的广告词，更是人们耳熟能详的广告流行语。康泰克如同杀入药品市场的一头猛狮，气势之大，席卷感冒药市场，40%的市场份额都被它抓到手里，仅1999年一年，销售额就达7亿元之巨。

　　然而，2000年噩梦不期而至，美国食品与药品管理局的一个顾问委员会紧急建议，根据最新科学研究，过量服用含有PPA的药物有毒副作用，应把此类药物列为不安全类药物。PPA顿时成为美国公众和媒体的焦点。为慎重起见，中国国家医药监督管理局发布并下发通知：禁止PPA！而康泰克由于名声较响，几乎成了PPA的代名词。

　　这对花开正红的中美史克无疑是晴天霹雳，一场关系中美史克形象及产品市场命运的危机降临了。媒体竞相报道，经销商纷纷来电质疑，康泰克全部下架，其品牌形象遭遇到了严酷的风霜。

　　11月16日，中美史克公司接到天津市卫生局的暂停通知后，立即进入紧急备战状态，成立分工明确的危机管理领导小组、沟通小组、市场小组和生产小组。

管理领导小组由10位公司经理等主要部门主管组成，制定应对危机的立场基调，统一口径，并协调各小组工作。

沟通小组负责信息发布和内、外部的信息沟通，是所有信息的发布者。

市场小组负责加快新产品开发。

生产小组负责组织调整生产并处理正在生产线上的中间产品。

当日上午，危机管理领导小组发布了危机公关纲领：向政府部门表态，坚决执行政府法令，暂停康泰克和康得的生产和销售；通知经销商和客户立即停止康泰克和康得的销售，取消相关合同，停止广告宣传和市场推广活动。

此时，连篇累牍的PPA新闻已开始围攻康泰克，尚不知情的多数员工尤其是一线员工显然被庞大的媒体攻势镇住了，他们在重重迷雾中猜测着、疑虑着，不知道企业将何去何从，更不知道他们是不是也会因此而受牵连。

17日中午，全体员工大会召开，总经理向员工通报了事情的来龙去脉，表示了公司不会裁员的决心，赢得了员工空前一致的团结精神。

与此同时，全国各地的50多位销售经理也被召回天津总部，危机管理小组为其作危机培训，解下他们的思想包袱。

18日，他们带着中美史克《给医院的信》《给客户的信》回归本部，应急行动纲领在全国各地按部就班地展开。

对于经销商，史克公司亦加以安抚，作出明确允诺，没有返款的不用再返款，已经返款的以100%的比例退款，小损失换来大忠诚，中美史克会算这笔经济账。

沟通小组对数十名接线员进行专门的相关PPA的培训。21日，15条消费者热线全面开通，负责解答来自客户、消费者的问讯电话，作出准确专业回答以打消其疑虑。

20日，中美史克公司在北京召开了新闻媒介恳谈会，表明不停投资、拥护政府决策、保护消费者利益的立场态度和决心。

面对某些媒体的不公正宣传，中美史克不作过多追究，只尽力争取媒体的正面宣传以维系企业形象。总经理频频接受国内知名媒体的专访，争取为中美史克公司说话的机会。

企业员工、媒体、消费者、经销商这些由于PPA而很有可能被推倒的骨牌，由于史克巧妙的危机公关，从而环环稳稳站立。咆哮的危机终于被遏制住，并逐步撤退。

2001年9月，不含PPA的新康泰克上市，用PSE（伪麻黄碱）代替了PPA，并且用环保性能更好的水溶媒代替了有机溶媒。

有关PPA的话题终于远去，中美史克翻开了新的一页。

◎ **智慧解码**

中美史克公司在这场PPA风波中的表现，应该说是上乘的，踏踏实实地修炼内功，以理服人，让事实说话，易于赢得各方支持。

反应迅速、果断，及时组织危机管理小组，是决定中美史克危机公关成效的一个重要砝码。中美史克明确了危机管理小组的工作职责，并配备了有总经理参与的强大工作班子，保证了权威性、全局性。

其次，在内部公关赢得员工的信任与支持方面还是蛮有成效的，更容易凝聚为一个整体，员工表示甘愿与企业共患难，这是内部公关的胜利……

所谓危机，就是危险中存在机会，中美史克公司能够正视危机，接受危机，化解危机并最终利用危机，为自己打了一场漂亮的公关危机翻身仗。也留下了一份完美的公关案例。

华尔街上流行的话叫"IBG，YBG"，意思就是"我会走，你也会走"，潜台词则是何必当真，把交易做成就行了，赚一单是一单，别看那么远。

投资银行上市以后，赚钱第一，分配制度实施按盈利提成。随着公司文化内涵被逐渐淡化，员工之间在合伙制时代存在的无形的内部责任约束也荡然无存。正所谓强物质激励，弱道德约束。这在2002年众多投行深陷安然事件的诚信危机及其应急之慢中已露端倪。

安然惹出投行诚信危机

缺乏监管投资者怎能"安然"

安然曾经是叱咤风云的"能源帝国"，2000年总收入高达1000亿美元，名列《财富》杂志"美国500强"中的第七。2001年10月16日，安然公司公布该年度第三季度的财务报告，宣布公司亏损总计达6.18亿美元，引起投资者、媒体和管理层的强烈震惊。安然股价跌至0.26美元，市值由峰值时的800亿美元跌至2亿美元。

12月2日，安然申请破产保护，破产清单所列资产达498亿美元，成为当时美国历史上最大的破产企业。从最能赢利到最大的亏损，仅仅发生在一瞬之间。之后，纽约证券交易所正式宣布将安然公司股票从道·琼斯工业平均指数成分股中除名，并停止安然股票的相关交易。至此，安然大厦完全崩溃。短短两个月，能源巨擘轰然倒地，实在令人难以置信。

安然申请破产保护的这几个月来，他的投资者们采取集体诉讼的方式，提出了高达250亿美元的索赔。主控方美国加州大学，曾经通过它的养老基金向安然投资，结果损失了1.45亿美元。这所大学的首席律师詹姆斯·乔斯特说，这些大银行与安然有生意等利益往来，于是他们利用专业技术和职业信誉，帮助安然的主管们抬升股价，制造财务和盈利假象，诱使公众拿出了数十亿美元投资。在他看来，大银行是地地道道的安然丑闻共谋犯，不告之不足以平（股）民愤。

以加利福尼亚大学的校董为代表的安然股东们正式向法庭递交了状纸，把9家银行一起送上被告席。他们向包括摩根大通、花旗、美林窗体顶端证券、巴克莱资本、瑞士信贷集团在内的多家投资银行提出了总额为400亿美元的"大索赔"（Mega Claims）起诉。

有专家公开认为，如果原告胜利，将意味着华尔街投资银行将不得不寻求合并来度过这场"浩劫"。又有媒体跟进炒作，称美国最大的商业银行之一——美国银行正在对多家著名投资银行磨刀霍霍，准备动用高达700亿美元的巨资进行收购。

媒体铺天盖地地谴责投行，他们一致认为：投资银行在丑闻中扮演着不光彩的角色，他们为了赢得利润可观的投资银行业务，肆意美化企业的财务状况。结果，安然的债务就这样被掩盖了，而投资银行却通过出售债券等方式，将坏账风险转嫁给普通投资者。难怪《华尔街日报》要将这些投资银行称为"安然帮凶"。

钱丢了可以再赚，人也丢了可就麻烦了。不少客户认为投资银行没能察觉或公布安然的问题，不是能力不够就是道德败坏，纷纷转投他处。又怕又怒的投资者们开始复仇，一路将道·琼斯指数踢到了5年来的最低点。单花旗集团和摩根大通的股价就已经从2000年夏天的峰值分别下跌了21%和50%。

这下可急坏了投资银行。面对多年来不曾有过的危机，他们连忙采取了一系列措施，挽救岌岌可危的信誉。

第一步要稳定人心，用积极的消息盖过那些不利的声音。7月底，各大投资银行老总不约而同地召开新闻发布会，向投资者和客户们保证，公司的资金状况良好，并重申在丑闻中的清白。一些投资银行甚至称，他们是安然的债权人，因此也是受害者。

与此同时，投资银行都加大了贷款的审批力度。他们对贷款条件进行了修改和完善，同时加强了对已贷出款项的追踪力度。

自安然的惊天丑闻爆出后，美国证券监管机构从长远着想，开始加大了对各投行的监管及惩罚力度。美林、高盛等华尔街的10家顶尖银行因误导投资者，相继被美国证交会处以总计超过20亿美元的罚款，并被勒令进行整改。

同时，美国证交会还决定支持那些起诉投资银行的安然公司股东们。美证交会要求美司法部首席律师向美国最高法院提交一份文件，正式表明美国政府在安然事件中对投资者的索赔要求予以支持。

山穷水尽的众投资银行不得不公开表示，解决像安然这样的大案并"将银行历史中艰难的一章抛诸脑后"是他们当前的头等大事。

2004年，摩根大通和花旗银行不得不为诉讼费增加了近90亿美元的准备金。所有卷入安然股东索赔案件的投行都各有准备金的预算。

雷曼兄弟公司与美洲银行分别支付了大约2.225亿美元和6900万美元和解金，了结了与安然股东的官司。尽管瑞士信贷集团不承认自己有违法行为，但还是同意向安然公司支付9000万美元和解金，了结安然股东的其中一项"大索赔"诉讼官司……

◎智慧解码

安然事件发生后，有人给投资人提出了十大建议：不要轻信股评师、留心"黄牌警告"、董事会"独立性"存疑等等。其实，安然给全世界的人都上了一课，它最主要的教训就是：投资者很脆弱，要想保护他们，法规、监管者和市场自律缺一不可，否则就难以避免一个又一个安然事件的发生。

这是一件令人惊讶到似乎是天方夜谭的事。

法国兴业银行是法国市值第二的大银行，也是欧洲盈利最丰厚的银行之一。因为某个监管漏洞，竟然让一名小小的职员，拿着超过银行市值两倍的730亿美元巨资秘密地进行期指买卖，且进行的时间长达一年，导致银行的损失高达72亿美元！

法国兴业银行巨损

没有"守夜人"
酿"法国史上最大的金融悲剧"

科维尔于2001年加入法国兴业银行，在后勤办公室主任的职位上工作了5年，在那里他得以对监督交易员的各种程序和技术手段有了透彻了解。

2005年，一直梦想成为明星交易员的科维尔被调转至一线职位担任交易员。他开始了在市场上进行各种高风险的资金赌博活动。按照规定，他只有进行对冲头寸的权限，但他凭借对银行监督系统的深入了解，用一系列非法的虚假文件和手段，把银行的钱拿到欧洲股市上搏杀。科维尔手法相当老到，利用大量虚拟交易掩藏其违规投资行为，同时利用早先在兴业银行后勤工作过的经验，轻而易举骗过了该行的安保系统。

他的第一次赌博正是发生在他刚刚升为交易员级别的2005年，赌注压在了Allianz SE股指期货，那一票为他赢得了50万欧元的入账。初战告捷激起了科维尔更大的雄心，他开始频频作假、伪造文件。2007年1月，当股市上涨时，科维尔在德国DAX股指期货的投资却遭遇了失败，但是这并没有给他带来什么麻烦，因为1月在兴业银行内部还没有相关的监管措施。到2007年12月31日，损失已经达到14亿美元，但他还是没有向银行报告。

2008年1月18日事发时，科维尔正手握着730亿美元的巨资在市场中冲杀豪赌，这个数字相当于兴业银行市值的两倍。

兴业银行于19日、20日紧急讨论处理办法。

同时，兴业银行的总裁紧急通告法兰西银行行长克里斯蒂安，同时请求克里斯蒂安把此事当成最高机密，仅限于极少的人知道，以避免潜在的灾难性后果，因为要"给出时间以作调整，将相关头寸全部平仓之后才能向公众披露"。克里斯蒂安也判断这是最好的解决办法，所以事情隐而不发。

21日，当交易工作将在周一重新开始的时候，兴业银行进行了紧急平仓操作，大量抛售科维尔违规操作的股指期货合约，迅速解除了科维尔聚敛的股票衍生品头寸，总金额在500亿至700亿欧元之间。而兴业银行监事会成员罗伯特·戴和他的基金会在1月18日得知出问题的那一天卖出了4500万欧元的银行股份。而轧平这些仓位直接导致了兴业银行多达49亿欧元的损失。

兴业银行一系列行动给欧洲以及世界股市带来了深远影响。21日这一天，欧洲股市跌了7%。美联储显然受到了震动。第二天，美联储紧急降息，因为"金融市场情况持续恶化"，但并不知道兴业银行内部发生的事情。

24日法国央行将消息公之于众。举世大哗，全球市场也随之剧烈震动。兴业银行在泛欧证交所挂牌的股票被紧急停牌。前一日，该股大跌4.1%，至79.08欧元，为2005年5月以来最低点，总市值约为350亿欧元。由于投资人预期兴业可能计提更多与次贷相关的损失，该行的股价2008年以来已累计下挫20%。

兴业银行的种种补救措施，并不能令所有股东、客户安心。

法国银行委员会7月4日对兴业银行开出400万欧元罚单，原因是兴业银行内部监控机制"严重缺失"，导致巨额欺诈案的发生。更糟的是，受美国次贷危机拖累，该行还额外计提了20.5亿欧元的资产损失。为了缓和资金困境，兴业银行紧急宣布，通过增发配股的方式再融资55亿欧元，同时宣布关闭旗下的澳大利亚资产证券化子公司。

这桩案件"不论从性质还是规模来说"都堪称"法国史上最大的金融悲剧"。兴业银行败在了内部管理的不力之上。兴业银行的股票阵脚大乱，风光无限的兴业银行最终被停牌。

◎ **智慧解码**

法国的许多金融专家则表示："一个人断然不会引发如此之大的银行丑闻，因此，这跟银行整个系统的管理松散有关。"科维尔左手真实右手魔幻，将兴业银行玩弄于股掌之中。

一个"电脑天才"引发的金融诈骗案件其实并不可怕，因为这样的案件并不具有被"广泛复制"的可能性。在金融市场中真正可怕的风险在于，由于制度体系本身的弊病而让监管无法真正履行。

刚刚度过100岁生日的通用汽车走上了破产重组之路，至今仍然看不到路的尽头。曾经不可一世的汽车巨头沦落至此，令人扼腕叹息。

看来，百年老店也不是保险店，所以要不断改革，让自己趋向轻盈，而不是笨重。

通用危机
一个人不能同时追赶两只兔子

在通用汽车的鼎盛时期，其旗下拥有凯迪拉克、别克、雪佛兰、土星、庞蒂亚克、奥兹莫比尔、欧宝、SAAB等多个品牌，参股五十铃、菲亚特等多家汽车公司，业务逐渐遍及全球53个国家，员工多达70万人，组成了一个庞大的汽车帝国，并成功登上全球第一大汽车制造商的宝座，开始了长达77年的美国汽车业统治生涯。彼时，正值美国社会阶层分化、中产阶级迅速崛起，消费者对个性化汽车的追求成为一种潮流，通用汽车采取多品牌战略，让产品线覆盖几乎所有的潜在购车者，以此作为打败福特汽车、登上世界车坛霸主的重要武器。然而，正是对龙头地位的满足和骄傲断送了通用的前程。

1973年石油危机过后，油价从每桶14美元飞涨到近40美元。日本车凭借小型和低能耗加强了出口攻势，立即受到那些被高昂的汽油费吓坏了的消费者的欢迎。

为了打退日本车，通用不得不把精力转移到生产小型节能轿车上，但却因为质量下降而遭受到信任危机。

　　这显然有点不合理，这么有实力的通用，怎么可能会出现质量问题呢？原来，随着时间的推移，多品牌战略日渐显露出其弊端。由于旗下品牌太多，通用汽车一直无法集中力量开发一款或数款能够真正拉动销量的全球战略车型。全球战略车型销量巨大，可以让成本降到最低，大幅度提高单车的销售利润，丰田、本田的崛起，根本原因就在于Corolla、Camry、Accord、Civic等全球战略车型的优异表现。但是通用汽车却一直没有一款真正意义上的全球战略车型，相反，它不停地在各个细分市场上进行研发，不仅加大了研发成本，而且失去了宝贵的市场和利润增长空间。这就叫多生孩子打群架，结果每个孩子都长不大，每个孩子都营养不良发育不全，连质量都保证不了。

　　就在媒体不断出现汽车发生故障以及车厂工人带着可乐瓶出现在组装一线的报道时，丰田、本田等日本厂商则主打低成本且相对质量稳定的轿车，以低廉的维护费用作卖点扩大市场份额。1991年，日本车在美国市场的占有率突破30％，导致以通用为首的美国三大汽车巨头陷入了巨额亏损。

　　市场危机就此拉开序幕。

　　通用的多品牌发展现状，使得船大难掉头，未能灵活应对汽车产业的环境巨变，因而在外国制造商的猛攻下深陷窘境。

　　而当通用汽车意识到必须掉转车头，全力挽救小型车市场时，才发现在混合动力车的销售方面，丰田已将其远远甩在了身后。

　　为改变销量下滑的状况，2008年6月初，公司时任首席执行官瓦格纳在通用汽车100周年庆典启动仪式上向全球宣布：通用汽车正在从一家100年以来以机械驱动汽车为核心业务的公司，逐步转变并最终成为一家以电力驱动汽车为核心业务的公司。但为时已晚。

　　2009年，面对金融危机，市场上的汽车销售停滞不前，全球各个品牌的各大工厂却还在源源不断地请求给养。通用不堪重负，资金链终于断裂。通用不得不考虑重组。

6月1日上午8时，通用正式递交破产申请。一个拥有100多年历史的企业、一个雄霸世界汽车业龙头老大地位70余年的汽车帝国，正式陷落！

通用汽车清算公司打算通过出售萨博、土星、悍马和庞蒂克等品牌，保留优质资产，以便重新实现赢利。美国破产法庭于7月5日批准了此次资产出售。

7月9日，美国国家控股的"新通用"诞生了。

"通用汽车公司将摒弃过去的业务模式"，新通用汽车公司总裁兼首席执行官韩德胜表示，"对于通用汽车公司及和公司紧密相连的每一个人来说，今天都是一个全新时代的开始。今后，新通用汽车公司将承诺用心倾听消费者的声音，对消费者需求及市场趋势作出迅速反应和调整，通用汽车公司的决策过程也将在最大限度上贴近消费者。我们的目标是生产更多消费者需要的汽车产品，并加快投入市场的速度。"

◎**智慧解码**

从营销的角度分析，会发现通用汽车在营销方面的失误，其实早在几十年前就埋下了企业经营失败的种子，这就是通用汽车引以为傲的多品牌战略。产业趋势判断以及企业运营模式上的问题，最终把通用汽车公司拖下了水。

西谚说，一个人不能同时追赶两只兔子。中国也有一句古话，一只手抓不了两条鱼。多品牌战略有时候是一包苦药。

后 记

    中共江西省委宣传部、江西省文明办、江西省教育厅、江西出版集团等有关单位自2006年起陆续编辑出版了《中外道德楷模100例》《中外道德警示100例》《中外和谐楷模100例》《中外创业传奇100例》《中外应对危机100例》《社会主义核心价值观100例》《中外应对网络舆情100例》《红色经典传奇100例》等单行本，旨在帮助和引导广大干部群众特别是青少年更加全面地理解和准确把握社会主义核心价值观、社会主义荣辱观、社会主义和谐观的深刻内涵，帮助和引导各级领导干部正确分析研判网络舆情，切实提高处置网络舆情和应对各种危机的能力。

    本系列书出版后在读者中引起了热烈的反响，形成了鲜明的特色。为了使这套丛书能更好地适应市场的需求，方便广大读者的阅读，现将其统一整合为《100例经典系列丛书》，交由百花洲文艺出版社进行重新修订和再版。

    由于编者水平有限，不足之处在所难免，敬请广大读者批评指正。

编 者

2016年11月

图书在版编目（CIP）数据

中外应对危机100例 / 刘上洋主编. —南昌：百花洲文艺
出版社，2016.8
　　ISBN 978-7-5500-1857-0

　　Ⅰ.①中…　Ⅱ.①刘…　Ⅲ.①突发事件–处理–案例–世界
Ⅳ.①X4

　　中国版本图书馆CIP数据核字（2016）第182134号

中外应对危机100例

刘上洋　主编

出 版 人　姚雪雪
责任编辑　臧利娟
美术编辑　方　方
制　　作　黄敏俊
出版发行　百花洲文艺出版社
社　　址　南昌市红谷滩新区世贸路898号博能中心一期A座20楼
邮　　编　330038
经　　销　全国新华书店
印　　刷　江西千叶彩印有限公司
开　　本　720mm×1000mm　1/16　印张　21.25
版　　次　2017年1月第1版第1次印刷
字　　数　210千字
书　　号　ISBN 978-7-5500-1857-0
定　　价　29.00元

赣版权登字 05-2016-254

邮购联系　0791-86895108　　邮编 330038
网　　址　http://www.bhzwy.com
图书若有印装错误，影响阅读，可向承印厂联系调换。